HAPPINESS

Unlocking the Mysteries of Psychological Wealth

内心丰盈

提高生活满意度的积极心理学方案

[美] 埃德·迪纳（Ed Diener） [美] 罗伯特·比斯瓦斯-迪纳（Robert Biswas-Diener） 著

李心怡 译

中信出版集团 | 北京

图书在版编目（CIP）数据

内心丰盈：提高生活满意度的积极心理学方案 /（美）埃德·迪纳，（美）罗伯特·比斯瓦斯-迪纳著；李心怡译 . -- 北京：中信出版社，2024.8

书名原文：Happiness: Unlocking the Mysteries of Psychological Wealth

ISBN 978-7-5217-6636-3

Ⅰ . ①内… Ⅱ . ①埃… ②罗… ③李… Ⅲ . ①人格心理学 Ⅳ . ① B848.9

中国国家版本馆 CIP 数据核字（2024）第 104103 号

Happiness: Unlocking the Mysteries of Psychological Wealth

ISBN 9787521766363(cloth)

内心丰盈——提高生活满意度的积极心理学方案

著者：［美］埃德·迪纳 ［美］罗伯特·比斯瓦斯-迪纳

译者：李心怡

出版发行：中信出版集团股份有限公司

（北京市朝阳区东三环北路 27 号嘉铭中心 邮编 100020）

承印者：河北鹏润印刷有限公司

开本：880mm×1230mm 1/32　印张：11.5　字数：238 千字

版次：2024 年 8 月第 1 版　印次：2024 年 8 月第 1 次印刷

京权图字：01-2024-1968　书号：ISBN 978-7-5217-6636-3

定价：59.00 元

服务热线：400-600-8099

投稿邮箱：author@citicpub.com

谨以此书献给我们的妻子——卡罗尔和凯亚，

在写作本书的过程中，她们给予我们颇多帮助。

也献给盖洛普咨询公司，感谢它的鼓励与支持。

赞 誉

一

这是迄今为止关于幸福最权威、最翔实的图书。这并不奇怪，因为这本书的作者是世界领先的幸福研究者和他的心理学家儿子，他们的天职是指导人们过上更幸福的生活。

——戴维 · 迈尔斯

霍普学院心理学教授，《社会心理学》《追求幸福：谁快乐，为什么》（*The Pursuit of Happiness:Who is Happy and Why*）作者

这本书是世界领先的幸福学家埃德 · 迪纳和他的儿子——“积极心理学界的印第安纳 · 琼斯”为每个人送上的一份厚礼。

——马丁 · 塞利格曼

宾夕法尼亚大学心理学教授，《真实的幸福》作者

这是一本必读书！如果你想要知道如何获得真正的幸福感，不妨听听迪纳博士与其爱子罗伯特 · 比斯瓦斯–迪纳的科学建议。在长达 30 多年的时间里，他们始终站在有关如何获得真正心理财富研究的前沿。迪纳父子是名副其实的权威。埃德 · 迪纳对于幸福的研究无人能及，也鲜有人能像罗伯特那样专注于令人兴奋的实地调查研究。你很快就会明白为什么埃德 · 迪纳被称为“幸福博士”，为什么罗伯特被称为“积极心理学界的印第安纳 · 琼斯”。

——大卫 · 波莱

耶鲁大学学士，宾夕法尼亚大学应用积极心理学硕士，动量项目（The Momentum Project）主席，联合专栏作者，作家，《垃圾车法则》作者

幸福研究领域最权威的学者的作品，将有趣的例子与扎实的研究完美结合。我从未见过一本书能如此出色地提供有价值的实用建议，同时又将这些建议建立在完全可靠的实证研究基础之上。

——理查德·卢卡斯

密歇根州立大学心理学教授

这是一本由全球权威专家所著的幸福之书，作者是幸福研究领域的杰出学者，也是正在吸收相关知识并指导人们实际应用的实战教练。罗伯特还是一位国际研究员和执教学者。也就是说，两位作者是学术研究出身，而不仅仅是记者或传播二手信息的大众心理学家。两位作者对幸福感的了解十分透彻。

——迈克尔·弗里施

贝勒大学心理学家，神经科学家，

积极心理学家，积极心理学教练，临床心理学家

过去几年，幸福已逐渐成长为一门巨大的产业。这本书高度浓缩了过往的研究成果，也是一本绝佳的自助指南。这本书由幸福研究领域最高产、最受尊崇的心理学家及其爱子共同撰写。这是一本关于幸福的可读性最强、最全面的概述和自助手册。普通人如果想了解当代幸福科学，可以从这本书入手。

——亚历克斯·迈克洛斯

博士，英国皇家化学学会会士，社会研究与评估中心主任

目 录

第三部分
幸福的原因和真正的财富

第四部分
如何实现内心丰盈

积极心理学家的使命

一

彭凯平

中国积极心理学发起人，清华大学社会科学学院心理学系教授

2021年4月28日，著名心理学家埃德·迪纳因病去世，享年75岁（1946—2021）。

迪纳教授是国际积极心理学领军人物之一，多年来一直致力于主观幸福感的研究，是国际积极心理学协会首任主席，还曾担任人格与社会心理学学会以及国际生活质量研究协会主席。从1974年开始，他任教于伊利诺伊大学，1999年成为盖洛普咨询公司资深科学家。

迪纳教授有330多篇公开发表的论文，其中有200多篇是关于主观幸福感的，他的主要贡献是有关主观幸福感的理论和测量，人格、收入与文化对主观幸福感的影响，以及如何提升员工的主观幸福感并提高组织业绩。其论文被引用次数达93000多次，是论文被引用最多的心理学家之一，并获得了多项著名的学术奖项。他是《心理科学观点》（*Perspectives on Psychological Science*）和《幸福研究杂志》（*Journal of Happiness Studies*）创始编辑，并曾

担任《人格与社会心理学期刊》（*Journal of Personality and Social Psychology*）编辑。

我和埃德·迪纳教授相识于 1997 年 3 月，当时我正好应聘伊利诺伊大学心理学系的教职，他是系里特别为我说话的教授，也为我争取到了很好的待遇。可惜我当时很想去加利福尼亚大学，因此与他无同事之缘。没想到，我俩后来都成为积极心理学家，并成为国际积极心理学协会的理事，从而有更多的机会交往和了解。他可以被当之无愧地称为积极心理学的奠基人之一。

2005 年 1 月 17 日，美国《时代》周刊刊登了一篇以幸福科学为主题的封面文章，其中说道："心理学界关于幸福最有代表性的研究，是美国著名社会心理学家埃德·迪纳和他的同事做出的。在几十年的研究中，他们发现一般人所热切追求的生活目标，如高收入、高学历、年轻、美貌，甚至日照时间等对幸福感的实质贡献很小，而最重要的是和谐友好的人际关系、至爱亲朋的关怀、温暖的社会支持，以及适当的交往技巧。"

2017 年 10 月 18 日，迪纳教授在宾夕法尼亚大学应用积极心理学硕士峰会上作了题为《幸福科学的伟大突破》（Amazing Progress of Science of Subjective Well-Being）的主题报告。我曾经撰文介绍这篇报告，今天再读他的报告，还是有一种振聋发聩的感受。

在报告中，迪纳指出，现在有关幸福的研究越来越多，但幸福研究要经得住时间和实践的考验，也必须遵守科学原则：摆事实，有证据，讲证伪。不能做出一个研究，就自以为是，好像找到了幸福的灵丹妙药。然后，他话锋一转，说积极心理学研究所有人类的正向心理，而不只是大家认为的“幸福、PERMA（Positive Emotion, Engagement, Relationship, Meaning, Accomplishment，意为积极情绪、投入、人际关系、意义、成就）、意志力、美德”等内容，也不是说只有积极心理学圈子里的几个著名学者研究的课题才是积极心理学。

很长一段时间以来，很多人都以为积极心理学研究的就是幸福的问题，甚至有人建议用“幸福学”来取代“积极心理学”，以扩大积极心理学的影响力。出发点是好的，用心是善良的，动机是高贵的，策略也很高明，但积极心理学的研究范畴本身就非常广泛，它不仅研究人类的幸福，还研究道德、智力、审美、创造、积极的社会关系、积极的社会组织、生活的意义等内容，幸福只是积极心理学研究的一个很重要的方面而已。而且幸福科学本身就是个跨学科的综合性研究方向，不是心理学一个学科所能解决的问题。实际上，经济学、社会学、政治学等学科都在研究幸福问题。

因此，迪纳提出，我们曾经对积极心理学的研究课题有很多不正确的认识。一些我们认为应该是积极心理学研究的问题，确实也是它所关注的问题，但还有很多没有被大家当作积极心理学研究的问题，其实也是它所研究的问题。那么从积极心理学的角度来讲，这个学科到底在研究哪些问题呢?

传统的积极心理学课题仍然是积极心理学重要的研究领域，这些课题包括：

1. 感恩之心。它肯定是积极心理学研究的问题。这种感恩不是通常意义上的报答，不是情感回报，更不是义务和责任。它指的是我们对自己拥有的事物和受惠经历的一种欣赏、快乐、积极主动的体验。

2. 实现蓬勃兴盛的幸福人生的 5 个因素——PERMA。PERMA 也就是激发人类幸福感的五种最基本的心理基础：积极快乐的情绪、沉浸其中的投入、美好的人际关系、有意义的事情、有成就的感受。PERMA 不仅能帮助人们感到快乐、满足，还能带来更高的生产力、更多的健康，以及一个美好的人生。
3. 美德。根据塞利格曼和彼得森的研究，无论人类处于什么文化，都有一些共同认可的美德，这就是他们所发现的 6 个领域（正直、勇气、智慧、仁爱、升华、节制）和 24 项优势与美德。但具体应如何体现和弘扬这些美德，特别是其文化差异，值得进一步研究。
4. 主观幸福感。主观幸福感主要是个体对自己生活状态的满意程度，以及积极情绪体验的频率。这是通常所说的"幸福"的心理学表述。
5. 意志力。这就是我们人类能够驱使自己做自己认为应该做的事情的动力和坚忍精神，具有开拓和提升自己的学识、境界和能力的精神。
6. 福流。它指的是人们在从事自己喜爱的工作和做事情的过程中产生的一种物我两忘、天人合一、酣畅淋漓的积极体验。
7. 意义和目的。它指的是人在生活、工作中发现和追求的意义，以及某种神圣、积极的召唤体验。

另外，还有一些传统上不认为是积极心理学研究的课题，其实也是这一领域非常核心的课题，包括：

8. 利他行为。这是指我们帮助他人、照顾他人所获得的身心愉快的体验及策略和方法。
9. 自我控制。它指的是我们人类能够控制自己的欲望和冲动，并保持心理能量充沛的能力和过程。个体在自我调节能力上的差异，与我们的生活质量和人生发展的轨迹密切相关。
10. 积极教养。它指的是父母亲对孩子的一种积极心理学的教育教养方式。它不是权威式的教养，不过于强调对孩子的管教；也不是无为、放任式的教养，而是一种最符合儿童身心健康发展的教养方式。
11. 尽责心。它是大五人格的一种，也是对自己和他人的内在心理状况体验和知觉的能力。
12. 自我效能感。这指的是斯坦福大学心理学教授班都拉提出的，人对自己的能力及作用效果的一种认识和判断。它是心理学引用最广泛的一个概念，也是积极心理学的一个重要课题。
13. 友情。这指的是我们对别人的照顾和友谊，人类的亲情和友谊是幸福最重要的基石之一，也是中华民族的传统美德，希望有更多的科学心理学者对其进行研究。
14. 精通。这指的是我们在生活中必须掌握的技能技巧。
15. 合作。这指的是人与人之间、组织与组织之间、社区与社区之间一种追求共同目标的为人处世的精神和风格。

迪纳特别强调，以上课题只是举例来说明积极心理学研究的领域远比主观幸福感要大很多，远比通常所认为的积极心理学的概念要广很多。只要涉及人类生活的积极方面和人类心理体验的积极方面，就可以是积极心理学研究的课题。

故人已去，教导犹在！

主观幸福感的源起与发展

一

卡罗尔·迪纳
哲学博士、法学博士

市面上有很多关于幸福的书，为何偏偏要读这一本呢？撰写过《追求幸福》等多本著作的心理学家戴维·迈尔斯将埃德·迪纳称为“研究幸福的绝地大师”。这一称号可谓名副其实——在30多年的心理学职业生涯中，埃德发表了200多篇关于幸福研究的学术论文，开创了幸福研究领域的先河。而被行业领袖赞誉为“积极心理学界的印第安纳·琼斯”的罗伯特，已在印度、格陵兰岛、肯尼亚，以及世界上一些偏远地区探知了心理财富的秘密。开始感兴趣了吗？那我再来告诉你一些有关两位作者的信息，他们中的一位恰好是我的丈夫埃德，另一位是我们的儿子罗伯特。

埃德踏上通往世界幸福研究领域权威专家的道路始于加州的一个农场。埃德成长于二战之后，是家里六个孩子中最小的一个。随着哥哥姐姐日渐长大并离家独立生活，父母又忙于务农，埃德常常只能自娱自乐。当然，就像许多被“放养”的男孩一样，他也常常惹麻烦。充满好奇心的埃德曾制作了一个火焰喷射器，也曾往明火里扔过子弹，还在 10 岁的时候开车上过路。到了 12 岁，埃德还制订了一份“转基因猴狗培育计划”（像猴子一样聪明，但像狗一样忠诚）。埃德对数字和科学很感兴趣，喜欢阅读艾萨克·牛顿、天文学家第谷·布拉赫等科学名人的传记，常常一读就是一下午。他还试图在家里重现科学家们的一些经典实验。比如，通过将砖块和其他物体浸入浴缸中计算溢出的水量，以确定砖块和其他物体的体积。

上大学后，埃德将自己的好奇心集中到了人类的行为上。为什么人们会哭会笑？为什么人们喜欢社交活动？为什么人们会做有害健康的事情？最重要的是，幸福是什么，以及如何获得幸福？埃德决定把最后一个问题作为他在大学里的研究课题。具体而言，他计划将农场工人作为研究对象，探究其幸福程度。然而，他的教授没有批准这项研究。教授告诉埃德：“研究幸福是不可能的事情……幸福是永远无法衡量的。”此外，教授还说：“这个答案我早就知道了。农场工人活得不幸福。”埃德觉得很沮丧，转而写了一篇关于从众行为的论文。

在从事了一些其他研究之后，埃德在赫赫有名的伊利诺伊大学谋得了一份教师职位。当埃德获得终身教职后，我们曾一起到维尔京群岛休假。在那里，对幸福进行认真研究的念头重新在埃德的头脑中浮现出来。他花了很多时间来阅读阿奎那、马斯洛以及其他伟大思想家的著作，然后制订了一项关于幸福的研究计划。这项雄心勃勃的计划被他称为“主观幸福感”。这种命名方式增添了一丝科学合理性，那些持怀疑态度的学术界同人更易接受这项计划。同年，我们带着三个孩子休学去海地和南美旅行。我们沿着亚马孙河的偏远支流而上，在河豚、绒毛猴、金刚鹦鹉和食人鱼的陪伴下行走在丛林深处。几个小时的跋涉之后，我们抵达了一个亚瓜人部落。这些居住在木屋里的亚瓜人近乎全裸，看到我们之后感到非常惊奇，就像我们看到他们一样。但最喜欢与亚瓜人互动的莫过于罗伯特了。部落的孩子们挤在他周围，围观他的米老鼠手表，还让他拿着他们的吹箭向树干发射了几支箭。一位老者还试图给罗伯特一些毒液让他抹在吹箭上使用，不过我们明智地拒绝了。然而，这次旅行深深震撼了罗伯特的心灵，让他意识到这些人的生活与我们在美国中西部地区的邻居是如此不同，这对他成年后的职业生涯产生了巨大影响。

那次休假之后，埃德发表了他的第一篇关于主观幸福感的文章。这些年来，他研究了如何有效地定义和衡量幸福，收入与幸福之间的关系，不同文化背景中幸福有何不同表现，记忆如何影响幸福，幸福的益处，以及影响人们幸福感的心理活动。他以科学的眼光来看待人们的价值观、人际关系、资源、基因和经济学在幸福等式中所扮演的角色。他衡量了各种各样的人的幸福感——有《福布斯》排行榜上的美国富豪，有同卵双胞胎，有与世隔绝的修女，甚至还有性工作者。他从 100 多个国家的代表性样本中收集了数十万人的幸福感数据，并加以分析。埃德对人类幸福感研究之广泛，世界上无人能与之匹敌，因此他的文章与观点经常被其他研究幸福感的学者和流行作家引用及参考。他还曾与多位宗教人士就幸福感这一问题进行过对话，并与多国领导人讨论了衡量社会幸福感的相关问题。

最近，埃德提出，城市、省份和国家财富应使用国民幸福总指数与常用的国内生产总值两个指标来共同衡量，这一观点引发了世界各地的兴趣和推崇。埃德就是这样一个人，他会在晚上说："我累了，所以我觉得自己该去做点数据分析。"对幸福的研究使他在过去30年里充满活力。

不仅是埃德，我也是一名心理学家，我们的双胞胎女儿玛丽莎和玛丽·贝丝，以及我们的儿子罗伯特也都从事心理学研究。从孩子们光着小脚丫在屋里乱跑的那一天起，我们的家庭就沉浸在一种不寻常的心理探究和实验氛围中。在周末和晚上，我们有时会和孩子们一起讨论心理学项目。例如，罗伯特所做的第一项科学项目就是研究情绪与天气的关系。等孩子们长到十几岁，"人们有何异同之处"以及"情绪如何影响记忆"之类的话题就常常变成餐桌上讨论的主题。在这种充满求知欲的氛围中，埃德和罗伯特建立了一种伙伴关系，将科学探索与现实世界应用结合起来。

基于儿时经历以及自游历亚马孙河时便已萌芽的对外国文化的好奇，罗伯特在格陵兰岛、非洲大草原和加尔各答贫民窟等非典型地区进行了幸福感的相关研究。为了让你体验到罗伯特的实地研究是多么惊险，我们可以来看看他对肯尼亚马赛人所做的研究。在这项研究中，罗伯特获得了一小笔资助经费。为了赢得马赛人的信任，以便获得准确的数据，罗伯特让马赛人在自己身上打上烙印以证明自己有足够的合作价值，而且不止一次——整整三次。他还买下了一只狩猎得来的祭品山羊，馈赠给了资助单位。这和你们头脑中典型的实验室研究当然不同！

罗伯特一直在全世界旅行，对幸福感进行持续研究。他游历过迪拜的黄金市场、伊斯坦布尔的市场、梵蒂冈的花园、摩洛哥的山村、格陵兰岛的因纽特人集居地、尼加拉瓜的海滨城镇、中国台湾的文化节、柬埔寨的市场、澳大利亚内陆等无数地区。无论走到哪里，他都更喜欢与当地居民交谈，而不是去逛那些著名的旅游景点。和他的父亲一样，罗伯特对普通人的生活质量非常感兴趣，比如世界各地的邮递员、公交车司机和理发师等。

这对父子的合作可谓水到渠成。罗伯特把埃德的研究从实验室扩展到了日常生活中。罗伯特与生活在偏远地区、日常难得一见的群体建立了联系，例如肯尼亚部落、格陵兰岛因纽特人和阿米什人，并对这些群体进行了主观幸福感研究。罗伯特不仅发表了近 24 篇关于幸福感的专业论文，他还对如何将这项研究应用于帮助人们改善生活很感兴趣。他采用了训练的方式，将幸福感这门科学中的创新点付诸实践，并与全世界数十个来自英语国家的客户建立了合作。他与人合著了一本关于如何将积极心理学应用于实践的书，并定期向对积极心理学应用感兴趣的组织提供咨询并与之研讨。

那么，迪纳家族史和这本书有什么关系呢？为什么一定要听听埃德和罗伯特对于幸福这个话题的见解呢？毕竟，似乎每个人对于幸福都有自己的一套理论，也“知道”影响幸福感的重要因素是什么。我认为，答案在于这一事实——并非所有的观点都称得上洞见。我们中的大多数人都更愿意听取 BBC（英国广播公司）金融分析师的投资建议，以及经验丰富的维修工的汽车维修建议，而不愿相信随随便便什么人给出的建议。从医疗保健到染发等各个方面，我们都在寻求专家的建议。从当今世界现代科学这层内涵来看，埃德和罗伯特是幸福感这个话题的专家。即便他们不是世界上研究幸福感时间最长的人，也花了大量的时间来思考情绪健康的益处。数十年来，他们收集了来自全球各地各行各业成千上万人的数据，对这个话题进行了严谨的调查。他们研究过亿万富翁的幸福程度，也调查过流浪汉的幸福程度。他们还探究了衰老、大学生春假旅行等各种因素对幸福感的潜在影响。

研究幸福感是埃德和罗伯特的工作，也是他们激情的源泉。在这本书中，他们将自己的科学知识与个人智慧以及各种各样的实践经历进行了融合。大众媒体上充斥着大量关于幸福的谬见、半真半假的陈述，令人难以区分哪些是事实，哪些是虚构。这是一次绝佳的机会，让“研究幸福的绝地大师”和“印第安纳·琼斯”为你解开心理财富的奥秘，找到幸福的真谛吧。

第一部分

理解真正的财富

第 1 章

心理财富

2007 年 10 月，全世界都在期待《哈利 · 波特》系列最后一部作品的问世。故事里那个会魔法的小男孩火遍了全球，而原著的作者 J.K. 罗琳也意外走红文坛。尽管那个魔法师和麻瓜的世界扣人心弦，但罗琳的个人经历也同样引人入胜。作为一个单身母亲，为了节省一点取暖费，罗琳在爱丁堡酒吧的鸡尾酒餐巾纸上写出了这部杰作，把一项业余爱好做成了一门价值数十亿美元的生意。现在，罗琳成了世界上最富有的女性之一。据报道，她的身家超过了英国女王。当然，她已经成为大众热议的超级富豪。

我们大多数人都为富豪名人所吸引，电视节目、杂志和大量的曝光引诱着我们一窥超级富豪的生活。比如，我们会好奇，谁是世界上最富有的人？是 IT（信息技术）界的亿万富翁比尔 · 盖茨，还是文莱的石油大王，或者是迪拜精于商业的酋长？极具影响力的奥普拉 · 温弗瑞好像也有可能？也许是一个在瑞士银行藏匿了数十亿美元的独裁者？如果你只关注这些人，你就错了。尽管他们确实很有钱，但这些拥有私人飞机和豪宅的富豪却未必拥有最多的真正财富——心理财富。

在本书中，我们将诠释心理财富这一全新的概念，其内涵超越了物质财富，超越了情商和社交资本等流行概念。心理财富是你真正的净资产总额，包括你的生活态度、社会支持、精神发展、物质资源、健康，以及你所参与的活动，拥有了心理财富就能达到内心丰盈的状态。在本书中，我们将展示心理财富如何依赖于幸福感、生活满意度，以及其他提升心理财富的相关因素。我们将解释为什么物质财富只是真正财富的一个组成部分，以及为什么其他方面常常更为重要。在最后一章中，你将学会如何衡量自己的心理财富，看看自己是否能够入选我们的财富 400 强榜单。

作为心理学家，我们将整个职业生涯都投入对幸福感的细致研究中。我们从零开始，重新审视了长期以来关于幸福感的固有结论，并对这一话题提出了新的问题。我们调查了富豪和穷人的情感生活状况。我们研究了人际关系、宗教、文化，以及积极的态度对于幸福感的影响。我们收集了几十个国家成千上万人的数据，调查对象包括印度的邮递员、肯尼亚的部落成员、生活在北极圈的因纽特人，以及美国加州的西班牙语裔学生。研究结果表明，关于幸福感这种神圣的情绪，有很多重要的发现常常与我们的直觉截然相反。经过几十年的研究，我们得出了一些结论，印证了你对幸福感的已有观念，也彻底颠覆了他人的固有理解。本书旨在帮助外行和心理学家重新思考自己对于幸福感的观点，对心理财富的这一核心要素建立新的认知。

如果你和大多数人一样，或许你想问我们的第一个问题就是如何定义幸福感。我们将“幸福感”的科学术语定义为“主观幸福感”，因为其内涵在于人们如何评价自己的生活，以及如何评估生活中各类事物的重要性。主观幸福感往往在一定程度上与其身处的客观环境有关，但同时也取决于人们对这些外在条件的看法和感受。主观幸福感包括人们的生活满意度和他们对生活中各个重要方面的评价，例如工作、健康和人际关系。同时，主观幸福感还与人们的情绪有关，例如愉悦感和投入感，以及相对较少的不愉快情绪体验，例如愤怒、悲伤和恐惧。换句话说，幸福感就是我们积极思考和感受生活的代名词。

如果你拥有和我们同样的思考方式，当你试图找出世界上最富有的人时，就不会考虑教区牧师、你的邻居或你的姑妈，尽管这些人在朋友、精神和精力方面都非常富有。大多数人会从金钱的角度来看待财富，尽管很少有人会否认心理财富是一种更深层次的财富形式，即通过培养积极的态度、亲密的关系、信仰，以及投身于富有意义感的目标来获得幸福感和满足感。即便如此，大多数人的注意力仍然集中于金钱以及如何赚钱。我们也会花时间去关注其他问题，比如健康和友谊。我们会去健身房，去教堂，或者去约会，甚至是定期参与这些活动，目的就是改善健康状况、培养信仰并培养积极向上的关系。但是想想你在赚钱和管理财富上花了多少时间吧：做预算，纳税，去银行，写支票，存钱度假，庆祝加薪，了解名人的收入，因为钱的事情和配偶吵架，付账单，刷信用卡。当然还有赚钱，这是我们在清醒的时候花最多时间做的事情。

尽管钱很有用，但很多人对于钱又爱又恨。想想整个人类历史上我们对身边的富人所抱有的矛盾心理吧。这些富人既令人钦佩，又令人嫉妒。由于他们的名字频频出现在流行的富豪排行榜上，所以他们总是成为大众关注的焦点。与此同时，有钱人往往也会遭到他人的嘲笑，并被投以敌意。当我们想到富人时，脑海中可能会浮现出伟大的慈善事业，但我们同样也会轻易地联想起历史上富人们的不义之举和彻头彻尾的盗窃行为。在我们的脑海中，富人身上总是会被贴上虐待工人、对穷人麻木不仁，以及粗暴的物质主义等标签，就如同他们身上贴着时常回馈社会、做出慈善捐赠的标签一样。

公元前 8 世纪，弗里吉亚有一位名叫米达斯的传奇国王，他的名字为人所熟知。传说，米达斯赢得了酒神狄俄尼索斯的青睐。狄俄尼索斯许诺可以实现他的一个愿望，于是他许愿让自己碰到的任何东西都变成黄金。他在周围的物体上试了试，真的把石头变成了珍贵的金子，这种神奇的力量让他喜出望外。回到城堡后，米达斯下令举办盛宴来庆祝自己如此幸运地获得了点物成金的力量。不幸的是，酒和食物就都变成了金子，米达斯只好饿着肚子。很快，他就意识到，获得这种新的力量需要付出一定的代价。当他碰到自己的女儿时，女儿变成了一尊金雕像。米达斯国王悲痛欲绝，向狄俄尼索斯祈祷，请求其收回这种力量。随后，他实现了自己的愿望。米达斯的故事抓住了我们对金钱和财富的矛盾心理，讲述了一个关于贪婪的重要警世寓言。如果追求物质财富意味着放弃人际关系，失去健康，或者精神崩溃，那么追求物质财富就是不值得的。心理财富的范畴比金钱财富要广泛得多，因为我们只有拥有了心理财富，拥有一颗丰盈的心，才算是真的“拥有了一切”。如果我们为了获得金钱而放弃了真正的财富中太多其他组成部分，我们的净资产反而会受物质主义拖累而减少。

初识心理财富

心理财富是对幸福感和高质量生活的体验。它不仅仅是简单的、短暂的快乐，也不仅仅是躲过抑郁和焦虑，而是对美好生活的体验，意味着我们正在以一种充满正向反馈、有意义、充实且愉悦的方式生活。心理财富包括对生活的满意度、生活的意义感、对自己感兴趣的活动的参与感、对重要目标的追求、积极的情感体验，以及一种将人们与外界崇高事物联系起来的信仰。这些基础的心理体验共同构成了真正的财富。毕竟，当你拥有了这些体验时，你就拥有了生活中所能追求到的一切，而当你有钱时，你只是获得了真正的财富所包含的众多资源中的一种而已。心理财富除了内在体验，还包括健康的身体以及积极的社会关系等普遍因素，它们与幸福感体验交织在一起，也是心理财富的一部分。那么，心理财富的组成成分究竟有哪些呢？以下是一些真正的财富的基本组成部分：

- 生活满意度与快乐感
- 生活中的信仰与意义
- 积极的态度和情绪
- 融洽和谐的社会关系
- 积极参与各种活动和工作

- 追求的价值观和生活目标
- 身心健康
- 充分满足生活需求的物质条件

最后，如果你没有全面发展真正的财富的各个方面，你的生活质量就会受到影响。然而，当你拥有了所有的组成部分，你就是真正的富人，一个内心丰盈的人。成为一个富有的人并不需要成为百万富翁。毕竟，当你体会到生活如此美好时，夫复何求呢？就算你没有数十亿美元存款，只要热爱你的生活，你就拥有了你所需要和想要的一切。只要你拥有心理财富，即便没那么多钱，也不会有太大的影响。

我们都知道有钱人在传统意义上的特征。我们知道，这样的人很可能拥有很多奢侈品以及象征地位的东西：一座豪宅，现代化的厨房里面配有花岗岩餐台和不锈钢电器；经常去的度假胜地；一辆配置齐全的新车；一些璀璨夺目的珠宝或原创艺术收藏品；以及一辆奔驰车和一个游泳池。那么心理财富用什么指标来衡量呢？我们如何辨别出一个真正富有的人呢？你很难从外表看出来——内心丰盈的人可能长得高，可能长得矮，可能上了年纪，可能还很年轻，可能是一名公交车司机，也可能是一位家庭主妇或小企业主。他们的生活通常不会很贫困。他们可能拥有亲密的家人和朋友圈子。但是除了这些为数不多的特征，你还需要更深入地了解才能识别出他们。内心丰盈的人能够看到世界的美好之处，但绝不脱离现实，这是他们的典型特征。他们会积极参与自己认为有意义且重要的活动，也会找到能够发挥自身优势的活动。

以超级爸爸迪克·霍伊特为例，他的儿子里克一生下来就患有严重的身体残疾，这是每个家长的噩梦。医生们最初建议把里克送到福利机构，但迪克却自己筹资，与一个工程师团队一起设计了一台电脑，这台电脑可以让他儿子通过移动头部来打字，进而与其他人进行交流。里克上高中的时候，父子俩参加了一场为当地一名残疾学生举办的 5 英里（约 8 千米）长跑比赛——身材欠佳的迪克推着坐轮椅的儿子跑完全程。完成比赛的经历给父子俩都带来了很大的触动。对里克而言，参加比赛让他忘却了自己身体上的残缺，尽管只是被推着参加比赛。对迪克来说，帮助自己的儿子找到意义，这种机会十分宝贵。迪克有了一个新的理由来养好自己的身体，他的健康状况很快得到了改善。

霍伊特父子一起参加了 80 多场马拉松、三项全能运动及铁人三项比赛。他们重新定义了“能力”的含义，并在运动成就中找到了一种深刻的使命感。迪克和里克拥有丰厚的心理财富：他们关系融洽，喜欢运动，在比赛中找到了自己的人生意义，并拥有奥运健儿一般的积极态度。最重要的是，像迪克和里克这样内心丰盈的人深感幸福，对生活十分满意。他们所体验到的积极情感不仅仅是快乐以及一些转瞬即逝的愉悦感，还包括其他丰富的感觉，如爱、投入感，以及将他们与他人联系起来的感激之情。这类人拥有我们所欣赏的价值观，从他们身上看不到丝毫狭隘和消极。他们不会疯狂地追求新的伴侣、数十亿美元的金钱财富和新的刺激，因为他们已经深深投入到有意义的关系和活动之中。

在本书中，我们将详细研究心理财富的各个不同方面。对于完整的财富，每一个构成要素都必不可少。只重视其中一个要素可能会减损其他要素的价值。例如，如果我们过分追求快乐，而忽略了信仰和意义感，我们就可能会沦为享乐主义者，而无法找到真正的快乐。正如前文所述，如果我们一味地追求金钱，忽视心理财富的其他方面，我们就无法收获真正的财富。最后，心理财富可以被理解为一种“平衡的投资组合”。本书概述了心理财富的组成要素，而研究已经揭示了心理财富的投资价值。

第一部分：理解真正的财富

尽管从表面上看，心理财富听起来像是古老的智慧——道德故事提醒我们，幸福不仅仅在于金钱，但这个概念的内涵并不像看起来那样简单。当然，大多数人凭直觉就知道且认同这一点——信仰、健康和人际关系对我们的生活质量至关重要。哲学家、宗教学者和我们的祖辈自从文明诞生以来就一直在告诫我们同样的观点。心理财富这一概念的激进之处在于，其建立在研究历史较短且常常违反直觉的基础之上。关于主观幸福感的现代科学研究已经推翻了许多关于幸福的常识。例如，我们现在知道，幸福最佳水平是的确存在的。也就是说，在生活的某些方面，人们的幸福感可能会过量。如果幸福感超过某个程度，人们的表现可能会变差，而不是变好。

在第 2 章中，我们将关注这一研究主体，并提出两项最令人兴奋和最重要的心理财富原则。第一项原则是，幸福是一种过程，而非某个终点。多年以来，人们一直认为幸福是一种情感的最终目标，是一种愉悦的状态，这种愉悦来自获得良好的生活环境，例如健康状况良好、婚姻美满、薪水丰厚。其逻辑是，如果一个人能获得充足的理想条件，那么幸福就必然会随之而来。尽管这一观点被认为是常识，但科学表明，仅仅靠外在条件是不足以产生心理财富的。虽然金钱、国籍和婚姻状况与主观幸福感相关，但这种相关性弱于引起幸福感的因素。相反，幸福是一种不断持续的过程，需要我们以积极的态度去体验生活和世界，让自己的生活充满意义感和信仰。要想获得真正的财富，我们内心的态度与我们周围的环境同样重要。

重新思考幸福感和理解心理财富的第二项原则是，这种理解有利于提升幸福感的功效。从古至今，幸福感一直背负着坏名声。许多人认为幸福是肤浅、自私、天真和自满的代名词。幸福感的批判者认为幸福不可持续，而愤世嫉俗者则认为快乐是一种不现实的感觉，追求幸福被认为是浪费时间。现在，有大量来自科学研究的证据表明，事实恰恰相反，积极的情感既有效又有益。对积极情绪之功效的研究表明，积极情绪有助于强化人们与朋友的联系，提升思考的创造性，使人们对新鲜事物更感兴趣。就此而言，幸福本身就是一种资源，你可以利用这种资源来实现生活目标。在第 2 章中，我们将解释为什么幸福有利于有效运转。幸福感在某种程度上是心理财富的基石，因为它是一种情感货币，可以用于其他目标的投资，比如友谊和事业上的成功。当我们积极向上、充满活力时，常常能获得最大的收获：我们会想到新的创意，尝试新的爱好，提升我们的人际关系，保持健康，并找到生活的意义。

第二部分：幸福的人生活得更好

在第二部分，我们将关注心理财富的三个方面——健康、人际关系和有意义的工作，这三方面与幸福感直接相关。正是在这一部分，我们会看到心理财富与幸福感密切相关，因为没有积极的情感就无法获得心理财富。幸福感与健康、人际关系和工作之间的联系构成了心理财富投资组合的基础。在生活的这些方面取得成功往往会提升幸福感，而积极的情绪反过来又往往会引导人们在生活的这些方面取得成功。在这一部分，我们提出，幸福感是心理财富的基本组成部分，但其重要性不仅在于这种情绪令人愉悦，更在于其有益于生活的方方面面。对幸福感的重新思考需要我们理解这一点——幸福感不仅仅是一种我们所追求的愉悦情绪，更是在生活的方方面面取得成功的必要条件。

第三部分：幸福及真正财富的因素

人们在努力寻找通往幸福的最佳途径时，绝大多数的注意力都会集中在生活环境上。人们会通过努力改善生活环境来提升自己的幸福感，这情有可原。常识告诉我们，找一份新工作，赚更多的钱，更健康，或者找到合适的伴侣，都会带来幸福感。但事实真的如此吗？对主观幸福感的相关研究表明，大多数生活环境因素，比如性别、年龄，对幸福的影响非常有限。不过，也有一小部分因素与情绪健康紧密相关。对于金钱如何能买来一部分幸福感，以及宗教信仰是否能够增加愉悦情绪，我们已经有了充分的理解。在第三部分，我们将讨论影响心理财富的生活环境因素，包括收入、宗教信仰和文化，这些因素的影响已被证实。

之后，我们将讨论影响幸福感进而影响心理财富的心理因素。长期以来，人们总喜欢说这样的话，比如“生活由你创造”、“看到云朵背后的一线曙光”或“戴着玫瑰色的眼镜看世界”。这些短语暗示着，我们的生活质量和幸福感部分取决于我们个人如何看待世界。有些人似乎始终很乐观，而对于另一些人来说，哪怕是鸡毛蒜皮的小问题都能让他愤怒不已或者垂头丧气。适应、情绪预测、积极态度等各种各样的日常心理活动都会对你的幸福感产生巨大的影响。这些心理活动是心理财富的重要组成部分。

第四部分：如何实现内心丰盈

在最后一部分，我们将就这一话题给出建议：如何整合心理财富的各个组成部分，过上内心丰盈的生活。重要的是，我们会提醒你不要寻求无节制的幸福。许多人追求强烈的、永久的幸福感，认为这种梦寐以求的情绪像是永远不会溢水的杯子。最新的研究证据表明，幸福感可能是有上限的，而“过度幸福”的人实际上在事业和学业上表现不佳，其健康状况甚至也比处于最佳幸福水平的人更差。这一新发现向我们揭示了这一道理：就像所有财富一样，只有达到平衡状态，并且不被滥用，心理财富才能发挥最佳效果。有些励志读物将强烈的幸福感作为生命的全部，因此，我们希望本书能起到一种警示作用。

最后，美好的生活在于拥有心理财富。当我们追求安全的物质需要，培养自己的信仰，并利用我们的优势追求有价值的目标时，我们就建立起了一颗丰盈的心。人类是一种物质存在，我们是物质世界的一部分，需要有形资源来获得安全感和舒适感。但人类也是情感动物，需要建立超越自身、让我们保有人性和天性的宏伟意义和目标感。最后，人类也是一种心理存在，会对周围的世界做出自己的诠释，这意味着我们的幸福感部分取决于我们养成的思维习惯。要想获得真正的财富，物质、精神、社交关系和心理资源缺一不可。

在最后一章，我们介绍了心理财富的衡量方法，你可以借助这些方法来判断自己的心理财富水平。你有多富有？在结语中，我们描述了迪纳家族用科学来理解幸福感的方法。科学方法有很多优点——可控的研究、大范围且具有代表性的抽样调查，以及精密的统计分析。凭借科学方法，我们能够从哲学、宗教及个人经验中汲取关于收获美好生活的历史智慧，并加以整合和改进。但我们也绝不甘于只做学术界的书呆子。埃德·迪纳之所以被冠以“研究幸福的绝地大师”的称号，不仅仅是因为他培养了该领域的许多专业人士，还因为他和尤达大师一样，不追求一时的风靡。罗伯特之所以被称为“积极心理学界的印第安纳·琼斯”，是因为他在收集幸福感相关数据的过程中游历了世界各地，看遍了异国风情。我们希望你能通过本书提出的结论，看到我们为之奋斗的足迹，感受到我们的个性，并享受这个过程。

我们相信，你一定会喜欢这本书，也相信，你会重新思考自己对幸福的看法。

第 2 章

心理财富的两项原则

一般而言，要理解心理财富，特别是要理解幸福感，有两点至关重要。这两点重要性相当，它们经常被讨论，但也经常被误解。首先，幸福不仅仅在于获得理想的生活环境，比如身体健康、物质条件优渥、事业成功，以及家庭美满。尽管我们理所当然地认为，当把美满生活的碎片拼成一幅完整的画卷时，我们就会感到幸福，但幸福的含义远不止表面看上去那样简单。我们接下来将向你展示，幸福更多的是一种过程，而不是一种情感终点。人们经常忽视追求美好生活过程中的幸福感，这也不能怪他们。你可能会想到一些人，他们更关注未来可能会降临的幸福，比如暑假或重新装修厨房，但却忘记停下脚步，闻闻沿途的玫瑰花香。我们会向你证明，虽然达成目标所产生的幸福感很重要，但理解幸福本身是一种过程更重要。

理解心理财富的第二项关键原则是，我们应更多地关注幸福的功能，而不是其愉悦性。毫无疑问，几乎所有人都认为幸福会带来愉悦感，大多数人也都很享受这种感觉。但幸福不只是会让你感到愉悦，它还有很多让人意想不到的好处，可以帮助你在生活的方方面面表现得更好。要想积累真正的心理财富，理解如何发挥幸福的益处很重要。

幸福不在于拥有什么，而在于做了什么

攀登北美最高峰迪纳利山（原名：麦金利山）充满了挑战性和风险。迪纳利山坐落于阿拉斯加崎岖不平的偏远内陆。在过去的一个世纪中，登顶迪纳利山是登山者们竞相追求的目标。我们的一位朋友，伊利诺伊大学心理学家阿特·克雷默曾多次登上迪纳利山斜坡高处，以研究氧气以及缺氧状态对人类思考产生的影响。无论是由于空气循环不畅还是空气稀薄，在缺氧状态下，人们的思维会迟钝，人们会陷入困惑，难以做出明智的决策。在海拔 6000 多米的高山上，空气稀薄，这为克雷默的研究提供了一个完美的实验场所。但是，由于科研伦理的限制，科学家不能将实验参与者置于致命的危险环境，因此，克雷默不能按照常规方式去招募大学生参与研究，而是选择自己登山，将美国海军作为研究对象，因为登山正是这些精锐士兵的一门训练科目。

在最近的一次登山探险中，克雷默在攀登一个陡峭的雪坡时，遇到了一队经验不足、迷失了方向的加拿大登山者。克雷默带着团队沿通往山顶的山脊而行，然后做出了一个令人意想不到的决定。在距离顶峰还剩最后几百米时，克雷默并没有继续向上攀登，而是转过身，背对山顶，下山回到了营地。因为登顶迪纳

利山可能会让人怀疑克雷默教授的职业道德，质疑其探险究竟是出于科研目的，还是花着政府的研究资金来满足个人的野心，因此他在快要登上顶峰之前就转身下山了。最难走的路已在身后，他和山顶之间只剩下一条平缓的斜坡，只需要走上去就可以轻轻松松登上顶峰，但他却选择了转身下山。在这个登山热潮引发了大量悲剧、媒体报道铺天盖地的年代，克雷默对登顶北美最高峰的态度令人为之一震。

我们问克雷默，会不会因为没能登上顶峰而抱憾终身，他笑了。克雷默并没有因为“煮熟的鸭子飞了”而沮丧，他更重视攀登迪纳利山这个行为本身，而不是把登顶迪纳利山当成最终目标。他曾经对我们说：“于我而言，登山从来都不是为了登顶，而是享受攀登的过程。”他的观点很容易理解，但老实说，登上山顶可能是一个很重要的目标。如果偏离了人们一直以来追求的这一目标，我们图什么呢？

如果攀登不是为了登上顶峰，那么是什么支撑着一个人气喘吁吁坚持向上攀登呢？克雷默的答案是，在攀登过程中，有许多令人愉悦的时刻，让人觉得付出是值得的。从在家中的训练开始，到攀登时的“心流”感，到沿途的美丽风景，再到登山后与朋友一起喝啤酒庆祝胜利，整个登山过程已经为我们带来了情感上的收获。克雷默随口就能说出好几种攀登高峰时的乐趣：“登山就是身处野外，享受大自然的美。寻找路线的挑战也是登山的一种乐趣。”当我们谈到他在迪纳利山探险的经历时，他的眼睛里闪出孩子眼中的那种光芒，补充道：“登山一定少不了挖雪洞，我很喜欢。”对克雷默来说，所谓成功，关键在于旅程有多么愉快，而不在于是否登上了顶峰。

虽然你可能没有登过山，但也能感受到这个故事表达出的隐喻。对很多人来说，追求目标就像攀登一座高峰，两者在很多方面皆有相似之处：路线有优劣之分，前进的道路上充满危险与挫折，都需要不断地努力，都有最终成功的希望。也许最重要的是，登上顶峰只是整个登山过程的一小部分。正如登山者热切地期盼着探险，享受偶尔休息时的放松，回味旅行时的记忆一样，幸福往往不是为了实现目标，而是为了享受沿途的过程以及事后的美好回忆。通过这种方式，阿特·克雷默的故事完美地阐明了本书的一个要点：幸福不仅仅是一个终点。没错，尽管很多人都在寻求持久的满足，这种做法情有可原，但幸福并不是生活赛跑中的情绪终点线。我们应该再次重申：幸福不应该仅仅被看作我们试图到达的目的地，而应被看作让我们的旅途更加美妙的方法。我们应该掌握这种方法。心理财富的关键就在于理解幸福之旅本身的重要性。

“幸福是过程，而非终点”，这意味着什么呢？在这句格言中有几个要点。阿特·克雷默的故事说明其中一点——幸福感不在于拥有什么，而在于做了什么。如果我们享受追求目标所需的过程，就能体验到很长时间的幸福感，而到达顶峰只能给我们带来偶尔的短暂快感。“幸福是过程，而非终点”的另一个重要内涵是，无论生活条件有多好，我们还是会碰到很多问题。此外，即使生活条件不错，我们也需要找到新的挑战和目标，否则生活就会变得乏味无趣。我们会适应良好的环境，然后需要找到新的目标，继续充分享受生活。

警告：即便是公主，也会遭遇不好的事情

花一点时间回想一下灰姑娘的经典故事。还记得灰姑娘是如何被恶毒的继母和继姐妹残酷虐待的吗？还记得她们是如何把灰姑娘当作奴隶一般，使唤她去做家务的吗？还记得灰姑娘辛辛苦苦做好的衣服是如何被妒火中烧的继母和继姐妹撕成碎片，导致她参加王室舞会的希望就此破灭的吗？当然，你记得最清楚的可能是这个童话故事的幸福结局：灰姑娘的仙女教母准时到来，带着她去参加舞会，让王子迅速迷恋上了她，最后受宠的主角嫁给了迷人的王子。但这是故事的结尾，还是仅仅是一个开始呢？

我们不妨想象一下之后发生在灰姑娘身上的故事。灰姑娘结婚后住进了华美的城堡里。对于那些认为幸福就是获得优渥生活的人来说，灰姑娘就是人生赢家。得到了犹如好莱坞明星般英俊的丈夫、王室头衔、用之不尽的财富，还有保护她不受狗仔队骚扰的士兵，我们的舞会美人怎么会不幸福呢？但对于那些倾向于认为幸福是一种过程的人来说，灰姑娘的情感命运还远没有交代清楚。灰姑娘的丈夫对她好吗，还是后来移情别恋了？在深宫里，灰姑娘有没有找到一些有意义的活动来打发时间？她的孩子们有没有被宠坏？她是否对自己的成长经历仍怀有怨恨，或者试图报复她的继姐妹？她是否厌倦了王室舞会和宫廷斗争，或者有没有为王国里的穷苦孩子们组织一场舞蹈表演？正如我们所说，幸福是一种过程，而不是一个终点。就像灰姑娘的生活并没有在与王子成婚后结束一样，就算你达成了某些重要目标，你的幸福感也

不会圆满。生活还在继续，即使你获得了优渥的生活条件，也不能确保幸福感持续下去。首先，即使是年轻美丽的公主，也有可能会遭遇不幸。但即便灰姑娘没有经历多少挫折就过上了仙境般的生活，她可能还是会对周围的美好环境感到厌倦，需要新的目标和活动来给生活增添激情。

最后，灰姑娘的生活质量可能不取决于她身处的良好环境，而是取决于她对外在环境的理解。困难是生活中不可避免的一部分，拥有心理财富也并不意味着永远没有任何风险或损失。这些是当然存在的。幸福并不意味着生活中毫无困难，因为这是不现实的。但是，消极情绪在心理财富中占有一席之地，而主观诠释也对幸福起着重要作用，我们将在本章的后半部分以及本书的后续内容中对此进行详述。

关卡的必要性

我们有时会问我们的学生，是否接受与精灵签订这样的协议：精灵飘出神灯后，向你许诺，你想要的一切他都可以给你，只要你的脑海中浮现出愿望，他就能满足，而且不会像那些“三个愿望”的神话那样，对愿望的数量没有限制。那个精灵得意地笑着说，任何你想要的东西都会立刻变成现实。但你不能许愿得到幸福，也不能许愿得到通过努力才能得到的东西。在这一点上你绝对不能耍诈。你只能许那种老套的愿望，得到某些具体的事物，比如黄金、城堡、旅行、美貌、朋友、运动天赋、智商、音乐天赋、长相不错的约会对象、跑车等。当然，大多数学生都在疯狂地挥手，表示自己当然会接受这个诱人的提议。毫无疑问，他们想到的是获得助学贷款、考试得高分、夏天去巴黎度假、苗条的身材等。但是，就像一般情况下那样，随着课堂讨论持续深入，疑虑开始蔓延。也许这种所有愿望都能实现、无须努力就能得到一切的交易，会让生活变得无聊。也许你会适应所有的幸运，而这些幸运将不再让你感到幸福。随着讨论的逐步深入，一些学生开始认为无止境的愿望达成可能会带来人间地狱。他们认为，一切事物都会变得无聊，而生活也会失去激情。

学生们对无须努力就能获得一切的不安恰恰印证了我们的这一理解，即为我们想得到的东西而奋斗也可以带来很多乐趣。就像爬山会给我们带来最大的乐趣，而被精灵带到山顶，乐趣就会少得多，生活中的许多事物都因需要付出努力而变得更有意义，也更有价值。不仅最终达成的成就会更加激动人心，而且为了达成成就而付出努力的过程本身也让人收获满足感。曾任美国联邦最高法院大法官的本杰明·卡多佐说过："我们最终都会明白一个伟大真理——追求的过程比追求的结果更重要，付出的努力比得到的奖励更美好（或者，更确切地说，努力本身就是一种奖励）。如果游戏不设立重重关卡，即使取胜，也会变得廉价而空洞。"这位著名的法官不仅仅认为，为达成目标而付出的努力提升了最终奖励的价值感，他更认为努力的过程实际上就是奖励本身。

幸福是过程，而非终点

第三部分的内容与“幸福是一种过程”这一观点紧密相关。这一部分的第 8 章对“适应”进行了阐述，阐明了我们在一定程度上会适应生活中的良好条件。一开始，良好的外在条件会让我们感到兴奋，但随即我们就会习以为常。这就是为什么我们需要持续寻找新目标来保持幸福感，也是为什么为达成目标而努力对于幸福感如此重要。即使登上顶峰的刺激感已经逐渐消退，我们依然可以继续享受爬山的乐趣。事实上，正如登顶的兴奋感可能会下降一样，登山的乐趣也会随着人的技能的精进而提升。

第 9 章讲述了幸福预测的相关内容，这一章也与“幸福是一种过程”有关。要想过上幸福的生活，我们需要做出正确的决定，这就意味着我们必须认清现实，即使在良好的生活环境下，问题也总是会出现。我们的白马王子或许不是花花公子，但他也绝不会是完美的圣人——他可能会忘记你的生日，可能还是个工作狂。他会变得大腹便便，会有口臭。在生活中，做出好的选择不仅取决于意识到能够收获什么，还取决于意识到不同的选择可能会带来哪些问题。幸福部分取决于我们不断做出的选择，而不仅仅取决于我们有幸获得的生活条件。

第 10 章描述了 AIM（注意、理解、记忆）模型，其为“幸福是过程，而非终点”这一观点的核心。AIM 模型背后的理念是，人们理解世界的方式对幸福感产生的影响与周遭世界实际出现的事物程度相当，甚至更高。关注某些事件而忽略其他事件，用积极而非消极的方式来诠释模棱两可的事件，倾向于回忆过去的美好时光而非困顿时刻，这些内在活动与幸福感息息相关。如果没有这些内心活动，很难保持长久的幸福感。这就是为什么在相似的生活环境下，有些人感到很幸福，而有些人却感到不幸福。幸福是一个过程，这意味着每天如何看待周遭事物决定了我们的幸福感，而学会以积极的视角来诠释大多数事件是一项宝贵的技能。

“幸福是过程，而非终点”是幸福的核心原则，这一原则是获得幸福生活的众多有效方式之精髓。请永远不要忘记，幸福之旅的过程与最终目的地同样重要。当然，有些路线和目的地要优于其他路线和目的地，当你身在巴黎时，也会觉得巴黎很有意思，去夏威夷旅行通常比去纽瓦克旅行更惬意。所以，尽情享受旅行的过程，也享受目的地带给你的乐趣吧。

幸福有益

现代心理学为关于幸福的古老论调增添了一个迷人的、反直觉的新视角：幸福是有益的。现代心理学研究把视角转向了幸福的益处与功能，而不单单将幸福视作一种愉悦或平静的心态。幸福是一种可利用的资源，而不仅仅是可享受的情绪。

有些人认为幸福的益处如同注射海洛因一样，那种愉悦感带来的益处丝毫不亚于吹灭生日蛋糕上的蜡烛时许下的愿望。剧作家、诺贝尔奖得主萧伯纳曾说过：“终身幸福，这是任何活着的人都无法忍受的，那将是人间地狱。”伟大的医学传教士、诺贝尔奖得主阿尔贝特·施韦泽也同样贬低了幸福的重要性，他曾讽刺地说道："幸福不过是健康的身体加上糊涂的记性。"法国作家居斯塔夫·福楼拜则发出了有史以来最直言不讳的批评，他也因反对追求幸福而著称。福楼拜要么是在忙着写他的长篇小说《包法利夫人》，要么就是在批评中产阶级社会以及对幸福的追求。福楼拜认为："愚蠢、自私、健康是幸福的三要素，不过如果缺乏愚蠢，所有快乐都会失去。"对于刻薄的福楼拜来说，幸福就是把精力和资源投入错误的地方。按照福楼拜的说法，追求幸福的最好结果是收获一种愉悦感；而最坏的结果是，幸福会变成一头危险的金牛犊，让整个社会的人扬扬自得，只顾着享乐且毫无主见。

福楼拜认为幸福即为愚蠢和自私的说法大错特错。事实证明，幸福不仅令人感觉良好，而且往往有益于个人和社会。研究表明，幸福会带来各种各样肉眼可见的益处，比如改善健康状况，让婚姻更加美满，增加实现个人目标的机会等。在第二部分中，我们将对此进行讨论。对大多数人来说，幸福就是情绪彩虹末端的终极宝藏。幸福通常被认为是一个终点、一种状态，我们努力追求并希望持久地保持这种状态。然而，研究表明，幸福不仅仅是一种值得追求的愿望，它实际上也是一种资源；幸福是一种情感资本，可以用来追求其他诱人的目标。研究表明，幸福的人寿命更长，更不容易患病，婚姻持续得更久，犯罪概率更低，产生的创意更多，工作更努力且工作能力更强，赚的钱更多，更愿意帮助别人。既然有机会让身体更健康，经济上更有保障，变得更加乐于助人，获得更多朋友，谁会拒绝更高的幸福感呢？回想一下生活中那些积极乐观的时刻吧，你可能会意识到那时的你充满创造力和活力、踌躇满志且社交广泛。最后，幸福远非享乐主义或扬扬自得，而是有益且健康的。

看待幸福的新视角起源于20世纪70年代初，当时研究人员艾丽斯·伊森和她的同事们调查了良好情绪的潜在益处。在一项经典的研究中，伊森在一个电话亭的零钱槽里偷偷放下了几枚硬币。那些毫无戒心、打电话时“捡到”钱的人，比那些没有发现零钱的人更有可能在随后帮助身边的人（研究人员预先安排好的）搬书或捡起掉落的文件。同样，在另一项研究中，伊森和同事送给医生们一袋糖果和巧克力，由此带来的积极性提高了医生的诊断效率，使医生能够整合信息，更快地做出诊断，并表现出更灵活的思维。如果你下次就诊时希望提升医生诊断的准确率，记得给医生带一份小礼物。

人体解剖学和人类心理学有一些共同之处：两者都有特定的功能。我们的双手有着灵巧的手指和对生的拇指，非常适合抓握。我们的汗腺可以降低体温，这对我们至关重要。鉴于所谓的身心联系（情绪和其他心理活动植根于生物学活动），我们的情绪不是毫无目的的随机产物，而是具备了各种各样的功能，这是有道理的。

我们的感觉可以帮助我们诠释生活的质量和周围的世界，并激励我们采取相应的行动。我们很容易理解内疚和恐惧等负面情绪的益处。恐惧感驱使我们躲开潜在的危险，进而保护我们自身的安全；而内疚感则会指导我们的行为，让我们做出道德正确的决策，进而帮助家庭和社区保持和谐。想象一下，如果人们不为死去的亲人悲伤，不会在考试作弊时感到内疚，或者在受到不公正对待时不会生气，这个世界将会多么扭曲。这也是我们不提倡把幸福感作为唯一生活方式的原因之一，我们坚持认为，坏情绪不仅是不可避免的，而且是有用的。虽然负面情绪是不愉快的经历，但它们往往是有目的的。

扩展和构建个人资源

积极情绪的作用似乎不那么明显。保持快乐有什么好处呢？愉悦的心情能给我们带来什么呢？事实证明，好心情就像一种特殊才能，能够帮助我们更好地拼搏进取，并充分调动我们的身体机能。根据北卡罗来纳大学心理学家芭芭拉·弗雷德里克森的研究，积极的情绪能够满足明确的目的：它们能“扩展和构建”我们的个人资源。正如我们的薪水可以用来购买类似于混合动力汽车以及《哈利·波特》系列丛书之类的物品一样，积极情绪可以引领我们建立和培养人际关系，让思考更具创造性，并且让我们对新事物产生更强的好奇心和兴趣。例如，在一项研究中，相较于情绪消极的受试者，处于快乐状态的受试者更有兴趣参与更多的活动。在另一项研究中，心情愉悦的受试者更有兴趣参与社交和非社交活动，无论是主动参与还是被动参与。他们在参与这些活动时，精力也更充沛。你可能会想起生活中似曾相识的一幕：当感到悲伤时，你什么都不想做；但当感到快乐时，你会觉得很多活动都很有意思。

很少有人意识到，我们的许多个人资源都是在我们处于积极情绪状态时积累的，无论是最亲密的友谊、工作上的成功，还是新的技能，都是如此。积极情绪让我们精力充沛，从而激发了我们的生理资源、智力资源和社会资源。为了调查这种可能性，弗雷德里克森进行了一项研究，她先评估了受试者的情绪状态，然后评判了他们当下处理问题时使用策略的创造性。五周后，她在随访中对受试者的创造性再次进行了评估。果然，在首次评估时保持愉悦心情的人能提出更具创造性的问题解决方案以及更优的应对策略。

你可能想不到，构建资源的一种方式是做游戏。当我们感到快乐时，童心未泯的那一面就会显现出来。游戏带来的不仅仅是一段轻松的休闲时光，更是锻炼新技能、与他人建立联系的机会。对于孩子们来说，玩游戏并无定式可循，孩子们可以在玩耍时尝试新的事物，或者练习新学会的技能。父母常常能看到子女模仿成年人所掌握的技能，比如假装换尿布，冲奶粉，去杂货店买东西，做饭，打扫卫生，打包旅行行李，用信用卡和现金买东西，建造房屋，开车，化妆，设计自己的发型。这些都是在为日后的生活做准备，到那时，他们就能好好应用这些技能了。

对于成年人来说，游戏的功能同样重要。虽然成年人通常不会玩类似过家家的游戏，但他们会玩棋盘游戏、运动或者参与徒步旅行和绘画之类的休闲活动。无论是哪种类型的游戏，都可以在潜移默化中帮助成年人构建自身的资源。例如，许多棋盘游戏都需要建立联盟，我们不得不去迎接建立创造性联系的挑战，这会磨炼我们的战略能力，提升我们的表达能力，并让我们的大脑得到锻炼。同样，运动可以让我们保持健康的体魄，与队友建立信任的纽带。竞技游戏和概率游戏是观念、表达能力、友谊和技能的试炼场，日后遇上紧急情况时，这些技能都会派上用场。但是，尽管游戏益处颇多，但我们多半只有心情好的时候才会想去玩游戏。诸事顺利时，我们常常会感受到积极的情绪。在这种情况下，我们才有足够的力量去为日后建立资源。在此之前，玩游戏对你来说可能只不过是一种消遣，一些人甚至认为玩游戏是在浪费时间，但实际上，很多休闲活动可以帮助我们过上更好的生活。

积极情绪还会在另外一个层面帮助我们构建和扩展资源，即帮助我们找到合适的对象并与其建立联系。无论是柏拉图式的感情，还是世俗的爱恋，我们都更愿意花时间与对方在一起。幸福与爱会引导我们带着关怀的心去倾听，在对方需要帮助时伸出援手，并倾尽全力维持现有的关系。如果我们感到积极向上、精力充沛，就更愿意和朋友一起去跳舞或参加聚会。当我们心情愉悦的时候，会更愿意拥抱从未尝试过的体验，比如去一座新的教堂，尝试一项新的运动，或者走进一家新的咖啡店或餐厅。

愉悦的心情和乐观的心态有助于拓宽我们的社交圈。这个过程是如何运作的呢？以婴儿为例。婴儿在视力发育成熟之前就会微笑，此时他们甚至连大人的脸都看不清楚，这表明，微笑是人类与生俱来的行为。反过来，成年人会用“噢、啊”回应婴儿的微笑，给婴儿洗澡时也会格外小心。因此，微笑作为幸福感的外在表现，天然地把我们与他人联系起来。有研究发现，患有面瘫且无法微笑的人社交能力较差，这一结果进一步证明了微笑的作用。因此，我们天生就具备与他人建立关系的能力，人际关系对我们的身心健康至关重要，而幸福感就是推动这种进化机制发挥作用的润滑剂。

总之，我们的个人资本与社会资本——我们的知识、洞察力、朋友、家人、技能和创造力——甚至比我们的物质资源更有价值。幸运的是，在我们感觉快乐时，天性会驱使我们去开发这些重要的资产。幸福感以及相关的积极情绪会驱动我们建立和扩展一系列资源，最终实现自我价值，并获得社会意义上的幸福感。

调节消极情绪

我们在前文中提到，类似悲伤、内疚之类的消极情绪是有作用的，我们不应回避这些情绪，只要它们不持续太久即可。但我们没有说的是，消极情绪的确有不好的一面，因为这类情绪会不自觉地滋长，相信很多读者已经有所体会。虽然尴尬和愤怒不一定是令人愉悦的体验，但人们却会习惯性地尴尬和愤怒。对某些人而言，愤怒会使他们感到兴奋，他们会在生活中依赖这种负面情绪来保持兴奋感。对另一部分人来说，自怜就像是一条毛毯，他们会把这条毛毯紧紧地裹在自己身上，进而获得一种扭曲的安全感。消极情绪的存在本身并不会带来危险——我们谁都无法避免消极情绪，危险在于我们习惯性地依赖这些消极情绪，进而助长消极情绪的滋生，使其在频率和强度上盖过积极情绪。幸运的是，如果这些不愉快的情绪出现得过于强烈或过于频繁，积极情绪可以起到调节和抑制作用。所以，情绪就像一块跷跷板，愉悦的情感分量更重，可以控制我们的情绪来回摆动。

想想夫妻吵架的场景，我们大多数人都对这种不可避免的经历再熟悉不过。不幸的是，很多情况下夫妻双方本没必要僵持不下，却往往会争吵很久。即使已经没必要再争论下去，也一直跟在对方身后喋喋不休。谁没经历过这样的事呢？即使问题本身已经解决，也因为气不过一直吵个没完。幸运的是，幸福感就像一道情感防火墙，能够防止我们进一步伤害彼此。例如，我们常常会发现，丈夫或妻子其中一方会突然开一个玩笑，或者突然发生了一些双方都觉得很好笑的事情，激烈的争吵有时就会变为不知所措的微笑。笑着笑着，他们就会反思，之前吵架的原因现在看起来是多么荒谬。这是因为我们与生俱来的积极防御系统发挥了作用，这也是快乐感这位"裁判"叫停消极游戏的方式。

积极情绪可以中和消极情绪，进而把我们带回情感的起点。正如流汗可以降低体温，帮助我们消解运动带来的燥热，幸福感可以帮助我们在经历消极情绪事件后重建内心世界。事实上，幸福感与出汗一样，对我们的生理反应有直接的影响。弗雷德里克森做过一项研究，在这项研究中，她给受试者播放了恐怖短片。不出所料，这些电影既让人兴奋，又让人产生了恐惧反应。放映完恐怖电影后，弗雷德里克森又分别播放了搞笑、中性和令人压抑的电影片段。观看搞笑片段的受试者在 20 秒内就恢复了最初的心率和血压水平，而观看中性影片和压抑影片的受试者分别需要 40 秒和 60 秒才能恢复。

在一项关于现实条件如何影响情绪的研究中，弗雷德里克森也发现了类似的结果。这项研究随机抽取了大学生样本，调查了他们在“9 · 11”恐怖袭击前后的情绪状况。研究发现，幸福感更高、情绪更积极的学生，抑郁程度更低，抗压能力更强，个人成长更快。这表明积极的人在偶尔遇到负面情况后更容易恢复，因此较其他人更有优势。

开心时，挑战看起来更简单

心情愉悦的另一个显而易见的益处是可以强化我们的动机。研究表明，积极情绪可以让目标看上去更易达成，因此，快乐可以提升我们追求个人目标时的激情和毅力。弗吉尼亚大学的丹尼斯 · 普罗菲特教授和杰拉尔德 · 克洛尔教授发现，对比积极情绪者和消极情绪者看待世界的态度，积极情绪者会认为世界更美好，而消极情绪者则认为世界更可怕、困难更多。在一项早期的研究中，他们要求受试者评估面前一座山的陡峭程度。一部分受试者被要求背上了沉重的背包，他们评估的山体陡峭程度比没有负重的受试者高得多。

在后一轮的研究中，普罗菲特和克洛尔将另一组受试者带到同一座山前，并播放了古典音乐，一部分由莫扎特创作，节奏欢快、充满活力，另一部分由马勒创作，曲调消沉。这一次，当参与者估算坡度时，那些受马勒的消沉音乐影响的受试者估测山体坡度为 31 度。相比之下，听到莫扎特欢快长笛乐曲的受试者估测只有 19 度。

接下来，研究人员更加直接地操控了受试者的情绪。研究人员把受试者带到山顶，让他们估算山体坡度。一部分受试者在估算山体坡度时被要求站在平稳的木箱子上，而另一部分受试者则被要求站在摇摇晃晃的滑板上。你可能已经想象到，相较于站在平稳木箱子上的受试者，那些站在摇摇晃晃的滑板上的受试者表现出了更强的恐惧感，认为山体更陡峭。大家面对的是同一座山，却表现出了不同的看法。在弗吉尼亚大学进行的另一项研究中，研究人员给学生们提了这样一个问题：步行至蒙蒂塞洛（托马斯·杰斐逊的故居）的距离是多少？根据学生们的估测结果，如果与朋友一同前往蒙蒂塞洛，距离会比独自前往更短。这反映出，消极情绪会让世界看起来更可怕，而积极情绪则会让生活中的山峰看起来没那么难以逾越。

快乐和心理财富

正因为快乐心态会影响行为及前瞻性思维，所以我们不仅得以生存，而且还会发奋图强，力争上游，并取得长足的进步。人们在心情好的时候会更加友善、更有创造力、更幽默活泼、精力也更充沛，这些都能够帮助他们进一步建立自己的资源。因此，快乐有益于创造心理财富。

有证据表明，快乐在健康与长寿、工作与收入，以及社会关系等方面会带来显而易见的益处，本书接下来的章节将对此进行概述。的确，积极情绪可能是维护社交关系最重要的灵丹妙药。

即使是对于像灵性这样转瞬即逝的事物，积极情绪也会起到提升效果。

尽管快乐对于生活中多个方面都会起到重要作用，但快乐也不是无止境的。一个人要想发挥好自身的能力，就不能过于快乐，在适当的时候有一点消极情绪也是有益的。因此，在第 11 章，我们将描述最佳快乐水平是如何帮助人们在不同领域取得最佳表现的。我们还将阐释，为什么追求持续的快乐不仅注定要失败，而且很有可能摧毁我们的生活。因此，大多数时候感到开心即可，但应避免狂喜。在本书的其余部分，我们将描述上文所说的两项原则的科学证据，并给出具体的案例，说明它们在生活中的具体表现。

第二部分

快乐的人拥有更佳表现

第 3 章

健康与快乐

花点时间，想象一下你下次做体检的情景。你一边翻着往期的《人物》杂志，看看名人的花边新闻，一边等了 15 分钟，终于被叫到名字走进检查室。像往常一样，医生检查了你的耳鼻，给你量了血压，听了听你的心脏，用橡胶锤敲了敲你的膝盖，如果你的体检项目上恰好有直肠指检，医生还会检查一下你的前列腺。医生一如既往地问了你一些关于锻炼、饮食和吸烟习惯之类的问题，然后做了一些完全出乎你意料的事情，他询问了你快乐、乐观和满意的程度。他为什么要问这些？这儿是医疗诊室，我又不是坐在心理治疗师的沙发上！尽管如此，一项最新研究表明，快乐程度是医生预测你的健康和寿命情况，并提出相关建议帮助你活得更健康、更长久的最重要指标之一。然而，这种简单的评估却很少出现在体检项目中。我们无意批评医生——毫无疑问，绝大多数医生在治病救人时可谓妙手回春。只不过，我们在看待健康时，常常习惯性地忽视内心感受这一组成部分。在注重健康的现代社会，大多数人都会关注饮食和锻炼，但往往忽视情绪对整体健康的重要作用。例如，关于你的“真实年龄”的书籍提供了一系列健康指标来帮助你测算寿命，但这些指标里却鲜少包括你的快乐程度。我们现在就来填补这一空白。

现在有足够的证据表明，快乐对于健康非常重要，我们相信，如果医生真的希望你能保持身心健康，就必须询问你的快乐状况。正如立普妥可以降胆固醇，β受体阻滞剂可以降血压，尼古丁贴片可以控制烟瘾，节食和锻炼有助于摆脱肥胖症，你的医生可以通过让你练习感恩和享受生活来减少你的不悦，并创造更多的积极情绪。快乐有益于健康的证据之一是，快乐的人生病频率比不快乐的人更低，看病的次数更少，住院的时间更短，更加健康且更有活力，想象一下这样的生活吧！针对快乐的人的科学研究发现，那些对自己的生活感到满意、乐观向上的人自称更少生病。实际上，根据客观测量结果，他们生病的次数的确也更少。在本章中，我们将列出强有力的证据，表明幸福在各个方面对健康的影响。我们希望不仅能说服你，也能说服你的医生。因此，我们的目标不亚于改善世界各地的医疗实践。

宾夕法尼亚州某家酒店 305 室

我们的科学求证之旅开始于匹兹堡附近一家酒店的 305 室（下文将简称为假日旅馆）。假日旅馆是一家典型的大学校园招待所，走廊悠长，房间简朴而舒适。我们最近在这家旅馆住了几个晚上，住得很舒适，但肯定不能与威基基海滩的丽思卡尔顿酒店相提并论。虽然假日旅馆不像丽思卡尔顿酒店那样名声在外，但在这里曾进行过一项关于健康和疾病的著名研究。在卡内基梅隆大学谢尔顿·科恩教授的领导下，一组科学家将被试者隔离在酒店里，进行了一项关于健康和幸福感的科学实验。我们之所以住在 305 房间，就是为了感受一下隔离在这里是什么感觉。科恩教授和他的同事们招募了一群愿意在酒店的某一层隔离一周的受试者，他们当中有男有女。在这一周内，科学家们对他们进行了一系列医学测试，旨在探索情绪和健康之间的联系。研究小组向受试者支付了数百美元，然后将他们隔离在酒店，以保证实验环境处于完全控制之下。在到达研究地点之前，受试者在家里接受了调查，研究人员询问了他们的情绪状态，即积极情绪和消极情绪的整体状态，并对他们进行了抗体筛查，以获知他们是否患有某些疾病，或曾遭受这些疾病侵袭。

在假日旅馆的第一天，受试者就感染了一种感冒（也可能是流感）病毒，这种病毒听起来像“鼻流感 39”一样吓人（尽管这项实验全程都被严格控制与监控，但我们还是隐去了酒店的真实名字，以免有人担心细菌遗留在酒店内）。然后，他们无所事事地待着，靠看电视、看书或打电话来打发时间，此时，病毒慢慢地在他们的体内蔓延，并控制了他们的身体。在接下来的几天里，受试者不能离开自己所在的楼层，不能与任何人（包括其他受试者）有密切的肢体接触，只能吃研究人员提供的食物，不能见访客。受试者消磨着时日，病毒也在照常繁衍着，但大量的医疗检查也让这乏味的生活不那么无聊。

研究期间，受试者每天都要向医务台报告自己的病情，研究人员会用生理盐水喷雾冲洗他们的鼻子，然后仔细分析冲洗出来的物质。接下来，研究人员会为他们的鼻腔黏液称重。一位受试者在她的日记中写道："他们往你鼻子里塞了很多东西，不过还好，他们也从鼻子里取出了很多东西。"主试者会回避，让受试者把自己用过的脏纸巾放在袋子里，供研究人员称重。除此之外，医疗检查还包括尿液检查、血液检查和唾液检查，以及对耳、喉的日常检查。最后，受试者还需填写症状清单，描述自己患病的严重程度。

科恩教授的研究团队不仅能够控制受试者的饮食、活动和社交往来，而且可以绘制出疾病在他们体内逐渐蔓延的过程。最后，你可能已经猜到了，科恩及其同事发现，在实验前更快乐的人描述自己流鼻涕、鼻塞和打喷嚏的情况更少。从客观的患病症状上来看（如鼻涕过多），其症状也更轻。因此，更快乐的人不仅是主观认为自己更健康，客观的医学测试也表明他们确实更健康。

但我们有理由怀疑，在这个案例中，究竟是负面情绪损害了健康，还是积极情绪的确有益于健康。科恩发现，情绪较积极的人患感冒的可能性更低；即便患感冒，症状也更少、更轻。科恩教授的研究清晰地证明了情绪与健康之间的关联——天性和情绪就像疫苗一样，能够帮助快乐的人预防疾病。令人震惊的发现是，快乐的人不仅在生病时抱怨更少，而且一开始就不太容易感染病毒，因为他们的免疫系统往往更强。

科恩教授的发现有多重要，再怎么强调也不为过。在这项特别的研究之前，快乐的人更健康、更不容易得传染病这一观点常常只能由这样的故事来佐证："嗯，我的表妹梅根总是很快乐，她从来没生过病”，或者“我曾经读到过，有个人喜欢看喜剧电影，后来他居然战胜了癌症”。这类奇闻逸事作为证据很难站得住脚，因为总能找到反例。总有人这样回应：“我的叔叔乔治特别喜欢抱怨，但他也从来没有生过病”，或者“玛蒂尔达阿姨总是喜欢杞人忧天，但她活到了 103 岁”。类似这样的例子和反例随处可见，因为快乐只是影响健康的众多重要因素之一，而其他因素可以在特定情况下抵消情绪的影响。因此，我们认识的人所发生的故事并不能有力地证明或反驳健康和快乐之间的关系。类似在假日旅馆进行的研究之所以如此重要，就是因为它们证明了快乐、免疫力和患病概率之间存在着客观联系。“乔治叔叔”和“玛蒂尔达阿姨”这类故事恐怕要靠边站了，科恩教授即将取而代之。

快乐的人更健康

健康已经成为现代社会痴迷的问题。健身房和健康饮食空前火爆，访谈类电视节目也在努力迎合注重健康的新一代消费者。甚至连快餐店也在转型，开始提供更健康的食品。几乎每个人都想要健康，而且许多人都愿意为此投入大量时间、金钱、汗水，也相当自律。但健康到底是什么呢？是患流感后迅速恢复吗？或者是只有那些成功跑完波士顿马拉松的运动员才拥有的东西？大多数人对健康都有一个粗略的概念，包括力量、耐力、韧性和对疾病的抵抗力。研究人员用几种具体的方式来定义和衡量健康：一个人感染特定疾病的可能性、一个人身患绝症后的存活时间，以及一个人的生命周期，即发病率、生存率和寿命。我们将讨论快乐与这三种健康类型的关联，并将证明积极情绪可以对所有的健康类型起到改善作用。

发病率

简单地说，发病率是指一个人是否患上或感染某种特定疾病，如肺炎或乳腺癌。我们都知道，基因和环境因素会影响这类疾病的患病概率，但我们的情绪是否也对此有影响呢？一项为期30年的长期研究发现，如果受试者经常处于积极情绪状态，他们碰到多种健康问题的概率就更低。他们因心血管疾病、自杀、事故、杀人、精神障碍、药物依赖和酗酒引起的肝病而死亡的概率更低。即使将性别、年龄和教育程度考虑在内，研究人员发现积极情绪的正面影响依然存在。事实上，唯一与快乐没有相关性的健康问题是受试者是否肥胖。当然，此项研究所分析的许多疾病（如酒精和药物依赖）与生活方式和行为明显相关，但也有很多疾病受快乐的影响。例如，抑郁的人比快乐的人更有可能患心脏病，也更容易复发。因此，快乐似乎有助于预防传染病、与生活方式相关的疾病，以及心脏病。相反，不悦和抑郁实际上会损害健康。

生存率

我们最终都会死去，这是不可改变的事实。谁也不能永生。不过，研究人员口中的生存期的含义要更温和一些。“生存”，也就是人们罹患严重疾病后的经历，是健康的第二种定义。健康研究人员感兴趣的是人们患上绝症后会有何反应。为什么有些人很快就去世了，而有些人却挺过了一年又一年？如果想搞清楚情绪在其中起到何种作用，我们不妨想象一下，如果糖尿病病人、艾滋病病人或癌症患者保持快乐，是否能生存得更久一些。如果你留意了本章内容的重要信息，你可能会觉得，快乐能让人活得更久。不幸的是，事实恰恰相反，这令人十分惊讶。关于健康与情绪关联性的研究表明，快乐对健康有众多益处，但重疾患者的存活率是个例外。通常情况下，快乐可能有助于改善健康状况，但对生存率来说，快乐有时却是有害的。

为什么会这样呢？如果快乐于你有益，是能够改善健康状况的情感滋补品，那么为什么在这种情况下会对你有害呢？有几个可能的原因。首先，情绪高度积极的人可能无法完整描述疾病症状，这种情况很危险，可能会导致治疗不够充分。皮肤上的斑点或小肿块或许本应进行专业的医疗诊断，但可能会被他们有意或无意地忽略。快乐的人往往比较乐观，因此可能会轻视自己的病情，拖延求医时间，或者不认真遵医嘱。另外一种可能是，如果情绪高度积极的人身患重疾，他们可能更愿意平静地度过余生，不愿为了活得更久而承受某些治疗方案带来的痛苦和损伤。

无论出于何种原因，在面对严重疾病时，过度快乐都会损害你的健康。这再次强化了本书的核心主题：快乐与心理财富一样于人有益，但是就像金钱会导致一些恶果，在任何环境下都保持欣喜若狂的状态未必是件好事。一条最重要的教训是，快乐是有上限的，超过这个上限，更多的积极情绪反而是有害的。尽管人们普遍认为，我们可以通过保持幽默风趣、积极向上来让自己免受癌症侵袭，但并没有足够的科学研究能证明这一点。我们的建议是，只要不影响正常的治疗，用一些小技巧来保持快乐不会造成什么伤害，甚至可能还有益处。保持快乐是好事，但我们不能让快乐影响我们对自身健康的判断——我们在保持积极乐观的态度的同时，也必须严谨认真地接受治疗。

寿命

如果你和大多数人一样，你可能希望活得久一些。事实上，你可能希望回到黄金岁月，那时的你身心健康，过着高质量的生活。寿命，是以死亡年龄来衡量的，是最后一个量化健康的方法。虽然死亡年龄不能反映生活质量，但却是研究人员统计使用的客观指标。从研究的角度来看，死亡是一个非常清晰的变量。人们很少会搞错一个人的死亡时间，而死亡也是我们大多数人都非常关心的一种健康状况。虽然长寿并不一定意味着美好的生活，但总的来说，相较于短暂的生命，人们更喜欢长寿。鉴于此，我们应该探究这样一个问题：长期快乐的人是否真的比抑郁的人更长寿？答案很简单：是的。

在一项有趣的研究中，研究人员选择了天主教修女这一特殊群体作为研究对象，以确定快乐与长寿的关系，这在今天已经变成了一项经典研究。就像假日旅馆实验的受试者一样，修女们共同居住在修道院，生活条件极其相似，生活环境的一致性与实验室里的可控环境很相似。例如，修女们在非法使用药物、饮酒、饮食、高风险性行为等方面几乎没有差异，因此避免了其他对于较快乐和不快乐人群的研究中由上述条件带来的影响。在这项被称为“修女研究”的实验中，肯塔基大学研究员黛博拉·丹纳及其同事们将目光瞄准了圣母大学修女会的180名修女，以便更好地理解与衰老相关的问题，比如阿尔茨海默病。参加这项研究的修女们年纪轻轻就进入了密尔沃基和巴尔的摩的修道院，入院时间在1931—1943年。她们当年加入修道院时写过一段自述，描述了自己的生活，并阐述了自己入院的原因。多年后，正是这些自述引起了研究人员的注意。

丹纳及其同事对修女们的情绪以及这些情绪如何影响她们的整体健康很感兴趣。研究小组从修女的个人自述中筛选出了含有积极和消极意味的内容，特别是对可能反映积极和消极情绪的言语，他们尤为关注。他们一直留意“快乐”“感兴趣”“爱”“希望”“感激”等积极词语。例如，一位修女写道：“我出生于1909年，在家里七个孩子中排行老大……在成为修女候选人的那一年中，我在圣母之屋教化学。感谢上帝的恩赐，我会尽最大努力来履行圣职的义务，传播我们的信仰，净化我自己的心灵。”这篇自述很实在，包含了很多细节。虽然我们毫不怀疑写下这些辞藻的人是一位性格良好的女性，但她的自述中几乎不含任何积极情绪。相比之下，另一位修女的自述则充满了积极情绪，这篇自述这样写道：“上帝赐予我良好的生活开端，赋予我神圣无价的品质……我作为圣母大学的候选人，在过去的一年度过了非常愉快的学习时光。现在，我满怀喜悦，热切地期待着接受圣母赐予的圣衣，期待着与神圣主爱融为一体的生活。”看出区别了吗？类似于“赐予我神圣”“非常愉快的学习时光”“我满怀喜悦，热切地期待着”这样的描述，很容易让人想象这位修女是多么乐观并充满活力。

丹纳研究小组以自述中的情感描述内容作为标准，将受试者按照快乐程度分为四组，从最幸福的 25% 到最不幸福的 25%，对快乐进行测量，并调查了四组修女的寿命。当然，在进行这项研究时，有一些修女尚且在世，还有许多修女已经过世。表 3–1 展示了这项研究中最快乐和最不快乐的一组修女的寿命。

表 3-1　修女研究：寿命

自述中使用的积极情绪句子数量	尚且在世的修女占比	
	85 岁	93 岁
最不快乐	54%	18%
最快乐的	79%	52%

资料来源：Danner, Snowden, and Frlesen (2001)

在此项研究进行时已过世的修女中，最不快乐的那组修女，死亡风险是最快乐的那一组的 2.5 倍。事实上，那些在自述中使用了许多不同积极情感词语（比如快乐、感兴趣、爱、希望、感恩、渴望、满足、乐趣）的修女，其寿命平均比那些很少使用类似词语的修女多 10 余年。这足以让你注意平时的表达习惯了。除了关于健康的惊人发现，这项研究特别值得关注的是，研究人员成功地找到了一组对象，这些人在社会活动、生殖史、医疗保健、职业、社会经济地位和饮食方面都极其相似。因此得以将快乐感从潜在的混杂因素中分离出来，最终，它所产生的影响比你的医生所询问的许多因素都要大。

大多数人喜欢了解修女研究的原因在于，其研究成果和研究对象都十分有趣。同样，也有人质疑，认为对某一个特殊群体的研究结果可能并不适用于其他人。好在修女研究中的女性并不是证明积极情绪和健康之间联系的唯一案例。健康研究员莎拉·普雷斯曼以修女研究为模型，分析了96位著名心理学家的自传。她发现，与修女研究的结果类似，那些描述快乐生活故事的心理学家通常寿命更长。如果心理学家在其自传中使用更多的幽默语句或积极情感词语，比如“活力”和“精力”，其寿命比平均寿命多六年。相比之下，那些在生活故事中使用了类似“紧张”和“焦虑”词语的心理学家，其寿命比平均寿命少五年。有趣的是，普雷斯曼还发现，那些描述了自己与家人、朋友和同事关系的心理学家，其寿命往往更长。请注意：写自传时，一定要写得快乐一些！

还是不相信快乐的人通常更长寿？也许你认为著名的心理学家和修女一样都是特殊群体。好在还有更多的证据可以证明这一点。在另一项关于长寿的研究中，研究人员首先评估了墨西哥裔美国人的情绪，并在两年后跟踪观察其死亡率。他们发现，在情绪评估时表现出更积极、更丰富情绪的受试者，其死亡率是表现出恐惧、愤怒和焦虑的人的一半。更重要的是，在研究期间，研究人员即使使用了精密的统计控制手段来调节就医和烟瘾等既有影响因素，仍然发现快乐与较低的死亡风险有相关性。换句话说，通过对比最初身体状况相似的受试者，我们发现，快乐可以延长寿命。无论出身于哪种文化和民族，快乐的人似乎比不快乐的同辈都更加长寿。到目前为止，以上研究的结论都不能百分之百确定，但请你不要长时间地不开心，不要用自己的生命来推翻那些结论。

以快乐提升健康状况的途径

我们看到许多研究结果都得出了一个相同的结论——快乐通常有益于健康和长寿。这背后一定有一些具体的原因。我们发现，快乐至少能从八个方面减少疾病。

爱发牢骚和爱抱怨

许多医生认为，长期不快乐的人（心理学家形容他们为“高度神经质”）会到处抱怨自己的病症、疼痛和痛苦。事实也的确如此。我们都知道那种爱挑剔的人，他们似乎永远无法从任何东西身上看到积极的一面。这种人总是时刻留意着可能出现的问题或抱怨的机会。被归为高度神经质或积极情绪过低的人比其他人更容易注意到细微的身体症状，而且在同样的疼痛或患病程度下，他们对疼痛的抱怨也更多。然而，故意诱发受试者负面情绪的实验研究表明，愤怒、悲伤和恐惧情绪实际上会降低人们对疼痛的耐受性。因此，不快乐的人可能会比快乐的人感受到更深的痛苦。脾气暴躁的玛蒂尔达阿姨抱怨臀部疼痛时，可能会招致亲戚们的白眼和厌恶，但她可能真的感受到了更强烈的痛苦。

好习惯和坏习惯

人无完人。我们都有一些小小的恶习，比如贪吃甜食，或者偶尔想偷懒不去健身。但一般而言，不快乐的人坏习惯更多。那些经常感到沮丧的人，其抽烟、吸毒和过度饮酒的概率往往更高。心情不悦恰恰可能会导致人们养成这些坏习惯，因为人们会试图依赖这些坏习惯来“修复”自己的消极情绪。例如，烟民在感到苦恼时往往会抽更多的烟，而试图戒烟的人如果在戒烟期间遭受了更大的生活压力（比如工作不顺或与伴侣争吵），则往往更容易复吸。

许多健康行为一方面与快乐、希望和乐观有关，另一方面又与不悦和抑郁有关。例如，快乐的人往往会坚持锻炼、健康饮食并服用维生素。相比之下，不快乐的人更有可能死于自杀、他杀和意外事故。在面对康复治疗时，不快乐的人的参与积极性往往不高。此外，不快乐的人由于嗜烟和酗酒，死于肺癌和肝病的概率更高。因此，你的邻居比利·鲍勃可能不只是喜欢抱怨自己的健康状况，他的一些行为可能从一开始就埋下了健康隐患。

免疫力

谢尔顿·科恩的研究表明，与不快乐的人相比，快乐的人的免疫系统往往更强大，因此能更有效地抵御传染病。快乐的人的机体（比如自然杀伤细胞）抵抗病毒的水平更高，因此免疫系统更强。相比之下，抑郁和忧虑的人其免疫反应往往更不活跃。由于免疫系统较弱，不快乐的人一旦暴露于感染性病毒或细菌下，就很容易引发病症。

心血管问题

你知道在工业化程度最高的国家，第一大死因是什么吗？是癌症？还是意外？事实证明，心血管疾病（如脑卒中和心脏病）是美国和其他工业化国家的主要死亡原因。有趣的是，情绪与这些疾病有直接关系，尤其是愤怒和抑郁情绪。抑郁症患者患心脏病和高血压的可能性是正常人的好几倍。承受较大工作压力或婚姻破裂的人患心脏病和动脉血管壁增厚的概率也更高。然而，一项有趣的研究发现，美满的婚姻有助于缓解恶劣的工作环境带来的心血管问题。在另一项研究中，研究人员发现，生活在幸福感更高的国家的人患高血压的概率更低。从积极的角度来看，那些接受过旨在“减轻A型人格对抗心态，培养更多耐心”的人，心脏病复发的概率更低。

不快乐的状态会通过几种途径诱发心血管疾病，其中最重要的一种就是慢性压力。罗伯特·萨波斯耗时数年研究了压力状态下的生理表现，其研究场所听上去出人意料——非洲丛林。萨波斯的研究对象不是大学生，而是斑马、狒狒以及其他野生动物。萨波斯会经常用麻醉枪射击这些动物，然后抽取它们的血样。他写过一本精彩绝伦的著作——《斑马为什么不得胃溃疡》，在这本书里，萨波斯这样描述斑马典型的一天：单调乏味，不时感到非常焦虑。上一秒，斑马还在和自己的伙伴们一块玩耍，吃草，聊着角马的八卦，下一秒，一头凶猛的狮子就冲了过来，吓得马群一哄而散。从生理角度来说，斑马的反应与人类的反应差不多——它的心率加快，体内肾上腺素和皮质醇水平急剧上升，逃离了现场。但是，用萨波斯的话来说，一旦斑马到达安全区域，就会发生一件有趣的事情：斑马的生理压力反应立刻全部消失，恢复到了正常的状态。不幸的是，人类却无法做到像斑马这样收放自如，因为人类拥有两种独特能力——预测未来和牢记过去。

承受过压力特别是巨大压力的人，常常很难再适应正常状态。也就是说，即使压力状态或者创伤事件已经成为过去时，他们仍然会感受到生理上的痛苦。持续的压力会慢慢对他们的健康造成严重损害。也许是因为我们的大脑体积较大，我们总是会习惯性地记住过往的创伤。我们还可以预见未来的潜在危险，因此也有更强的潜能应对长期压力。也许我们之所以易受慢性压力的影响，不是因为我们有多聪明，而是因为我们的生活过于复杂。

压力会提高心率，进而使人们患上脑卒中和心脏病的风险大大提升。此外，极端的情绪事件可以直接引起心脏病发作。快乐和不悦情绪影响心脏病的另一种方式是降低或提高一种叫作纤维蛋白原的血液成分。我们需要纤维蛋白原，因为这种成分对于受伤后的凝血功能至关重要。然而，如果纤维蛋白原水平过高，则会引发心脏病，而快乐的人的纤维蛋白原水平往往较低。一项实验发现，在面对压力源时，不快乐的人产生的纤维蛋白原是快乐的人的 12 倍。而高水平的纤维蛋白原反过来又提升了心脏病和脑卒中的发病概率。因此，许多生理反应都在我们的幸福和心灵之间架起了一座桥梁。在现代世界，似乎很多人在大多数时候都觉得“压力山大”。如果不是因为压力严重影响了健康，我们可能还会对这种现象嗤之以鼻，认为这只不过是中产阶级在无病呻吟。

伤口愈合

曾撞到膝盖、扭伤脚踝、摔断胳膊或割伤手指的人都知道，身体会自我愈合，但这个过程需要较长时间。新的实验证明，在面对压力时，生物体伤口愈合得更慢。为了探究身体受到伤害时我们的生理恢复能力，科学家们用无菌穿刺装置在受试者的手臂或上颌制造了非常微小的伤口。这不是什么好玩的事情，但是这个过程就像医生采血时用针扎破你的指尖一样。接下来，研究人员会追踪受试者伤口愈合需要多长时间，并观察受试者在这段时间内的生活环境。那些正在承受巨大压力的受试者，比如需要照顾慢性病儿童或残疾配偶的人，其伤口愈合速度较慢。再如，准备参加期中考试的学生的伤口愈合速度比准备去度假的学生更慢。在严格控制条件的动物实验中，处于压力状态下的小鼠愈合速度也更慢。此外，如果给处于压力状态下的小鼠注射阻断应激激素，其愈合速度与正常状态下的小鼠一样快，这表明身体的应激反应的确是阻碍我们正常恢复的罪魁祸首。因此，尽管我们这一生将面临无数场伤害我们身体的事故和疾病，比如被砸伤、被箭射伤或被自行车撞伤，但快乐的人往往能更快地痊愈。

压力导致衰老

我们都知道这样一个常识：艰难或压力过大的生活会使人过早衰老。或许，你身边就有正在办理离婚或遭受其他艰难困苦的人，他们已经白了头。我们大多数人都把白发和皱纹看作生活质量的指标，也把它们看作衰老的标志。如果一位女士到了 60 岁仍然有一头乌黑的秀发，要么就是染过，要么就是完全没有经历过生活压力的摧残。新的研究证据表明，身体衰老的速度可能确实与压力有关，原因在于细胞复制和替代的遗传控制水平。

如果长期处于压力状态下，人们衰老的速度会更快，这可能是因为其细胞更替的能力较弱。在英国一项针对双胞胎的研究中，科学家发现，女性双胞胎中生活压力（比如工作压力）更大的那一位，其端粒［染色体末端的 DNA（脱氧核糖核酸）序列］年龄比双胞胎姐妹大 7 岁。随着我们日益衰老，旧的细胞会死亡，并被新的细胞取代。当细胞分裂产生新的细胞时，我们会失去一部分端粒，而端粒的长度也会随着年龄的增长而缩短。当端粒被耗尽时，我们就失去了往日复制新细胞的能力，最终随着旧细胞的老化走向死亡。正是因为端粒的存在，我们的染色体在分裂和复制过程中才不会丢失遗传信息。如果端粒较短，寿命就会较短，患心脏病的风险也会更大，也更容易染上严重的传染病。我们都希望端粒越长越好，因为端粒一旦变短，我们就会被衰老无情地吞噬。因此，压力与较短的端粒有直接相关性，这一发现至关重要。

科学家们还发现，双胞胎的结婚对象也会对其产生影响。研究人员找出了几对双胞胎，其中一位嫁给了上层社会的男人，另一位嫁给了社会地位较低的男人。在这种情况下，嫁入上层社会的这位女士比自己的孪生姐妹端粒年轻 9 岁。这项研究除了能教育我们的孩子要“谨慎结婚”，还充分证明了，压力更大、更艰辛的生活确实会让我们老得更快。我们尚未找到保护端粒的科学方法，所以我们必然会在细胞一次又一次的复制中慢慢失去端粒。但我们没必要因为压力和不快乐而更快地失去端粒。

这项有关双胞胎的研究表明，压力会导致端粒老化，而且我们知道，一旦端粒耗尽，细胞就会开始衰老。另外一些研究提供了有关压力更直接的证据，能够佐证双胞胎研究的发现。例如，研究发现，如果孩子患有慢性病，孩子生病的时间越长，其母亲的端粒就越短。压力最大的母亲与压力最小的母亲相比，端粒年龄相差 9~17 岁。肥胖和吸烟也可能会缩短我们的端粒，而且往往还会降低我们的幸福感。

虽然我们对端粒老化的理解既不确定，也非常不完整，但这些研究结果足以给我们留下深刻印象，因为它们将压力感和造成压力的客观条件与衰老的遗传标记联系了起来。压力似乎站在了我们共同的敌人那一边——衰老。

不快乐的激素

激素对人体的健康和正常运转至关重要。人体内分泌的激素多种多样，这些激素有助于繁衍、睡眠、修复受损细胞等一系列生理活动的正常进行。例如，我们在压力状态下会分泌皮质醇这种激素，其作用是分解受损组织，使其能够被新的健康组织取代。皮质醇通常在我们受到某种创伤或承受某种压力时释放。然而，某些特定的激素过少或过多都会导致疾病。例如，当血液中有大量皮质醇时（这可能是慢性压力导致的），很可能会引发肥胖、高血压和 2 型糖尿病。幸运的是，长期保持快乐可以降低皮质醇水平，并且提升皮质醇日常调节能力。因此，激素是情绪影响健康的另一种途径。

家人和朋友

社会关系是快乐影响健康的最后一种方式。从关爱我们的父母到牢固的婚姻关系，各种各样的社会支持都有益于身体健康。例如，一项研究发现，预测男性罹患心绞痛（由于心脏血液不足而导致的疼痛）概率的最佳指标是看其妻子对他的感情有多深。孤独的人吸烟、肥胖和患高血压的概率更高。另一方面，社会关系较密切的人在心脏病发作后能维持更长的存活时间。因为快乐和良好的社会关系息息相关（见第 4 章），所以快乐的人往往更健康的另一个原因就是不孤独。

密歇根大学的斯蒂芬妮 · 布朗及其同事得出了一项非常重要的发现：要想长寿，给予他人支持比获得支持更重要。她发现，在老年人群体中，很少给予他人情感或实际支持的老年人五年内死亡率比常给予他人支持的人高一倍多。即便将健康状况及其他初始影响因素纳入考量，也发现那些常给予配偶、朋友和邻居支持的人更长寿。

我们已经描述了快乐影响健康以及不快乐引发疾病的八种途径。未来的研究将继续完善我们对这些因素的理解，并进一步探索这些因素之间相互作用的原理。与此同时，要记得保持快乐。

最佳快乐水平

上文提到，快乐的人在面对致命疾病时可能会不够警惕，但一般而言，心情愉悦、乐观向上有益于健康。一些研究表明，过度积极的情绪可能会使我们处于危险之中。那偶尔出现的消极情绪也会让我们置身于危险之中吗？如果你只是偶尔愤怒、悲伤或忧虑，请不要担心。快乐并不意味着完全没有消极情绪。短暂的悲伤和内疚感虽然并不愉快，但却可以起到重要作用，帮助我们更有效地发挥身体机能。那么，从个人角度出发，我们该如何判断自己是否处于合适的快乐水平，进而从中获益呢？

一种方法是考虑“情感平衡”，即愉快情绪减去不愉快情绪的结余。我们的目标并非规避所有不愉快的情绪，而是保持愉悦情绪整体上多于不愉悦情绪。针对曾经住院治疗心血管疾病的患者，研究人员对其生活中的情感平衡进行了调查，发现情感平衡是否倾向于消极情感（消极态度比积极态度更频繁或更强烈）是预测患者是否复发并再次入院的最佳指标。是否感受到消极情绪并不那么重要，更重要的是个人感受到的消极情绪是否超过了积极情绪。使用情感平衡法来衡量快乐水平时，我们需要确定自己一般情况下感觉良好，只是偶尔有消极情绪。

一份新的健康生活清单

如果你想要拥有健康的生活方式，增加长寿的概率，医生通常会提出一系列改善健康状况的措施建议。在你开始体检时，许多医生会给你一份健康清单。杂志文章和互联网网站上也给出了一些预测寿命的方法及其指标。所以，可以通过以下测试来判断你的健康状况以及寿命。请在以下符合你的真实状况的选项旁边打上“×”。

______ 1　我不吸烟。

______ 2　我从不喝酒，或者不酗酒。

_____ 3　我体重正常（不是太瘦，也不肥胖）。

_____ 4　我从不会一边开车一边用手机打电话。

_____ 5　只要在户外，我都会抹防晒霜。

_____ 6　我每天都吃水果、蔬菜和一点黑巧克力。

_____ 7　我每周锻炼四次及以上。

_____ 8　我定期刷牙并使用牙线。

_____ 9　我总是会系好安全带。

_____ 10　我经常感到快乐和满足。

_____ 11　我参加了很多能带给我快乐的活动。

_____ 12　我对自己的生活很满意。

_____ 13　我只会偶尔感到悲伤。

_____ 14　我只会偶尔感到生气。

_____ 15　我只会偶尔感到有压力。

_____ 16　我总是心怀感激并信任他人。

_____ 17　我有可依赖的朋友和家人。

_____ 18　我是一个乐观的人。

_____ 19　我对自己的社会关系很满意。

事实上，前 9 项看似枯燥乏味，却往往能改善你的健康状况，延年益寿。后 10 项不仅有益于健康和长寿，还会让多出来的寿命充满乐趣，让生活更多姿多彩。

小结

健康是心理财富的一部分，因为健康为我们提供了能量和能力，为过上有意义的生活而奋斗。当然，也有一部分严重慢性病患者和残疾人过着充实的生活。然而，这些人就像英雄一般罕见，通常健康状况不佳会阻碍人体各项机能充分运转。本章的一个主要观点是，尽管健康会影响快乐，但快乐反过来也会影响健康。

埃德在十几岁的时候住院做了一个小手术，当时护士给了他一件“开后门”的住院服，这种常见的病号服令人十分尴尬。他拒绝穿住院服，而是坚持要穿自己带来的熨得平整的衬衫。“不行，”护士反驳道，“医院规定病人必须穿住院服，不能穿衬衫。”埃德毫不动摇。“对不起，”他回答，“我不穿病号服。”护士被这个难缠的少年激怒了，再也无法忍受不遵守她命令的病人，于是跺着脚走出房间。埃德只是难缠吗？可能吧。但这个例子中还有很重要的一点：埃德意识到，自己穿着衬衫会感到更舒服，心情也会更愉悦。他觉得衬衫可以帮助自己克服这所旧医院带来的阴郁感。但他不知道，这些时髦的衬衫可能确实帮助他更快地恢复了健康。

有关快乐对于健康和长寿的影响的证据并非无懈可击，毫无疑问，未来会有更多有关健康与快乐相关性的研究，会对现有结论做微小的改进。但目前已有的证据足以让你采取相关行动。快乐的人身体往往更健康、更长寿，相关的研究证据正在为世人所接受。快乐的力量如此强大，努力追求快乐是保持健康的可取策略。医生们曾经认为不快乐的人只是更喜欢抱怨身体病痛，他们也的确如此，但我们现在知道，不快乐真的会让健康状况恶化，而快乐则能够改善健康状况。当然，保持快乐并不能预防所有疾病，就像戒烟、系安全带或使用防晒霜只能起到一部分效果一样。但这些因素综合起来却有益于健康。一个快乐的人不仅可能更长寿，而且往往在长寿的岁月里活得更健康、更满足。毫无疑问，很快就会有企业提供测试端粒长度的服务，我们也可以去体验一下。但我们为什么不在大部分时间内保持快乐，从一开始就尽可能保持端粒的长度呢？我们都应该将快乐、希望和乐观视为健康的重要保护因素。请告诉你的医生，把有关快乐的检查项目添加到体检清单中。也请告诉你的医生，来读这本书！

第 4 章

快乐与社会关系：你无法孤军奋战

想象一个完美的周六早晨。你不必去上班，醒来时感到全身放松、精力充沛。你期待着一顿悠闲的早餐。然而，当你打开厨房灯时，桌子上的东西立刻吸引了你的眼球。这是一块巨大的石碑，上面刻着奇怪的碑文：

> Ωε αρε τηε Δεμονιανσ φρομ τηε Γαλαξψ Ανδρομεδα ανδ αρε χονδυχτινγ α στυδψ οφ ψουρ ωορλδ.Ιν ορδερ το δετερμινε μορε αβουτ ψουρ σπεχιεσ，ωε ηαϖε λεφτ ψου αλονε ιν τηε ωορλδ，ανδ ηα ϖε ρεμοϖεδ αλλ οτηερ πεοπλε.Ψου ωιλλ λιϖε ουτ τηε ρεστ οφ ψουρ λιφε αλονε ον ψουρ πλανετ.Ωε ηαϖε ποωερσ φαρ βεψονδ τηοσε οφ ψουρ σπεχιεσ，ανδ ψου ωιλλ φινδ τηατ ωε ηαϖε αχχομμο δατεδ ψουρ πηψσιχ́αλ νεεδσ τηερε ωιλλ αλωαψσ βε ηεατινγ ανδ αιρ χονδιτιονινγ，φοοδ，γασολιν ε ανδ φυνχτιοναλ

ϖεηιχλεσ ωηερεϖερ ψου γο ιν τηε ωορλδ.

一开始，你一头雾水，完全看不懂这段碑文在讲什么，并且认为这块石碑一定是某种道具或者是有人在搞恶作剧。你的家人还在睡觉，所以你冲了一杯咖啡和一碗麦片，然后坐下来开始吃早餐，慢慢地，你意识到这段碑文背后有一套定式，不久之后，你就解读出了这段碑文的意思：

我们是来自仙女星系的恶魔人，正在对你们的世界进行研究。为了更好地了解人类这个物种，我们将其他人全部转移，把你独自留在了这个世界。你将独自在这个星球上度过余生。我们的力量远远超出了你们的同类，我们会提供良好的条件以满足你的生理需求——无论你走到哪里，都会有暖气、空调、食物、汽油和各种交通工具。我们会保证你的生命安全，让你免受动物攻击和其他危险。但我们无法阻止你自杀，所以只要你选择继续生活而不自杀，我们就认为你同意成为该实验的研究对象。现在，整个星球都是你的了，它只属于你一个人。我们会观察你的行为，特别是在没有其他同类的情况下如何生活，这是我们感兴趣的。你可以随心所欲地享受这个世界，但你只能独自享受。感谢你参与我们的研究，并祝你好运。

哈哈，你会想，这一定是你的孩子或朋友精心策划出来的一场恶作剧。但你越是这么想，就越想知道你的孩子和朋友到底藏到哪儿去了。家里格外安静，外面也没有来往车辆。你感到一阵恐慌，打了几个电话，但一个人都没接。你决定开车出去看看。

街道上空无一人，商店里空无一人，街上一个行人都看不到。你开始在附近的城镇进行为期一周的搜索，迫切地想找到另一个人。

一周过去了，最初的恐慌逐渐退去，你开始接受现实。你开始思考如何掌控这个世界，各种各样的可能性令你兴奋无比。你可以随心所欲地做任何事。起初，空无一人的世界似乎还不错。不再堵车，不用在电影院或杂货店排队，去滑雪也不用买昂贵的门票，也没人拦着你在比尔·盖茨的房子里大摇大摆地转悠。当你走进餐馆时，就会自动呈上美味的食物。这样的可能性无穷无尽。

你花了几天时间参观博物馆、私人豪宅和摩天大楼的顶层公寓。你探访了名人宅邸，翻了翻他们的日记和抽屉，品尝了他们奢侈昂贵的葡萄酒，然后戴上他们的珠宝首饰。你开着自己选择的座驾横穿全国，想开多快就开多快。你花了整整一个月的时间参观全国最有名的艺术画廊。你把自己最喜欢的画作带回了家。你睡在白宫，把脚翘在总统办公室的桌子上。你在联合国发表演讲，然后从帝国大厦楼顶上把一个西瓜扔了下去。你探索了军事基地的秘密地下掩体，然后参观了 51 区，想看看那里是否真的有外星人的尸体（也许是个恶魔人）。你在各个国家公园野营，不再有人和你抢位置，然后到电影拍摄基地闲逛。

因为恶魔人已经承诺让你免受任何伤害，你可以随意参与任何一项梦寐以求的刺激、冒险活动。你可以去蹦极，从布鲁克林大桥飞身跃下，也可以去潜水，在佛罗里达海岸潜入深海。你可以在中美洲的丛林中漫步，完全不用担心蛇、蜘蛛和野猫的侵袭。你开着摩托车穿过高中学校的走廊，开着赛车在主街上飞驰。

你穿着全套演出服，在无线电城音乐厅歇斯底里地模仿火箭女郎舞蹈团。也许最棒的是，再也不用在公共场所听到烦人的手机铃声了。

一年后，除了信仰，你一无所有，无聊至极。你拥有这个世界，过着梦想的生活，没有任何限制，但你找不到任何一个人与之分享。没有人知道你在政府文件中读到了什么，也没有人和你一起参观墨西哥城外的废墟。没有人陪你一起喝酒、观赏日落或做爱。电视或广播也不再有时事新闻，没有新电影上映，也没有新书出版。甚至没有任何人与你竞争，也没有任何人向你挑战。你每天一睁眼就会陷入可怕的孤独。你和上帝说话，和恶魔人说话，但他们都不会给你回应。你试图驯养一些动物，但它们一看到你就躲得远远的。你给自己设定了新的挑战，比如学习弹钢琴，但这些挑战显得空洞而毫无价值。你此前一直梦想着学习法语，现在这个梦想变得毫无意义。世界上没有人去关心你经历了什么，也没有任何人可以成为你关心的对象。这种孤独令人崩溃，就像终身单独监禁一样。你开始酗酒，还尝试了在别人家里找到的强力毒品。

为什么这样的场景——充满刺激，拥有无限的财富、创造力和自由——最终会带来如此可怕的结局？为什么一个没有其他人存在的世界会变成地狱？你知道，有些人会给编辑写信发牢骚，有些人喜欢横冲直撞制造交通堵塞，如果这些人真的很烦人，那么他们不存在的世界不是更加美好吗？尽管总有些人会让我们感到不爽，但我们内心深处都明白，只有被人关心、关爱他人、与他人分享经历，生活才有意义。即使是那些惹恼我们的人，也能增加生活趣味。常识告诉我们，社会关系对实现人生价值至关重要。尽管这一观点似乎很明显，但研究结果是否能证明这一点？

科学、快乐和人际关系

人际关系本身就是心理财富的重要组成部分，没有人际关系，你就不可能真正富有。简单来说，我们的生活因他人而充实。事实上，对社会关系和快乐的研究结果明确地证明了这一点：健康的社会关系对快乐至关重要。家庭关系和亲密的友谊对快乐很重要。许多研究表明，相较于生活满意度较低的人，快乐的人往往拥有良好的家庭关系、朋友关系及其他支持关系。

事实上，快乐与社会关系之间紧密相关，许多心理学家认为，人类天生就是需要彼此的。人类的发育周期很长（从婴儿期到青春期），在此期间，我们非常依赖他人。即使是成年后，我们也会在提供合作、支持与乐趣的社交网络中呈现出更好的表现。社会心理学家艾伦·贝尔伊德认为，影响智人生存的最重要因素是我们的社会性本质，是我们彼此爱护及协作的能力。正如我们所拥有的其他惊人资产一样（比如强大的大脑、灵巧的手指和对生的拇指），社会性对我们的生存同样重要。

研究结果证实了快乐和社会性之间的关系。但就像所有的相关研究一样，从偶然现象中看到背后的隐藏规律才是意义所在。保持快乐能让人们交到更多的朋友吗？或者拥有更多的朋友会提升快乐感吗？事实证明，快乐可以改善社会关系。例如，相较于一般人，婚前生活满意度较高的人有更高的概率迈入婚姻殿堂，其婚姻维系时间也往往更长，并且对婚姻满意度更高。不过，良好的人际关系似乎也能提升人们的快乐感。

人们在结婚时，生活满意度会飙升。另一方面，研究表明，当配偶去世时，另一半的生活满意度会直线下降，且恢复速度较慢。事实上，配偶去世可能会令人一蹶不振，人们平均需要 5~7 年才能让生活满意度恢复到接近配偶在世时的水平。当人们与所爱之人分离很长一段时间后，通常会表现出类似“戒断”的症状，比如悲伤和思乡。

看看手机的普及应用，你就知道人们有多么依赖彼此。如今，你很少看到有人独自去电影院、杂货店或公园，人们往往都是和家人朋友结伴而行。事实上，人类与他人建立联系的能力前所未有。即使没有明确的目的，人们也喜欢通过电话、短信、即时通信软件、聊天室、电子邮件、网络电话、视频电话，以及类似于聚友网（MySpace）和脸书（Facebook）之类的社交网站与人交流。如果你不小心听到别人打电话时讲的内容，你会意识到他们并没有需要交谈的具体内容。你会经常听到这样的问题：“你在做什么？”“你在哪里？”“我们在哪儿见面？”本质上，人们只是在建立“联系”。

我们不仅仅需要社会关系，更需要亲密的社会关系。什么是亲密的社会关系？当然，频繁联系意味着关系亲密，但这种关系未必会令人感到快乐。能够带来最多快乐感的亲密关系具备这样的特征：双方之间相互理解、相互关心，并认可对方的价值。在这种类型的关系中，人们会有安全感，并且经常能够与他人分享自己的私密信息。重要的是，如果有需要，人们可以依赖他人的帮助。虽然熟人和泛泛之交也能给你带来乐趣，但能够给予你支持的亲密关系才是快乐的关键。

研究表明，社交往来会对快乐和健康产生影响。我们知道，一般而言，人们与同伴在一起时比独自一人更快乐。例如，在一项研究中，我们使用经验抽样法（ESM），收集了人们的情绪数据。整整一天，我们随机向受试者发出警报信号，随后他们会接受一项简短的情绪调查，并说明自己当下所处的情境：是独自一人，还是与其他人在一起？起初，我们怀疑内向者在独处时会更快乐，而外向者则在与人社交时更快乐。在表 4–1 中，我们展示了受试者积极情绪的平均强度，情绪强度从 0（完全没有积极情绪）到 6（非常强烈的积极情绪）递增。这些数字表明了内向者和外向者在独处以及有人陪伴时的积极情绪平均强度。

表 4-1　内向者，外向者

	内向者	外向者
社交情境	2.4	2.9
独处情境	1.5	2.1

你可以看到，人们普遍感受到了温和的积极情绪。更有趣的是，实验结果与我们之前的猜想相反，外向者和内向者与他人在一起时情绪都更加积极。没错，即使是那些最不擅长社交的内向者，在社交环境下也会更快乐。虽然外向者的确会花更多的时间与别人在一起，但两组受试者在进行社交活动时都会表现出更愉快的心情。事实上，在社交环境下，内向者情绪提振的幅度丝毫

不弱于外向者。诺贝尔奖得主丹尼尔·卡尼曼得出了与我们的研究结果类似的发现。在研究了1000名女性之后，他发现一天中最不快乐的时间是独处（通勤上班），最快乐的时间是与他人在一起（陪伴家人和朋友，以及与伴侣做爱）。我们当然不会时时刻刻都想和其他人待在一起，但有人陪伴时，我们往往心情更愉悦。

那反过来的因果关系是否成立呢？保持快乐能否帮人交到更多朋友？研究结果表明，快乐会让人更擅长社交、更讨人喜欢，他人也更愿意与之相处。在一项研究中，心理学家使用情绪诱导剂（比如一小段影片）将受试者引入愉悦、中性或悲伤情绪。与其他两组受试者相比，心情愉悦的受试者对社交活动、帮助他人和参与剧烈活动表现出了更大的兴趣。更重要的是，心情愉悦的受试者希望社交活动更有意义，并觉得自己有更多的精力去应对挑战。在另一项研究中，研究人员发现，当男性大学生被引入积极情绪状态时，他们会对正在交往的女性吐露更多私密心事。好心情会使人更加开朗外向。

其他研究也证明了快乐可以提升人的社交能力。例如，心理学家在一项研究中调查了20世纪50年代末就读于米尔斯学院的21岁女性学生的档案。研究人员感兴趣的是，积极态度会如何影响这些年轻女孩子未来的生活。为此，他们评估了档案照片里的女性显示“杜彻尼微笑”的状况，即判断她们是否露出了真正的微笑——嘴角上扬，眼角挤出鱼尾纹。有趣的是，与面无表情或假装微笑的同学相比，露出真实微笑的女性更有可能在中年结婚，婚姻也往往更加美满。即使是相机捕捉到的一点点积极情绪，似乎也能改善社交能力，并直接提升心理财富。

我们大多数人通常都会被快乐的人吸引，而很难被不快乐的人吸引。你可能在生活中有过这样的经历。你认识的快乐的人往往幽默、乐观、热情、讨人喜欢。他们积极向上的态度甚至会感染你，让你也跟着快乐起来。另一方面，抑郁的人往往会没精打采，或者对一切都漠不关心，而且似乎还会吸走你的精力。许多不快乐的人都喜欢发牢骚。在实验室研究中，研究人员随机安排素不相识的受试者聊天。受试者需要面对一个陌生人，并与之进行一次简短的交谈。每个受试者的交谈对象都是随机分配的。谈话结束后，研究人员要求每对受试者相互打分。你可能已经猜到了，人们都更喜欢那些快乐的聊天对象，也更愿意与其进一步交流。简而言之，快乐的人往往更招人喜欢、更受欢迎。

为什么社会关系很重要

我们已经证明了——希望证明得还算充分——社会关系对于快乐很重要，同时也是心理财富的关键组成部分。但它们为什么如此重要呢？这个世界难道不是到处充斥着暴力、离婚和其他社会弊病，有些人带来的麻烦远远超过他们带来的价值吗？我们之所以会悲伤，难道不是因为总有些人会让我们生气、让我们害怕、让我们嫉妒，或用其他方式伤害我们吗？家庭生活中不是总会爆发冲突吗？那么社交究竟是如何让人际关系对我们产生重大积极影响的呢？

首先，他人给了我们爱与被爱的机会。他人会帮助我们获得安全感和被关怀感；我们会受到重视，如果我们需要帮助，他们会伸出援手。同时，关爱他人也给了我们一个成长和拓宽自己视野的机会。此外，当我们与他人为彼此取得的成就而感到骄傲时，彼此之间就建立了深厚的联系。

社会关系对我们的情感健康和心理财富很重要，因为我们的亲密伙伴会以各种方式为我们提供直接帮助。只有在父母、老师、教练和其他有影响力的人的鼓励、支持和指导下，我们才能从孩子成长为大人。我们之所以能够面对生活艰辛，很大程度上是因为我们所爱之人的情感支持和同情给了我们力量。我们之所以能从一间公寓搬到另一间公寓，是因为我们有朋友愿意帮我们把家具搬到城市的另一边。

有些人并不需要为我们做任何事情，就可以让我们受益。知道警察、空中交通管制员和消防员的存在会让生活更加舒适，因为他们解放了我们的心理资源，让我们得以专注于其他问题。事实上，仅仅知道他人的存在就可以抚慰我们的心灵。一系列研究发现，人们在遭受创伤后（比如车祸）的那段艰难日子里，如果有人陪伴，通常会恢复得更快更好。最后，他人可以为我们编织一张心理（有时是生理）安全网，让我们生活得更轻松一些。

他人还会为我们带来很多益处。首先，人群具有绚丽多彩的多样性。我们此处所指的不仅仅是民族、国别或语言上的差异，尽管这些差异也很令人心驰神往。我们的意思是，人类所拥有的知识和思想天差地别，百花齐放。你的朋友、同事和家人可能有各自的兴趣爱好、独特的专业领域、不寻常的技能和新潮的创意，有时他们不经意间的行为会让你大吃一惊。有些人可以描绘出星星在天上的移动轨迹，有些人能写出《安娜·卡列尼娜》那样的巨著，有些人总是能诙谐地反驳他人的观点，令我们开怀大笑。这种多样性对我们产生了深远的影响，并对我们有益。

其他人的想法可能会挑战我们的既有观念，帮助我们形成自己的观点和想法，也可能会给我们带来快乐，并为创新和创造力奠定基础。想想你自己花多少时间来吸收别人的想法吧。每次看电影或电视节目、欣赏舞蹈表演、参加游戏、观赏画作、参观建筑、读书、看到读者来函时摇摇头、浏览杂志上的照片、听电台、用 iPod 听音乐或与朋友争论，你都在从以下事实中受益：他人的所知和所想并不与你完全相同。群体的多样性也使得人们拥有了一技之长。只有共同生活，组建社区，一些人才能成为专业的农民，而另一些人才能成为医学专家。因此，整个社会都受益于这种多样化的技能、知识和创造力。

他人于我们有益的另一个原因是，我们所属的群体有助于我们定义自己是什么样的人，并赋予我们一种身份认同感。群体帮助我们超越自身的局限性，让我们得以从更宏观的视角来定义自身。如果没有他人的存在，我们就只是宇宙中的一粒尘埃。正是因为我们拥有相同的国籍、信仰、宗教，是从属相同政党和组织的同胞，我们的生命才变得更加重要。

最后，人类是一种有趣的生物。例如，人们在社交互动中常常会展示幽默，会开玩笑。不知道你有没有注意过，你可以逗笑别人，但不能逗笑自己。“聚会”这个概念，无论是上学时每人带一道菜聚餐，还是周五晚上一块喝酒，本义都是成群结队进行活动。大多数人都自称参加某项活动时更喜欢与别人一起，无论是参观博物馆还是出去吃饭。与人分享某种体验可以让我们更加乐在其中，同时，许多活动只能集体参与，比如大多数运动项目。性爱和亲密关系则是另一种具有内在社会性的关系领域，其对我们的心理健康至关重要。他人可以反射出我们每个人身上最美好、最有趣的一面。

婚姻

很明显，社会关系和快乐对每个人都很重要，尽管如此，我们还是应该考虑几种特定的关系类型。当然，世界上有很多种类型的关系，比如亲子关系或职场上下级关系。你与同事、邻居和敌人之间都存在社会关系。每种关系的特性都截然不同，每段关系都或多或少会对你的快乐感产生影响，这也很容易理解。在所有关系中，制度最完善、最传统且最普遍的关系是婚姻。世界上所有文化都涵盖了两个成年人相互结合的特殊制度，只不过婚姻制度多种多样：肯尼亚农村的一夫多妻婚姻，荷兰的同性婚姻，印度的包办婚姻，以及单身男女之间的自由恋爱婚姻。但是，在现代社会环境中，至少在美国这样的工业化国家中，大约一半的婚姻都以离婚告终，所以我们完全有必要思考，婚姻究竟提升了快乐感还是降低了快乐感。有些理论派认为一夫一妻制是违背大自然规律的，还有一些人则认为结婚时许下的海誓山盟是一种道德义务。针对已婚人士快乐程度的相关研究得出了哪些结论呢？

研究表明，已婚人士总体上快乐程度较高。考虑到世界上大多数人都较为快乐，这个结果也在我们的意料之中。但真正的问题是：已婚人士是否比其他人更快乐？一些广为流传的研究表明，已婚人士确实比单身人士更快乐。然而，这些研究忽略了这样一个事实，即结婚概率更高的人本身就是快乐的人。因此，在婚姻中体会到的快乐可能并不是天作之合的产物，而是因为夫妻双方在结婚之前快乐程度本身就很高。密歇根州立大学心理学教授理查德·卢卡斯对数万人多年来的生活满意度进行了研究。他发现，已婚之人的快乐水平与其婚前相当。图 4–1 展示了他的研究发现。也就是说，除了在婚礼前后这段时间内快乐水平出现了短暂飙升，婚姻似乎并没有对生活满意度产生巨大的影响，至少在他所研究的德国人群体中是这样的。既然社会关系如此重要，与自己深爱、信任的伴侣在一起是如此美妙，那为什么还会得出这样的研究结论呢？

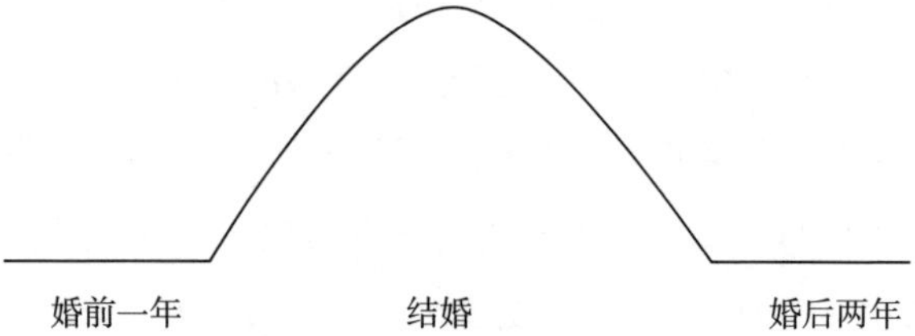

图 4–1　婚姻前后快乐水平

部分原因在于研究人员通常只关注平均水平。对一部分人来说，婚姻是一种美妙的情感，而对另一部分人来说，婚姻是一种负担，只会让人愁眉苦脸。仔细看看图 4–2，图中展示了三位受试者有生以来的快乐水平。随着婚礼带来的刺激感逐渐消退，三者婚后的平均快乐水平（即受试者 B 的快乐水平）与婚前相当。然而，从个体表现来看，C 的满意度较之前有所下降，而 A 的满意度较之前有所上升。事实上，卢卡斯的研究对象包含了三类人群。这些数据表明了一个重要的问题：婚姻本身并不能保证带来快乐。相反，结婚对象是否真的适合你似乎更为重要。有些人年纪轻轻就草草结婚，有些人嫁给了合不来的对象，还有一些人幸运地找到了灵魂伴侣。

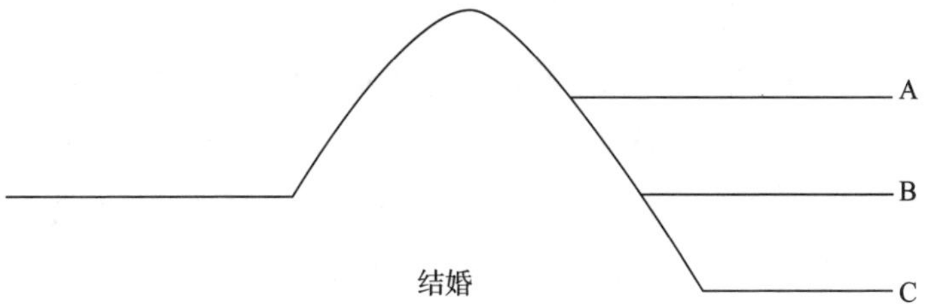

图 4-2　婚姻快乐感

值得注意的是，尽管平均而言，已婚人士比单身人士更快乐，但并非每个已婚人士都更快乐。一个人能否从婚姻中受益，部分取决于其性格，也取决于其生活环境。例如，住在修道院的修女相互陪伴，关系亲密，不需要结婚。心理学家贝拉·德保罗在其著作《单身更快乐》一书中指出，对许多人来说，单身状态也是很快乐的。社会结构决定了婚姻双方更容易建立深厚的友谊，但深厚的友谊和爱并不只有婚姻这一种表现形式。美国有 40% 的成年人处于单身、离婚或丧偶状态，而且现在成年人单身的时间越来越长，因此，了解这些人如何能建立亲密友谊以及如何享受有意义的生活十分重要；婚姻不是通往快乐的唯一道路。然而，迄今为止的证据表明，两个人同居的快乐程度不如结婚那么强。

爱

我们之所以认为婚姻是通往快乐的途径，原因之一是我们把爱和快乐联系在一起。乔治·瓦兰特在对哈佛毕业生长达几十年的研究中发现，所谓快乐就是你爱众人，众人也报你以爱。仅仅在脑海中勾勒对于爱的信念是不够的，你必须亲身体会爱的感觉。亲爱的读者们，你们可能听过这个老掉牙的笑话“我爱人类，但我无法忍受一个个具体的人”。这句话一语中的，清楚地展示了理想中对爱的信仰与现实中对爱的体验之间的差距。

虽然我们希望所有的婚姻都建立在相互尊重和挚爱之上，但不幸的是，事实并非如此。人们常说，爱是一个变化无常的朋友。为什么这么说？我们可以从爱情的发展过程一窥缘由。起初，两人一看到彼此就激动不已，等到上了年纪，最初的悸动已变成另一种截然不同的感情。人们从相识，到相知，再到一同组建家庭，必然需要某些驱动因素。幸运的是，大自然赋予了我们激情和调情的能力。激情，或者说浪漫的爱情，是所有类型的爱当中最强烈的，是“一见钟情”，是“魂牵梦萦”。爱情始于这种强烈的积极情感，其具体表现就是深深痴迷于对方。而在相知阶段，处于热恋中的人们常常会分泌多巴胺和肾上腺素，同时会迫切地想与对方待在一起，感觉自己到达了世界的巅峰。

不知是不幸还是万幸，爱情的这一阶段并不能一直持续下去。我们将在第 8 章看到，人类适应新环境的能力惊人，即使是那个英俊帅气的新欢，也终会变成旧爱。几个月、最多一两年之后，浪漫爱情的火焰就会化为灰烬。那些看惯了好莱坞电影式的激情、憧憬着“真爱”的人会自然而然地在这一激情减退的时期误以为“爱已不复存在”。当人们把好莱坞电影式的激情错以为“真爱”时，婚姻常常就会像很多好莱坞明星的婚姻一样草草收场。人们会不停地更换伴侣，以持续享受激情的快感。在这段时间内分手的比例高得惊人，这很不幸，因为下一阶段在很多方面甚至比此前都更加美好。

浪漫的爱情往往会被一种更友好、更复杂的同伴式爱情取代。如果说热恋时期的人们会忽略伴侣的缺点而感觉良好，那么同伴式爱情则需要人们做好准备，了解和接受伴侣的缺点。当人们逐渐走向这种爱时，往往会为彼此做出牺牲。带有这种感情的人会为彼此付出——不是因为付出会让自己快乐，而是因为知道伴侣会因此而开心。比如训练狗如厕并清理狗的粪便。没有人喜欢做这种事情，但感情成熟的情侣会愿意付出，即使对方对此一无所知。拥有这种亲密关系的伴侣不仅能够完全信任彼此，而且还会体验到埃里希·弗洛姆所说的“存在之爱”，在为对方付出的过程中收获快乐。

的确，在同伴式爱情中，激情时隐时现，有时人们会觉得伴侣更像是朋友，而不是爱人。而这正是情感关系成长的迹象，而非许多人误以为的衰退。当一个人愿意为对方付出，而不介意对方是否意识到自己的付出时，这种成熟的爱就成为持续的快乐源泉。在同伴式爱情中，我们愿意信任对方，并乐于与对方分享我们内心深处的想法和感受，这才是真正的亲密。

此处还有必要提及另一种情感，主要是因为其对长期的快乐也有影响。这种情感被弗洛姆称为“匮乏之爱”，是指我们被能够满足我们需求的人吸引。如果你缺乏自信，就会被经常赞美你的人吸引。如果你很容易感到无聊，就会被风趣、有激情的人吸引。这种吸引并非绝对是坏事，但确实存在一些隐患。匮乏之爱只能在你的需求稳定不变时才能存续。不幸的是，我们大多数人随着年龄的增长而走向成熟后，个人价值观往往会发生变化，需求也会产生变化。当需求发生变化时，我们可能会发现伴侣的吸引力有所下降，因为我们已不再需要或渴望对方带给我们的东西，除非对方会随着我们的改变而改变。

在恋爱关系中拥有何种类型的爱，不仅是影响婚后快乐程度的主要因素，也是影响人生价值感的主要因素。人们的期望及其自身成熟度对于他们解决问题和相互沟通的能力有着深刻的影响。事实上，我们可以通过一个人的沟通能力预测其婚姻满意度。消极的互动，比如伤感情的争吵或大喊大叫这样的行为，会对婚姻造成严重损害，即使积极的互动可以抵消这些消极影响，也无法完全消弭原本的伤害。在健康的婚姻关系中，积极互动与消极互动的最佳比例叫作“戈特曼比例”，这一术语是以华盛顿大学研究员约翰·戈特曼命名的。经过多年对夫妻关系的研究，戈特曼发现了这一最佳比例：积极互动与消极互动的比例大于 5∶1。也就是说，在美满的婚姻关系中，伴侣之间的积极言行至少是消极言行的五倍甚至以上。而在其他类型的关系中，最佳比例有所不同（见表 4–2）。

表 4-2 积极互动与消极互动的常见比例

关系	比例
父母对孩子	3：1
老板对员工	4：1
伴侣之间	5：1
朋友之间	8：1
少年棒球联盟教练对学生	10：1
员工对客户	20：1
父母对成年子女	100：1
对婆婆或岳母的评价	1000：1

当然，以上显示的比例有点开玩笑的意味；对于每种关系而言，并没有一个确切的比例。这个比例取决于评论的积极和消极程度及其语境和传递形式。“我从来没有爱过你”显然比“我不喜欢你刚煮的鸡蛋”要伤人得多。重要的是要思考一下，这些负面言论是建设性的批评，还是单纯的恶语，仅仅是试图伤害对方。表 4-2 只是想说明，不同角色之间的最佳比例可能会有所不同。在孩子的成长阶段，我们可能会经常唠叨让他们改正错误，但他们长大成人后却并不会因此而感激我们。且不论这一比例的确切数值是多少，我们想说明的是：在几乎所有社会关系中，你都应该表现出更多的积极言行。如果你想成为一个讨人喜欢、受欢迎的人，就要有更多的积极言行。当然，这并不意味着你要阿

谀奉承，或者曲意逢迎。相反，你应该忠于自身的感受，但也要记得提及别人做过的好事。

无论你身为教练、老板、配偶、父母，还是仅仅是一位朋友，都应该把多表现积极言行、少说丧气话培养成根深蒂固的习惯。当然，每个人都会遇到需要适当批评别人的时候。例如，孩子们需要建议和规矩，才能成长为有道德、明事理的人。但即便是讲规矩，也应该在对方表现好时给予更多的积极评价。你可以对可取的行为给出积极反馈，以此来影响他人的行为，比如你的孩子，在这种积极的背景基调下，偶尔的批评指正会更加有力。如果你总是对别人发表负面评论，对方不仅会避开你、讨厌你，而且你说的话也会变得不那么有力。同样重要的是，要理解爱是无条件的，例如，即使你不满孩子们的行为举止，你也是爱他们的。因此，要说清楚，你是在批评他们的行为，而不是在指责他们本身。

孩子

孩子们又会对快乐产生哪些影响呢？小脚丫在家里跑来跑去发出的“啪嗒啪嗒”声会给家庭带来快乐吗？还是说，养育孩子会给生活带来狂风骤雨和千斤重担？同样，针对亲子关系中的快乐感，相关研究也得出了一些有趣的结论。大多数关于快乐感的研究并不能表明孩子是带来快乐感的重要因素。许多人对此感到震惊，觉得难以接受。事实上，我们大多数人都会觉得，“我们深爱的孩子不是我们的快乐源泉”这种想法是错误的。我们很容易想起孩子们在学校里表演戏剧、写出优秀的论文、参加足球锦标赛，这些都让我们引以为傲。但是，还记得他们曾因阑尾炎被紧急送进手术室，大半夜生病，搞砸很多事情，还和其他青少年吵架吗？如果我们诚实一点，就不得不承认，养育孩子既会带来快乐，也会带来烦恼。

那么，我们如何去权衡生孩子的积极因素和消极因素呢？我们如何将接送孩子、辅导孩子做功课的麻烦同睡前给孩子讲故事、听孩子们向我们表达爱意所带来的喜悦结合起来考虑呢？正如前文中提到的婚姻一样，养育孩子是否会带来快乐很大程度上取决于个人偏好。一些人认为生儿育女是必然选择，有些人却根本不愿意承受养育子女带来的负担。一些夫妇会认为，新生儿会过度消耗他们的资源，而另一些人则甘愿为下一代而牺牲。为了保持最大程度上的快乐，人们需要理解自己能从孩子身上受益多少，又能为孩子带来多少益处，这一点至关重要。人们需要评估自己对孩子的喜爱程度，为人父母的心理准备，以及为此牺牲个人自由的决心。如果你喜欢和孩子们聊天和玩耍，那么你可能会很适合养育子女。然而，如果你不喜欢孩子，更愿意与他们保持距离，那就别要孩子。越来越多的夫妇开始选择丁克，尤其是在欧洲国家。我们还无法判断这会给快乐带来哪些长期影响，但如果有些人不想要孩子，那还是不要孩子为好。

不过，孩子对快乐的影响也存在性别差异。丹麦研究人员近期进行的一项研究跟踪分析了数千对双胞胎父母的快乐感。研究人员发现，第一个孩子的出生会让女性的快乐程度升高，但男性的快乐程度却没什么变化。这可能是因为，对男性而言，快乐的主要来源是婚姻关系，而不是孩子，尽管孩子与他们之间也有着血缘关系。当然，这也可能是传统性别分工下的社会产物，随着职场规范和育儿观念的进步，这种现象或许也会改变。那么，多个孩子会对快乐产生什么影响呢？虽然听起来令人震惊，但除了第一个孩子，其他孩子的诞生实际上降低了父母的快乐感。当然，这也是平均数值，而不是个体描述。最后，孩子会以何种方式对你的快乐感产生何种程度的影响，很大程度上取决于你的价值观、资源、人际关系和特定的生活环境。没有孩子的人可以在其他方面找到意义和目的，并通过其他方式为后人做出贡献。大多数研究文献并不能表明，孩子的降生会让生活的情感满意度普遍得到显著提升，所以个人应该谨慎选择，谨记自己的价值观和个性。

当你准备结婚时，你应该了解一下婚姻满意度与年龄的关系，以及早婚对青少年的显著负面影响。研究人员发现，婚姻满意度在一开始非常高，我们也可以想象到。与喜欢的人做爱、一起做些浪漫而有趣的新鲜事，我们很难拒绝这些美好的感觉。但不幸的是，在第一个孩子出生后，婚姻满意度就会开始下降，并持续下滑，在孩子长到十几岁时跌入谷底。青春期的孩子渴望独立，喜欢尝试新鲜事物，甚至会认为父母是弱智，即使是最慈爱的父母也会被耗光耐心。直到最后，孩子们离开了家，婚姻满意度又开始上升，这表明“空巢期”实际上是很快乐的。这时，父母可以与成年子女平等交流，有空时帮子女带带孩子，享受天伦之乐。

坏消息

我们身处各种各样的人际关系之中，扮演着不同的身份角色。我们是父母的儿女，是兄弟姐妹的手足。我们当中的许多人已经为人父母。我们曾扮演过同学、室友和恋人的角色。我们很多人已经走入职场，尽主管或员工之责。我们曾当过学生、教练和乘客。我们从小到大经历的这些体验都在告诉我们，尽管很多研究证明了快乐感与人际关系的相关性，但人类这种群居动物并非总是能从人际交往中收获美好。事实上，想象一下你这辈子经历过的最糟糕体验，大概率都是别人造成的。有些人会受到直接伤害，比如行凶抢劫。还有些人会遭遇无心之失带来的伤害，比如交通事故。孩子生病时，我们会提心吊胆。我们也会因他人而生出敌对、嫉妒和妒忌情绪。因此，人际关系有好有坏。

俄勒冈大学社会心理学家萨拉·霍奇斯对同理心进行了研究。大多数人认为同理心是一项积极技能，对维护人际关系或社会的正常运转至关重要。显然，站在他人的立场思考问题，设身处地地考虑他人的感受是有益的。同理心是同情心和利他主义的基石。但霍奇斯警告我们，同理心也有阴暗面。如果我们的同理心过剩，就容易让自己受到别人的伤害。如果不能把同理心控制在适当程度，我们在遇到极为负面的事件时（比如种族灭绝或父母接受癌症治疗）可能很快就会崩溃。同理心还会用另一种方式让我们感到痛苦，即我们在伤害他人时也会感到痛苦。如果我们惹哭了爱人，或者伤害了朋友的感情，同理心会让我们切身体会到对方的感受，进而让我们感到愧疚和悲伤。霍奇斯的研究成果向我们警示，维护人际关系是有代价的。我们对周围的人投入越多，就越能在一切顺利时收获更多的快乐；当然，在发生矛盾时，也会承受更多的痛苦。

心理学家迈克尔·坎宁安坚持认为，我们甚至会对某些人过敏，就像我们对豚草、猫毛或花生过敏一样。虽然人们所做出的一些令人反感的行为通常都无关痛痒，但如果这些行为频繁出现，我们可能就会对这些烦人的无意识习惯过敏。想想你的大学室友，或者你和哥哥同住一屋的情景。还记得你们为了谁去刷盘子、倒垃圾、播放什么音乐而争吵吗？还记得他们让你的神经多么紧张吗？它们就像永不停歇的刺耳噪声一样，比任何一句不中听的话都更能激起你的强烈反应。事实上，起初你可能会忽略一些小的刺激，但是，随着时间的推移，这些不快会产生累积效应，你的过敏症就暴发了。你可能曾经与邻居或岳母关系融洽，但之后也可能演变成一种心理过敏性休克，你会全身瘙痒，甚至觉得肺都要气炸了。

我们需要他人，但我们的人际关系并非都是积极的，哪怕是最亲密的人际关系也可能会有消极的一面。对我们大多数人来说，消极的人际关系只占少数，拥有亲密的朋友、可靠的同事和深爱的家庭成员是值得付出代价的。某种程度而言，你也可以保护自己免受消极人际关系的影响。通过谨慎交友，与快乐的人为伴，与他人有效沟通，你可以避免不必要的冲突。当然，没有人能完全避免生活中的问题，但正因如此，我们才需要朋友的支持。

增加心理财富

几十年来，许多励志书籍和大师一直致力于帮助人们提升幸福感，并取得了不同程度的成功。一些读者坚信市面上那些新书提出的提升幸福感的方法一定有效，而另一些读者并没有从字里行间读到什么价值。直到最近，研究人员才开始对这些方法进行测试，以确定哪些方法真的有效。在幸福疗法的相关研究中，研究人员给希望提升幸福感的受试者随机分配了各种励志项目，并将他们的幸福水平与对照组进行了比较。有趣的是，一些最有效的方法恰恰是鼓励人们以积极的方式接触外部世界。例如，一种方法是要求受试者为他人做出五种包含善意的行为，或者反思自己在哪些方面应该感恩他人，并思考应该做出哪些积极反应来改善人际关系，提升幸福感。另一种方法要求受试者学会“仁爱冥想”，即在冥想过程中将注意力集中在对他人的爱以及对他人的善举上。尽管每一种干预措施都产生了一定的积极作用，但我们尚无法判断哪些干预措施能持久地提升幸福感。值得注意的是，许多当下流行的干预措施都在以不同形式引导人们多多关心他人。与他人积极沟通、以欣赏的眼光看待他人并多行善举，很可能会提升你的幸福感，改善人际关系，并强化你的心理财富组合。

为你的社交关系评分

如果人际关系对幸福感有益，而幸福感也对人际关系有益，那么对你的人际关系做出评估是有意义的。你会如何评价人际关系的质量？你是否有许多关系亲密的人？你会真诚相待，与他们分享秘密，且相信他们不会苛责你、排斥你，或背叛你吗？你和家人相处得怎么样？与同事相处得怎么样？

以下这份测试可以帮助你明确自己的社交优势以及有待提升的部分。在某些情况下，你可能需要改进与他人的互动方式，向他人展示更积极的言行，以改善你的社交关系。在另外一些情况下，你可能需要尝试新的社交场景，放弃不可靠的泛泛之交，与更值得信赖的同伴结为好友。请浏览以下描述，如果符合你自身的情况，请回答“是”；如果不符合，请回答“否”。

1. 我经常赞美他人，并常常给予他人积极的评价。
2. 我有亲密的朋友，可以与之倾诉内心深处的想法和感受。
3. 我很少或从不感到孤独。
4. 对他人做出消极评价时，我很谨慎。
5. 我和同事们相处得很融洽。
6. 我和朋友在一起时感到很放松，可以展示真实的自己。
7. 在大多数情况下，我都信任我的家人和朋友。
8. 我有自己深爱且非常关心的人。
9. 如果我遇上了紧急情况，有人愿意半夜接我的电话。
10. 我与他人在一起时能玩得很开心。

对你的人际关系做出评估后，思考一下你有多关心你所爱的人。这项测试满分是 10 分，当然，如果你的得分在 8 分以上已经很不错了。如果是心理不健康的人，很可能在这项测试中 1 分也得不到。

想象一下这个场景，因为天堂的管理出了一些纰漏，你死后被送进了地狱。当然，撒旦站在熊熊烈火包围的地狱之门迎接你，然后微笑着和你商量做一笔交易。他解释说，你的选择将会决定你的来世将如何度过。如果你选择最爱的三个人来代替你陪伴撒旦待在地狱，他就让你离开地狱，而且保证把你送上天堂。你会怎么做？我们当中的许多人——事实上，大多数人——都不会接受这笔交易。我们愿意为了自己最珍爱的人做出巨大牺牲。我们大多数人都对所爱之人关怀备至，宁愿自己受苦也不愿他们受苦。他人于我们大多数人而言至关重要。我们拒绝把所爱之人交给撒旦，我们理应赢得上天堂的权利，因为关心所爱之人正是一个善良快乐的人的核心品质。人类被称为群居动物，但最快乐的人是充满爱心、关怀他人的天使。

小结

社会关系和快乐相互影响，彼此促进。快乐的人会拥有更加融洽的人际关系，而融洽的人际关系反过来又会让我们更加快乐。大多数人在多数情况下都会保持快乐状态，至少是适度快乐，因为人类是社会动物，快乐的人会被他人吸引，也会吸引他人。正如我们离不开食物和空气，我们的成长同样也离不开社会关系。当我们快快乐乐成长时，我们往往会建立更牢固的社会纽带。培养积极人际关系对于心理财富的整体提升至关重要。尽管人们对社会关系的需求各不相同，喜欢的社会关系类型也不尽相同，但接受和给予社会支持却是普遍需求。我们都需要被爱，也需要爱别人。

无论我们是否结婚或生儿育女，我们都需要亲密的朋友给予我们支持。孤独的人不仅快乐程度相对更低，其健康状况也相对更差。一些最严重的精神疾病都与人际关系不佳有关。如果我们没有良好的社会关系，也许可以自己创造这些关系。小孩子常常会有自己假想出来的朋友。这种虚拟关系或许能够解决本章开头时恶魔人将你独自一人留在地球上该怎么办的问题。那个邪恶的实验最后的结果会怎么样呢？你在死一般的寂静中当了两年酒鬼，然后意识到自己只有两种选择：要么以自杀结束实验，要么幻想出一位朋友与你做伴。你开始天马行空地想象，然后有了很多幻想出来的同伴。你的新好友普兹住在你的鞋子里，格韦纳维亚住在阁楼的隔热层里，而冒牌维尼住在附近那片占地一英亩的树林里。你们四个在一起玩得很开心。你变得疯疯癫癫，但这是为了再次拥有朋友而必须付出的小小代价。

第 5 章

职场中的快乐：快乐有价

我们都曾在快餐店免下车窗口点过餐，对那一套流程再熟悉不过："您现在可以下单了吗？您要加份薯条吗？请到前面付款。"免下车服务这一概念成功地简化了正常对话，所有交谈都只是为了完成交易，甚至没有一句废话。无须自我介绍姓名和个人背景，不聊健康、家庭或天气，也不说其他客套话。免下车服务窗口的服务人员会直奔主题。无论你更喜欢哪家快餐店，这种不说废话的交谈方式都是如出一辙。事实上，这种交谈方式已经成了根深蒂固的惯例，当员工试图打破这种惯例时，反而会引发震动。

朱莉是西雅图附近郊区一家塔可贝尔的员工，她就常常打破惯例不按规范用语服务，时常引得顾客下车走进商店找经理聊上几句。不过，顾客们并不是去抱怨的；恰恰相反，他们被朱莉的友好和真诚打动，所以希望经理能够认可朱莉的表现。朱莉会问问顾客们这一天过得怎么样。她善良友好，乐观向上，有时会说说自己身上发生的好事，比如订婚或者加薪。朱莉看上去工作得很开心。顾客们也会突然发觉自己面对的是一个愉快的人，而不是冷冰冰的机器人或乖戾的青少年。

为什么有些人会像朱莉那样热爱自己的工作呢？这似乎与人们在瑞士信贷工作还是在盖璞打工无关；我们都遇到过这样的人，他们热爱自己每天朝九晚五所做的事情。同样，我们也都遇到过很多害怕打卡上班的人。总有些不幸的家伙看上去很讨厌自己的老板，讨厌自己的制服，讨厌自己的通勤方式，讨厌自己的薪水，也讨厌我们——他们的客户。对工作喜好与否仅仅是性格问题，还是与这份工作是否适合我们有关？

工作与快乐有何关系？按理说，对工作满意的人显然会比讨厌工作的人感受到更多的生活乐趣。但还有一个问题是，工作中的快乐究竟对工作效率有益还是有害。快乐的人是否会常常忽视工作上的问题，并由于知足常乐而缺乏进取心，不愿为了更好的工作条件和环境而奋斗？快乐的人是否游手好闲的概率更高？快乐有益于提升健康状况、维护友情，但在职场上也应该保持快乐吗？

将工作视为使命

你可能知道快乐的职场人是什么样子——这种人浑身散发着积极向上的气息，对工作充满热情，值得依赖，工作表现良好，与同事相处融洽，在他人需要时伸出援手，会做些分外之事以优化职场条件、公司产品或服务。我们确实也见过这样的人。事实上，我脑中立刻浮现出了一位教授，他就是一个完美例证，充分反映了快乐对职场人士有诸多益处。这位教授在一所著名的大学研究心理学。他所做的就是一位教授的日常本职工作，包括做研究、给学生上课、指导学生、在委员会任职、休假及发表论文。你要问我们的这位同事对自己的工作有多满意？他甚至在退休后还依然每天都来办公室！

这位老教授这样做，不仅仅是因为在退休后的黄金岁月里感到空虚，而是发自内心地热爱自己的工作。只要有人问起来，他都会说自己在工作时有多么激情昂扬，并且最重要的是，他认为自己的工作充满意义。尽管我们的这位同事的工作效率已不及职业生涯早年那样令人惊叹，但他仍然自愿代课，主动了解自身所在领域的最新研究成果，并独立完成研究与论文。如今，他已年过八十，却依然精力充沛，鼓舞着身边的所有人。他身子骨硬朗，天气不错的时候，他还会骑着自行车去大学。更棒的是，他的思想仍然令人叹为观止。也许正是他对工作的热爱和永不停歇的激情使他保持了健康和快乐。

你可能很好奇，究竟是什么使得这位教授如此热爱自己的职业，而你公司的会计却对自己的工作如此不满。耶鲁大学研究员艾米·雷泽谢涅夫斯基认为，员工对工作满意与否取决于其如何看待自己的工作。一些以就业为导向的员工更看重工作带来的有形利益。也就是说，他们每天早上打卡上班是为了拿到薪水。以就业为导向的员工对于每天的工作任务并没有多少期待，也未必会在朋友面前夸耀自己的工作，而且每天一上班就盼望下班。在他们眼里，工作只不过是一种赚钱的方式而已。

第二种看待工作的视角是“职业导向”。这类员工认为自己的工作既有值得喜欢之处，也有讨厌之处，他们可能会向他人夸耀自己的工作，也可能不会，当然，他们也很期待假期。以职业为导向的人往往会将自己的工作视为获得美好事物的垫脚石，是赢得尊重、地位和更多金钱的方式。通常情况下，职位晋升、建立人脉、加薪、获得更多监管权限、更大的办公室、更近的停车位和社会地位的提高能够对这类人起到激励作用。例如，我们知道有位大学教授在获得诺贝尔奖后，学校给他预留了更好的停车位。对于一个以职业为导向的人来说，获得诺贝尔奖以及更好的停车位是其苦心做研究的目的，而研究过程中的快乐是次要的。

还有第三类人，他们以使命为导向。他们通常都很喜欢自己的工作。他们觉得自己的工作很重要，并为世界做出了贡献。日常工作会给他们带来兴奋和挑战，你可能会听到他们说出这样的话：“即使一分钱都挣不到，我也愿意做这项工作！”以使命为导向的人不是工作狂，他们只是充满激情，相信自己做的工作有意义。他们会享受假期，但他们再次回到工作岗位时也很开心。人们都喜欢这类人，比如前文中提到的那位精力充沛的老教授。表 5–1 总结了这三类职场人的特征。

表 5-1　三类工作导向

工作	职业	使命
休闲娱乐更重要	可能会享受工作	享受工作
受金钱激励	受晋升激励	受奉献精神激励

（续表）

工作	职业	使命
不会主动向外人宣扬自己的工作，除非不得已	可能会主动向外人宣扬自己的工作	会主动向外人宣扬自己的工作
每天盼着下班	经常想着放假	甚至在下班后还会想工作的事情
领导让干什么就干什么	会主动给领导留下好印象	真心想把工作做好，所以会把工作做好
会在金钱的激励下努力工作	会为了职位晋升而努力工作	因为觉得工作充满意义，所以努力工作

幸运的是，任何人都可以建立使命导向。使命并不是《财富》世界500强公司的首席执行官、大学教授或政府部长才有的东西。任何职业的人都可以找到自己的使命。例如，医院主任平均分布于以上三类工作导向，每一组约占总人数的1/3，医院清洁工的分布比例也是如此。下面，我们就来看看以使命为导向的清洁工是什么样的。

想象一下在一家大医院慢性病护理部当清洁工的情形。慢性病护理部为长期处于虚弱状态的病人提供护理服务。清洁工需要扫地，除尘，清空废纸篓。但是想象一下，如果清洁工做了一些额外的工作会怎样，比如更换掉病房里的照片，这样病人就能时不时看到一些新鲜玩意。也许这位清洁工认为，一点小小的改变就能给病房带来新的欢乐，或许某种程度上还能促进病人康复。没有人告诉这位清洁工要做出这些改变，即使她不这么做，她的绩效评估也不会受到任何影响。但是，她仍然想为病人的健康做出一点贡献。清洁工很清楚细菌在医院传播会带来何种风险，因此认真地把病房打扫得一尘不染。

如果我们采访一下这位清洁工，就会发现她坚信一点：她的工作可以为辛劳的护士减轻一些负担，同时也能让病人的心情更加愉悦，从而更快地恢复健康。清洁工看到了工作的价值感和目标感。由于她的帮助，护士们省下了更多时间用于医疗护理。清洁工并不认为自己的工作只是日常琐事，也不觉得自己的工作很卑微，而是认为自己的工作非常重要，所以总是全身心投入。这种心态为医院带来了益处，但也是她热爱工作的关键原因。

雷泽谢涅夫斯基认为，任何职业都有约 1/3 的人以使命为导向。因此，无论你是一名幼儿园教师、警长、公交车司机、金融分析师，还是当地的图书管理员，你都可以以一种积极向上的态度面对自己的工作。

如上所述，以使命为导向的人与其他两类人最重要的区别在于：他们参与了所谓的“工作塑造”。在这个过程中，他们会主动构建自己的工作内容，做分外之事，帮助其他同事，并主动寻找完成任务的更高效方式。以发型师为例，其基本工作是为客人洗发、剪发、染发、烫发和做造型。但你可能也见过这样的造型师，他们会将与客户的交流也视为重要的工作内容。对于这一行的许多从业者来说，与顾客聊天虽然不能让发型更漂亮，但仍然是客户服务的重要组成部分。

工作塑造者会主动在办公室里做出小小的改变，使工作与其更大的生活愿景保持一致。我们已经看到了很多这样的案例，比如一些代客泊车的服务人员，他们会建立一套颜色编码系统用于管理汽车钥匙，以简化同事们的工作；垃圾回收人员认为自己的工作有助于保持社区环境整洁干净；社工会为了维护民众的权益，甘愿穿梭于冗杂的政府系统；空乘人员保持友善，提供了很多职责范围之外的帮助；警察会停下脚步，与市民在街上交谈。以上例子都说明，一些微小的动作不仅可以让工作看起来更有意义，也能让自己在工作中收获更多快乐。

尽管有意义的工作令人觉得很有前景，但许多人对待工作投入非常谨慎。毕竟，对工作投入过多可能会造成生活的不平衡，万一变成了工作狂，岂不是会错过生活中的很多美好？的确，成功的人，特别是以使命为导向的职场人士，普遍都会更加努力地工作，也会在工作上投入更多时间。但是，一项发现可能会让你安心一些：在工作中最快乐的人，也是在家里最快乐的人。无论是准备一份具有挑战性的报告，还是推销货品，抑或是周六去踢球，再或是和孩子们骑自行车，那些最快乐的人在这些场景下情绪并没有显著区别。我们大多数人都必须去工作，所以很明显，积极面对工作才是明智的选择。这不仅对你的雇主有益，对你自己本身也有益。

快乐的员工就是好员工

花点时间，想想事业成功的要素是什么。你可能会列出这样一份清单：智力、良好的教育、勤奋、社交技能、社交关系、诚信、可靠性，以及工作能力。当然，具备这些品质的人会更容易得到晋升，赚更多的钱，成为优秀的职场人。每个雇主都希望招聘这样的员工来上班。试问谁不喜欢精力充沛、诚实、聪明、勤奋、掌握工作技能的员工呢？但大多数企业的首席执行官、主管和人事经理都不会考虑雇员是否快乐、积极和乐观。员工的快乐感也是提升员工工作表现的一项因素，这一点却经常被许多雇主忽视。

工作中的快乐可以带来一个好处，那就是快乐的员工能挣到更多的钱。在一项研究中，我们分析了快乐对成功的影响。但我们不想只得出“事业成功可以带来快乐感”这种浅显的发现；我们想探究明白快乐感对成功究竟有何影响。因此，我们在研究正式开始之前就建立了快乐感的测量方法。我们收集了 1976 年大学新生的快乐程度数据，然后在 20 世纪 90 年代调查了他们的收入，当时他们已经接近中年了。研究结果出乎意料，但清晰明确。最不快乐的受试者年收入约为 5 万美元，而最快乐的受试者年收入约为 6.5 万美元——其中相差约 30%。即使将一些复杂因素（比如职业和父母收入）考虑在内，我们的研究结果也表明，18 岁快乐程度更高的学生在年近不惑时收入水平更高。为什么会这样？可能是因为快乐的员工往往表现得更好，所以晋升和加薪的机会更多，随着时间的推移，收入越来越高。

快乐的员工真的会表现得更好吗？难道态度稍微积极一点就能让人效率更高、生产力更强吗？研究表明，主管人员和客户都给出了肯定的答案。在一项研究中，研究人员对受试者的快乐程度进行了评测，并在数年后调查了其主管对其工作的评价。研究发现，员工的快乐程度与主管给出的工作评价成正比，这表明积极的工作态度能让你得到老板的首肯。另一项针对工商管理硕士学生和企业员工的研究发现，快乐的学生和快乐的员工能做出更多有效的决策，并且获得老师和上级更高的工作评价，并最终获得更高的收入。

快乐还会转化为工作中的创造力。快乐的员工更擅长提出改进产品和服务的新创意，同时还会提出程序优化建议，帮助组织实现重要目标。一个研究小组曾对七家行业领军企业的雇员进行了研究，这些公司有的来自高科技行业，有的来自消费品行业。这些雇员的工作内容是策划新的家庭医疗保健产品以及开发新的商品销售跟踪系统。换句话说，他们的工作岗位对创造力的要求非常高。研究人员要求受试者记录每天的生活日常，并测量他们的情绪状态。

研究发现，在日志中使用较多积极词语以及情绪测量得分更高的雇员，在其同事眼中都具有更高的创造力。这些日志还反映出，员工们在快乐的日子里创造力最强。长期以来，人们一直认为创造力与快乐感息息相关，因为好心情让人的思路更加开阔，产生更多想法，这些都是创新的基础。实验室研究人员曾引导受试者进入愉悦状态，然后发现他们产生了更多的创意及发散性的点子。在工作中也同样如此。因此，快乐的员工可能更胜任对创造力要求较高的工作。谷歌和其他信息技术公司之所以取得成功，部分原因就在于他们并没有把员工的工作时间完全规定死，而是给了员工探索和试验的余地。不难想象，这些公司里最快乐的员工也必然是最具创造力的员工。

快乐的员工的另一个好处是，他们的工作稳定性较强，跳槽概率较其他人小得多。因为快乐的员工通常会更喜欢自己的工作和同事，所以不太可能因为对工作不满而跳槽。对公司而言，招聘和培训新员工的成本极其高昂，而且新员工的知识与技能往往比不上老员工。举个例子，一家公司如果要换掉一名高管，其成本甚至会超过 100 万美元。换句话说，员工的快乐可以为公司节省很多成本。

研究人员发现，工作中的快乐对于激发员工团队意识的积极作用尤为突出。团队意识会促使员工从事一些对同事和企业有益的活动，但这些活动并非在员工的职责范围之内，比如向同事伸出援手、推动团队发展，以及关注有待改进之处。缺乏团队意识的员工往往会请更多不必要的病假或在上班时间偷懒。快乐的员工基本上具有更强的团队意识，他们会准时上班，少请病假，经常帮助同事，而且通常与同事和主管相处更融洽。虽然工作满意度对生产力的影响有限，但团队意识带来的幸福感能够帮助企业节省成本，增加收入。随着这些微小的影响不断累积，企业就会逐步具备更强的竞争优势。

你是否喜欢自己的工作，部分取决于你对这份工作的态度。如果你将自己的工作视为不得不忍受的苦差事，你就会觉得度日如年。如果你将工作视为发挥自己才能，帮助他人，促进社会发展的机会，你可能会更喜欢自己的工作，还会做些分外之事，从而成为一个更出色的员工。不过，对待工作的态度只是影响工作积极性的部分因素，另外一部分因素是工作环境的好坏。

最佳工作场所

本书的两位作者都曾在盖洛普公司主办的会议上发表过演讲，盖洛普公司以其国内及国际民意调查业务而闻名遐迩。如果你想了解人们对某些事物的态度，找盖洛普就对了，它可谓调研界的奔驰。我们曾拜访过位于内布拉斯加州奥马哈市的盖洛普总部，并在他们位于华盛顿特区的豪华大楼里度过了一段时间。我们有幸在那次拜访时与许多盖洛普员工进行了交谈，并坦诚地谈论了他们的工作环境。我们惊讶地发现，大多数盖洛普员工对自己的工作充满激情。数据分析师会炫耀自己的工作是多么有意义，秘书会说自己从没想过换工作，管理人员则觉得自己在这里找到了生活中的使命感。为何其他公司的员工每天都会聚在饮水机前抱怨，而盖洛普的员工却如此喜欢自己的工作呢？简而言之，盖洛普提供了一个绝佳的工作场所。

工作不仅仅意味着完成分配给我们的具体任务，比如给学生授课、给汽车加油、写报告、制造电脑芯片，也意味着我们需要维护与主管和同事之间的关系，每天往返于家和公司之间，以及遵守公司政策，等等。每一项都会直接影响你对工作的满意度，同时间接影响你的整体幸福感。良好的工作环境是指，公司的政策能同时让员工个体和组织整体受益，并且在内部出现问题时有相应的应对机制。类似盖洛普这样的公司都实施了一些政策，以提升员工的幸福感，降低人员流动率，进而节约成本。例如，盖洛普公司内部有一项政策，旨在发掘每个员工的优势。事实上，每个新员工都需要接受“优势识别器”（Strengths Finder）

这一优势测量工具的检验，以确定自己能在工作中创造何种资源价值。从最基本的层面来看，盖洛普管理层十分信任员工，他们认为每个员工都是公司的主人，为每个员工提供了就餐补贴，办公室都是相同大小，首席执行官吉姆·克利夫顿平易近人，没有苛刻的病假规定，员工有需要的时候都可以休假。因此，盖洛普收获了一群尽职尽责的员工，他们喜欢自己的工作，与同事相处融洽，并且对公司忠诚度极高。

在传统的商业管理理念中，员工被视为博弈对象，盖洛普公司显然完全背离了这种理念。曾经，许多管理者将员工视为公司增长与盈利的障碍。那些老派管理者认为，员工都希望不用努力工作就能赚很多钱，所以不能完全信任。他们还认为员工们都很懒惰，一有机会就想偷懒不务正业。于是管理者就生出了这样的想法：如果你频繁检查督促员工，并给予足够的绩效激励，就能让他们努力工作。而现在的管理理念是，如果你赢得了员工的支持，激发出他们的工作热情，让他们把工作视为个人的挑战，那么他们就会投入全部精力，而不仅仅是完成工作要求。不幸的是，有太多企业仍然将传统的管理理念奉为圭臬。

盖洛普公司的员工政策细节未必适用于所有行业、所有规模的公司。但研究表明，仍然有一些通用指标可用于衡量工作环境的好坏。组织心理学家彼得·沃尔曾对员工个人的工作满意度进行了研究，总结出了能够调动员工积极性的工作环境。他认为以下因素对工作满意度至关重要。

自主管理的机会

我们都曾因荒谬的公司政策和苛刻的老板而倍感沮丧。喜剧电影《上班一条虫》和流行的连环漫画《呆伯特》都刻画了很多官僚作风泛滥、员工为毫无意义或干扰工作的规则所束缚的例子。例如，一些政策带来了很多不必要的文书工作，白白降低了工作效率。苛刻的规章制度让员工倍感沮丧，然而坏处不止如此。研究表明，在工作中丝毫感受不到主动权的员工比拥有一定主动权的员工健康状况更差。

对自己的工作有控制力，意味着能自主决定解决问题的最佳方案、运用各种技能并更好地预计结果。这种灵活性会让员工觉得工作不再只是例行公事，并从工作中获得更多成就感。尽管所有组织都需要一定的规范标准，但给予员工一定的工作自主权能够让他们更加投入。

涉及多种内容的工作

良好的工作环境意味着公司可以让员工参与各种各样的工作内容。让团队成员公开演讲、写报告、做销售、参加会议、进行研究，会让员工有更强的参与感，而不会觉得无聊。我们曾经拜访过一家西红柿加工厂，工人们排成一排站在水槽旁边，从眼前传送的西红柿中挑出散落的藤蔓和叶子。很难想象还有什么比长时间弯着腰挑拣藤蔓和叶子更无聊的工作了。为了消除无聊感，员工们可以在工作时听听音乐或者和同事聊聊天，但他们也可以选择在一天中轮换几种不同的工作内容。

与此形成鲜明对比的是市政警察的工作。警察往往会执行各种各样的任务，包括市内巡逻、出席新闻发布会、在学校做普法教育、抓捕罪犯、审问犯罪嫌疑人、为民众排忧解难，以及出庭。如果他们花费过多时间追捕罪犯，可能会觉得身心俱疲，而花费过多时间完成文书工作，可能会觉得无聊沮丧。相反，警察可以从多种工作内容中受益。幸运的是，越来越多的重复性机械化任务能由计算机完成，从而使得剩下的工作更具多样性。

支持员工的领导

喜剧电视剧《办公室》中描述了一位心胸狭窄的老板试图得到员工和高管的喜爱，却无视员工的权利和情感的故事。他会开一些不恰当的玩笑，干涉员工的私生活，让员工参加一些毫无用处的培训课程，四处炫耀，还在工作顺利推进的时候瞎掺和。你的领导可能就是这样的，或者你身边就有这样的领导。傲慢专横、刚愎自用或是咄咄逼人的老板会让工作的乐趣荡然无存。相反，优秀的领导平易近人，关心员工，并帮助员工更好地发展。

最优秀的管理者知道该给员工多少自由，也知道何时该督导员工工作。他们会及时表扬员工做得好的地方，也会定期反馈给员工有待提升之处。事实上，优秀的领导会关注员工的持续发展，也很乐意提供必要的工具和培训来帮助员工更好地完成工作。有一位支持员工工作的领导，也许最大的好处就是员工可以感到放松自在，从而更高效地工作。一位关心员工并能给予员工反馈的领导，是一个组织可以获得的最重要的资源之一。

尊重和地位

给予人们尊重和地位的工作及工作环境往往会让人产生自信心和自豪感。从某种程度上来说，这就是医生或法官这样的职业具有较大吸引力的原因。这两种职业不仅可以带来金钱上的回报，而且因为这两种职业受人尊崇，进而可以激发一个人的自信心。简而言之，这些工作会让人感到自豪。然而，在一些优秀的企业中，不只是社会地位较高的职业才具备尊崇感，这种尊崇感会延伸到所有的工作岗位，甚至是社会地位较低的工作岗位。当客户、同事和管理层都对你很友善时，你往往会觉得自己的工作是有价值的。良好的工作环境意味着每一个工作岗位都能获得尊重和较高的地位。

也许尊重员工的一个经典案例就是现在很流行的“月度优秀员工评选”。虽然这样的评选通常只是给你发张证书，把你的名字刻在一块牌匾上，或者把你的照片贴在收银机附近，以此表达对你的认可，但这些方法常常颇有成效。被表彰的员工会对自己的成就感到自豪，也会对自己的工作热情倍增。在工作中得到尊重最重要的方面是人际接触。老板的积极反馈、客户的赞扬，以及同事的尊重能极大地帮助员工保持快乐。事实上，盖洛普公司的专家建议，人们需要在工作环境中交到朋友，找到你所信任与珍视、能够给你提供意见、支持你，并且不吝赞扬你的同事。

优厚的薪酬和附加福利

为了让大众了解靠微薄的薪水度日有多么艰难，作家芭芭拉·艾伦瑞克亲身体验了一些低收入工作，比如在餐厅当服务员、在沃尔玛当售货员，并将这些经历写进了其著作《我在底层的生活》中。书中得出一个结论：仅凭一份最低工资，想要维持生计是很艰难的。例如，有些人把工作赚来的钱几乎都花在了工作制服、上下班通勤，以及饮食上。对我们大多数人来说，工作是为了挣钱，且薪水要超出工作相关的开销，至少在一定程度上的确如此。不管是哪种社会阶层的人，都需要负担食物、衣服、保险、交通、房租或房贷、儿童教育、医疗服务、娱乐，以及许多其他常规开销。

我们必须承认一点：好的公司会给员工支付体面的薪水。当然，这并不意味着每个人都能获得与职业运动员和影视明星相当的巨额收入。但是，这的确意味着人们应该获得一份合理的收入，以充分满足他们衣食住行的需求。此外，报酬还可延伸到各种福利，包括医疗保险、退休储蓄、假日派对、产假等。员工获得的福利越多，相当于薪水越高。但员工也需要承担责任，即学习各种技能，积累工作经验，以及提高工作效率，从而与雇主开出的远高于最低工资标准的薪水相称。

有些雇主认为，员工只关心到手的工资和福利。事实上，虽然每个员工都关心自己的薪水，都想多挣一点钱，但合理的工资和稳健的退休计划本身并不能使员工更快乐。许多员工，尤其是那些典型的中产阶级，他们更关心自己的工作是否具有挑战性、是否有意义，以及是否能用得上他们在大学学到的知识，相比之下，挣钱多少是次要的。如果这些条件能够得到满足，那么即使薪水和福利只达到平均水平，员工们也会对自己的工作非常满意。

明确的要求与相关信息

丽贝卡大学毕业后，应聘到休斯敦的一家大型石油公司做地质学家。公司为她提供了丰厚的薪水、带薪培训、环游世界的机会，以及一系列令人羡慕不已的福利。丽贝卡欣然接受了这份工作，然后搬到了得克萨斯州，不过很快，她就陷入了深深的抑郁。起初，她很难确定到底哪里出了问题。她的上司对她十分友善，她和工作小组的同事相处得也十分融洽，她很喜欢自己的新公寓，也喜欢这座新城市。尽管这些条件都不错，但每天早上 9 点到晚上 6 点之间，丽贝卡的内心还是无比煎熬。她开始害怕走进办公室。

出现这种状况的原因在于，公司并没有明确说明丽贝卡的工作目标是什么，她应该如何学习，或者需要在多长时间之内完成工作任务。上司让她向一位同事“学习”，但她不知道要学什么。当她询问上司时，上司试图安慰她：“别担心，到时候你就学会了。”讽刺的是，这让丽贝卡感到更加恐慌。丽贝卡想要的只不过是一套清晰的指令，知道该在什么时间内完成哪些工作任务。

事实上，明确的目标以及完成目标的方式和时间，是我们每个人都需要的。提升幸福感的工作环境应有相应的规章制度和管理人员来给出明确的工作安排。如果一家公司能够给出清晰的工作描述、组织易于学习的培训、制定易于理解的成功标准，就更有可能培养出满意度较高的员工，员工流失率也更低。那些结构过于松散、工作任务时间过于灵活的企业，往往会使员工产生焦虑感，总体上不会有太大的发展前景。

工作中最大的压力莫过于承担了太多责任，或者不知该如何完成任务。在盖洛普公司，管理层希望确保员工都在适合自己的工作岗位上，进而在工作中发挥自己最大的优势。公司的招聘环节包括面试和评估，旨在确定员工与他们接下来即将承担的工作任务之间是否匹配。相比之下，有些公司认为员工本质上是可以随意调换的，于是把员工从一个工作岗位调到另一个工作岗位，从一间办公室调到另一间办公室。但是，就像盖洛普公司那样，重视每一位员工，赋予每个个体发挥独特才能的空间，企业就可以让员工收获成就感，并享受自己的工作时光。

想想你自己的工作环境，问问自己，在过去的一年里，你是否有机会在工作岗位上大放光彩？你是否能够运用自己的独特优势来解决问题，并因此得到褒奖？如果是，这份工作可能很适合你。此外，还要想想你是否有学习和成长的机会。在工作中是否遇到了让人跃跃欲试的新挑战，或者是否学到了有用的新技能？如果你的工作不是一潭死水，并且有机会调动个人资源、发挥自己的聪明才智来完成明确的工作任务，那么你很可能会喜欢自己的工作，并且不打算跳槽。最快乐的员工能够在每天的工作中发挥自己的独特优势。

工作满意度是高还是低不仅仅是运气问题。通过对良好的工作岗位和工作环境之间的共同点进行分析，我们可以明确提升工作满意度的影响因素，这反过来又会为员工和公司带来更多益处。因此，如果员工了解自己的工作，能够在工作中利用自己的独特技能，获得积极反馈，看到自己的工作意义所在，在工作中获得社会支持，并拥有完成工作所必备的生产工具，那么他们往往会更快乐，工作满意度也往往更高。

胜任工作及迎接挑战

关于快乐的益处，我们已经介绍了快乐的员工和快乐的工作环境所能起到的作用，但是工作本身又如何呢？会不会有些工作更有可能提升快乐感，有些工作却会降低快乐感？这样的质疑是有道理的。在军队服役会让人感到充满意义，还是会令人倍感压力呢？拳击手、会计、牙医、性工作者或珍珠采集工人等职业又会给人带来怎样的感受呢？当然，如果我们能确定自己选择的工作一定能带来快乐，那么生活就会简单得多。然而，在现实生活中，这个问题却更为复杂。

所幸的是，许多工作的确能提升幸福感。当你选择职业时，不妨先看看别人是怎么选择职业的。从事某些职业的人往往会表现出较高的满意度，而从事另一些职业的人则不然。不同职业所带来的快乐程度，在某种程度上与从事该职业所需的教育程度有关。一般而言，对从业者的学习能力和学历要求更高的职业，其从业者往往满意度更高。不要在学习上糊弄自己。工作满意度最高的职业包括神职人员、教育家、工程师、画家、公司主管、心理学家，以及金融行业从业者。平均而言，工作满意度最低的职业包括服务员、建筑工人、收银员、屠夫，以及调酒师。然而，我们不能确定的是，工作满意度之所以参差不齐，究竟是因为不同职业一开始吸引的从业者本身就有所差异，还是因为工资造成的，抑或是因为工作性质造成的。无论如何，你都应该掌握必备的技能，做好准备去迎接一份有意义的工作。

还记得那些以使命感为导向并主动参与工作塑造的人吗？

研究表明，无论是秘书还是护士、导游，在任何类型的工作岗位上都可以找到使命感。问题的关键并不在于任何工作的具体职责，而在于一个人与其工作的匹配程度以及对工作的投入程度。税务审计员或美国国家航空航天局地面指挥中心专员需要面对大量的工作细节，因此需要具备特定的性格，就像导游这种经常与人打交道的职业要求从业者具备外向性格一样。显然，并不是所有类型的工作都适合每个人。从某种程度上来说，找一份能让你感到快乐的工作，就是要找一份适合你的工作，一份你感兴趣的工作，一份能让你充分发挥才能的工作，一份你觉得充满意义的工作。

工作的挑战性是提升幸福感的另一大因素。每个人都喜欢迎接挑战，但适度的挑战才是我们应该追求的目标。如果挑战性过高，你就会感到焦虑。如果挑战性过低，你就会感到无聊。想象这样一个场景，如果现在要你独自管理这个世界，这项繁重的任务很快会让你泄气。如果让你整天做花生酱和果冻三明治，你很快就会对这份过于简单的工作不耐烦。但当我们面临的挑战处于最佳程度时，也就是说，当你的能力水平与挑战相匹配时，你就会进入一种“心流”状态。心流状态对于我们每个人而言都不陌生，这是一种幸福感极强的状态。在这种状态下，你会全身心投入到工作中，连时间的流逝都感受不到。运动员们常说的“进入状态”，指的就是心流状态。

心理学家米哈里·契克森米哈赖对心流状态进行了长达30年的研究。契克森米哈赖曾是登山运动员和棋手，过往的个人经历使他对心流产生了兴趣。巧的是，在攀岩运动和国际象棋中，都有正式的针对参与者的能力评分系统。契克森米哈赖发现，当个人能力和挑战完全匹配时，也就是棋逢对手或山峰的攀登难度恰好适度时，人们就会进入心流状态。契克森米哈赖的研究证实了自己的观察结果，他画了一张简单的图来描述这种令人愉悦的状态（见图 5–1）。

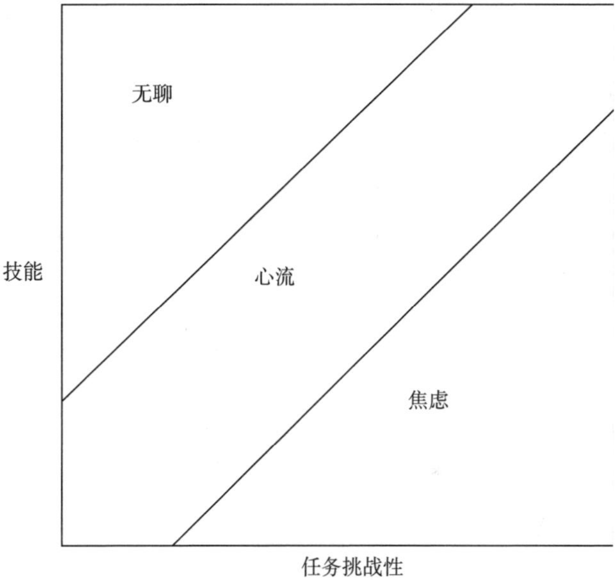

图 5–1　心流：当任务挑战性与技能相匹配时人们所处的状态

资料来源：Csikszentmihalyi（1990）。

当个人技能与正在从事的活动挑战性相匹配时，心流状态就会出现，特别是当技能和挑战性均较高时，心流状态带给人的益处会更多。回想一下教孩子开车时偶尔会遇到的惊险场景。刚开始遇到这种场景的时候，你可能会感到恐惧、沮丧，还会说气话。对于绝大多数青少年来说，刚开始学习驾驶时，挑战难度过高，因为他们掌握的驾驶技能太少，或者根本没有驾驶技能。但是经过一段时间的练习之后，这些新手司机就会开始熟悉转弯、打转向灯、踩刹车，以及踩油门。事实上，他们会熟练掌握这些基本操作，如果你继续让他们在停车场的安全范围内练习开车，他们就会感到不耐烦。随着能力得到提升，他们已经准备好迎接更高难度的挑战。此时，提升挑战难度的最佳方式就是，非高峰时段，让他们在僻静的住宅街道或主干道上练习驾驶。不过，随着新手司机通过这些新的测试，他们又做好了迎接更高难度挑战的准备，比如在车流量较大的高速公路上行驶，在雨雪天气里行驶，或者开车穿越山区。只要一个人面临的挑战和他应对该挑战所需要的技能相匹配，他就会进入心流状态。

当工作的挑战性与人的技能相匹配时，人们就有可能完全专注于该项工作，全身心投入，以至于忘记时间，忽略世界上的其他事物。我们都希望自己在工作中进入这种愉悦的状态。在大多数情况下，追求心流状态意味着了解你自己的才能，然后寻找运用这些才能的机会，随着你的技能越来越精湛，你就能承担挑战性更高的任务。你还需要理解一个现实：心流状态是不可能一直存续的。

那些最擅长进入心流状态的人，总是能在工作中找到新的成长机会。他们渴望挑战，渴望学习，渴望成长，而且通常不喜欢“不费吹灰之力”就能完成工作的感觉。例如，丽莎是丹佛市一家社区门诊的前台，她很快就掌握了工作所需的计算机程序。在工作的第一个月里，丽莎不仅证明了自己足以胜任这份工作，而且把工作完成得极为出色。她喜欢与人交流，很享受准确输入数据的过程，也相信自己的工作是有价值的。不过，丽莎也意识到，如果自己在工作中没有得到成长，很快就会厌倦这份工作。因此，丽莎并没有在取得了现有的成绩之后就止步不前，而是要求参加更高级、更具挑战性的计算机程序培训。很快，她就学会了使用更复杂的计算机程序，重新整理了办公室的电子文档，使数据比以往更容易查阅和使用，用户体验也更友好。同事们都很欣赏丽莎做出的这一改变，而新的挑战则让丽莎更加忘我地投入到工作当中。

小结

虽然人们早就明白，工作可以带来快乐，但我们现在知道了，快乐反过来也会提升工作效率。工作中的快乐源于多个方面。首先，找到一份适合你的工作很重要。这意味着，这份工作需要具有适度的挑战性，与你的个性相匹配，让你感兴趣，也觉得有意义。不要只关心工资水平而忽略了你自己的兴趣和能力。你应该找一份每天都能充分发挥自己特长的工作。其次，最好进入一家能提升工作幸福感的公司。这意味着，要有快乐的领导、体面的薪酬、明确的工作要求，以及地位和尊重。这两个条件（也就是拥有一份好工作和良好的工作环境）可以提升你的意义感和满足感。

但硬币的另一面是什么？幸福感又会给工作带来哪些益处？研究表明，积极的心态有助于取得一系列工作成就。一般而言，快乐的员工赚的钱更多，有更多的晋升机会，收获更高的领导评价，工作表现也更佳。为什么会这样？首先，快乐的人更善于交际，因此客户、同事和领导会被他们热情、友好的态度感染。其次，快乐的人往往精力更加充沛，也更热情，工作往往更努力，也更自信。

快乐的人很少受到个人问题的困扰，比如夫妻不和或者酗酒问题。快乐的员工往往比同龄人更有创造力，因此善于产生创意和解决问题。最后，快乐的员工更健康，因此出勤率会更高，工作状态也更好。综上所述，这些益处为他们在工作中的成功铺平了道路，从而使他们赚到更多的钱，交到更多的朋友，获得更多的晋升机会，最终收获更多的快乐。这对于员工和公司而言是双赢。

对于正在找工作的读者而言，本章内容颇具参考价值。你不仅应该关注工资、工作地点和工作时间，还应该关注让员工保持快乐的因素。这份工作能让你每天都发挥自己的优势吗？领导们能否在工作中给予支持？对于管理者来说，本章内容也有明确的借鉴意义，那就是给予员工支持和积极反馈，同时告知员工可以改进之处；把不同性格和能力的员工安排到与之相符的岗位上；告诉员工应该遵循哪些规则，并提供给员工完成工作所需的资源，同时在完成工作目标的过程中对细节加以把控。

当雇主对求职者进行评估时，那些更快乐、更知足的人所拥有的积极向上的品质往往会成为应聘时雇主考虑的另一个因素。对于组织来说，本章内容的意义也很清楚——员工感到快乐、保持较高满意度很重要。这不仅能提高生产力，而且也有助于降低员工流失率。也许最重要的是，满意度较高的员工会感染身边的人，从而让整个组织受益。当然，快乐的工作并不意味着员工不应该接受挑战或承受压力。挑战和激励甚至有助于人们享受工作中的快乐。如果一家现代化的公司能够培养出拥有使命感、忠诚度较高的员工，就能拥有超越竞争对手的明显优势。

尽管每个人各不相同，但大多数人对于工作的偏好具有一些共同特征——工作内容的多样性，使用复杂技能的能力，获得对自己工作的反馈，以及感受到自己工作的意义。几乎没有人喜欢一成不变、简单乏味或没什么意义的工作。值得注意的是，复杂、具有挑战性、有趣且有意义的工作，恰恰也是薪水更高的工作。事实上，复杂工作和简单、重复性工作之间的薪酬差距正在扩大。因此，为了获得一份更满意的工作，最重要的途径就是学习更多的知识，或者让自己具备从事更具挑战性工作的能力。这会达到一石二鸟的效果——你将同时收获更丰厚的薪水和更喜欢的工作。

最后，我们有必要对想要快乐工作的读者强调一点——工作的乐趣在于你自己的态度和行为。既然大多数成年人都必须工作，为什么不热爱你的工作，或者换一份更好的工作呢？如果你想热爱你的工作，那就学学那些在工作岗位上以使命感为导向的人，调整自己的态度吧。投身于自己最擅长的工作，帮助你的公司创造价值，向其他同事伸出援手，而不能仅仅停留在工作的最低要求上。在工作中肯定他人，并对他人保持积极的态度。最后，请记住，亚里士多德把幸福定义为对卓越的追求。如果专注于自己的工作，精益求精，你一定会成为一名更优秀的员工。思考一下，该用怎样的方式完成工作，才能让自己在这份岗位上更加得心应手？在职责范围内，你可以多做或少做哪些事来提升自己的工作效率？你能在哪些方面帮到同事？想明白这些问题的答案，你最终就能够真正享受工作的快乐。

许多人认为自己的工作又苦又累，而休闲活动则充满乐趣。但仔细想想，有些活动对于一些人而言是工作，对于另一些人而言却是业余爱好。NBA（美国职业篮球联赛）球员的工作，恰恰是我们大部分人的业余爱好——打篮球和看球赛。农民的工作，恰恰是那些喜欢园艺之人的业余爱好。水管工的本职工作是修理管道，而有些人却喜欢闲暇时在自己家里鼓捣水管，乐此不疲。工作和业余休闲之间的界限并没有那么明确。厨师以烹饪为本职工作，而其他人只是为了享受烹饪的乐趣。我们家有一位家庭成员觉得，没有什么比拖地后看到一尘不染的地板更令她欣喜了——她把清扫除尘当成了一种休闲活动。旅行是很多人的度假方式，但这却是旅行作家的工作。因此，不要把工作视为一种义务，而是要看到工作除了辛勤劳作还有值得享受的一面。我们将来可能会发明出机器人，取代我们完成所有的工作。然而，届时我们仍然会延续现在正从事的许多活动，以此作为休闲方式。因此，如果你不喜欢自己的工作，也许你应该换份工作，或者改变你对工作的态度。

作为生活的重要组成部分，人们喜欢还是讨厌自己的工作，会对他们心理财富的增减产生影响。因为大多数人成年后都需要花费大量时间工作，所以我们必须学会享受工作并从中收获充实，这对于积累心理财富至关重要。工作必定会给你带来财务回报，但能否从工作中同时收获心理财富，却取决于你自己。

第　三　部　分

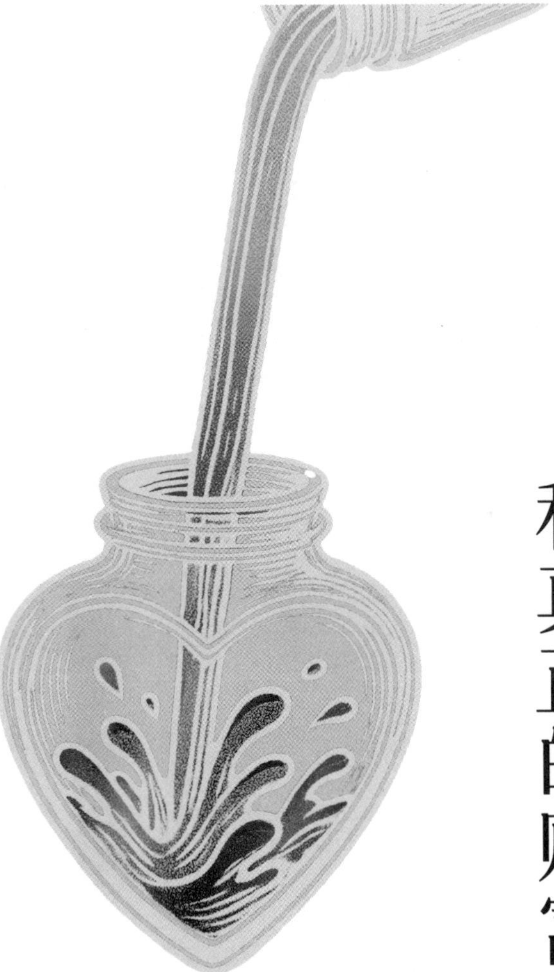

幸福的原因和真正的财富

第6章

钱能买到幸福吗?

最近，一家著名新闻杂志的记者通过电子邮件联系我们，询问了一个几世纪以来人们一直感兴趣的问题：金钱能买到幸福吗？他告诉我们，科学家们并不喜欢正面回答这个问题，他们总是给出一些弯弯绕绕的答案，再附上一大堆免责声明。尽管如此，他还是想得到一个简单的回答——能，还是不能。在“金钱能买到幸福吗”这个问题后，他还附上了一句话：“请立即回复。”我们想了想他的问题，然后删掉了他的电子邮件。这个问题如同要求用“是或不是”来回答“中国菜比墨西哥菜好吃吗”一样。

在现实世界中，许多过程都会影响我们所关心的结果，对于“金钱能买到幸福吗”这一问题，人们迫切想知道答案，但答案却比简单的“是”或“否”要复杂得多。如果答案这么简单，人们根本就不会问这个问题，我们所有人都能轻而易举地得到答案。然而，既然这位记者友善地提出这个问题，希望我们尽可能简单地给出回答，那么我们的答案是：“是的，金钱能买到幸福，但有些情况例外，而且这些例外很重要。”

当你思考金钱和幸福的关系时，你可能会想到所有金钱能买到的东西——漂亮的房子和汽车，愉快的假期，以及为你的孩子提供良好的教育。如果我们有更多的钱，就可以享受到更好的医疗服务，退休生活也会更加舒适。富人还往往会获得一些无形资产，比如社会地位。因此，我们似乎很自然地认为，富人会比其他人更幸福。但金钱只是心理财富的一部分，所以现实情况并非如此简单。富人为了赚钱，可能会牺牲其他类型的财富，在财富积累的过程中还会不时产生消极态度。金钱的确可以帮助人们积累心理财富，但我们必须站在更宏观的角度去思考，使人们真正富有的因素究竟是什么。

金钱对于幸福的影响这一问题，也许是幸福研究史上人们谈论最多、最具争议性的问题之一。一些人坚持认为，郊区的富人区只不过是那些欲壑难填之人的聚集地，而另一些人则总是嗤笑穷人的生活中只有悲惨。那么，金钱对心理财富究竟有怎样的影响，其相关研究的结果是什么？金钱是必需品，还是祸根呢？

金钱是世界运转的动力

“金钱能买到幸福吗”这一问题如今风靡全球，因为今天的富人数量之多史无前例。过去，财富的掌控者主要是拥有贵族血统的达官显贵，或是手握重兵的军阀将相。然而，今天，财富离普通人越来越近。报纸和杂志上总能看到这样的故事：从小镇走出的孩子长大后成为富有的电影明星、音乐家、电视名人、职业运动员、政治家、企业主、畅销书小说家，或者中了彩票。

百万富翁的数量正在迅速增加，仅在美国就有超过 800 多万人。然而，贫困仍然与我们如影随形，在经济实力最强的那些国家，贫富差距正在扩大。即使在富裕的西方国家，无家可归和经济边缘化也是亟待解决的问题。随着贫富差距日益扩大，我们有必要明确，富人和穷人这两个经济群体，哪个幸福感更高?

富人的幸福程度

在 20 世纪 80 年代中期，埃德对幸福的研究开始取得较大突破，他决定从研究超级富豪的幸福感入手，以此来探究金钱与幸福感的关系。他向 100 名美国富豪发送了调查问卷，这些富豪均来自《福布斯》富豪榜，他们当时的个人净资产甚至超过 1.25 亿美元。这些人拥有飞机、私人岛屿，名下还有大型公司。令人惊讶的是，这些经济巨鳄并没有因为事务繁忙而忽视这份幸福感调查问卷，其中 49 人填完并寄回了问卷。有些富豪甚至在寄回问卷后给埃德打了电话。现在，在我们揭晓答案之前，先来猜猜调查结果吧。这些巨富究竟是幸福感极高，还是充满焦虑和不满呢?

结果显示，回复问卷的 49 名富人中，有 47 人都对自己的生活感到很满意，与来自同一地区对照样本的平均生活满意度相比，这一结果明显高出许多。但是，参与这项研究的富人们表示，给他们带来幸福的并不是金钱。这些名列《福布斯》富豪榜的大亨并不认为度假别墅、游泳池或名牌时装是其幸福感的主要来源。

相反，他们提到的因素与金钱并没有太大关系：融洽的家庭关系，为世界发展做出自己的贡献，工作中的满足感、自豪感和成就感。这些位列《福布斯》富豪榜的大亨并不会每天都欣喜若狂，其对生活的满意度只是比普通人略高一点。

金钱可以提升幸福感这一现象并不只体现在那些拥有私人飞机和奢华豪宅的富翁身上。针对德国普通市民的调查数据也显示出了大致相同的趋势。我们的同事理查德·卢卡斯和乌尔里希·希马克对大量德国人的幸福数据进行了多年研究，发现人们的生活满意度会随着收入的增加而提升。图 6–1 显示了这项研究中人们的生活满意度分布情况，最低分为 1，最高分为 10。我们在过去的研究中发现，一旦一个人的收入达到中产阶级水平，即使收入继续增长，幸福感也几乎不会再提升。然而，卢卡斯和希马克的研究并不能验证这一趋势。年收入 8 万美元的人的满意度较年收入 6 万美元的人更高，而年收入超过 20 万美元的人的满意度显著高于中产阶级。

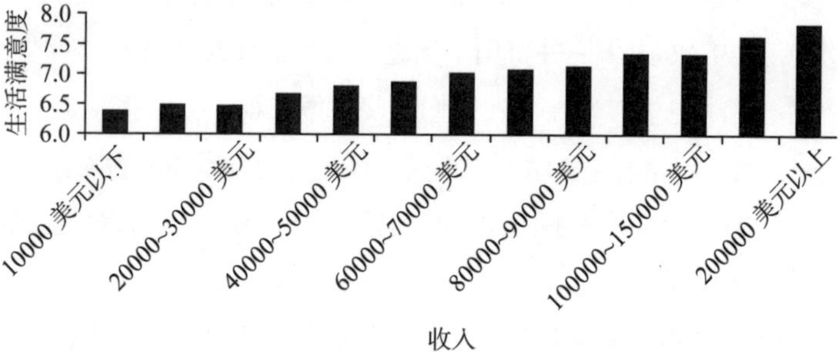

图 6–1　生活满意度与收入之间的关系

资料来源：Causes of Happiness and Genuine Wealth.

富裕国家的幸福程度

我们稍后将会阐述各国的幸福状况（见第 8 章），我们会看到生活满意度最高的国家都是富裕国家，比如爱尔兰和丹麦，而幸福感最低的国家大都是极其贫穷的国家，比如塞拉利昂和多哥。事实上，国家富裕程度是预估人们的生活满意度的重要指标之一，甚至是最重要的指标。

图 6–2 所示的是国家财富与“生活质量阶梯”之间的关系，生活质量阶梯得分源自盖洛普公司于 2006 年开展的世界调查。调查要求受访者描述自己当前处在生活质量阶梯的哪个位置。最低分为 0，代表人们想象当中最糟糕的生活状态；最高分为 10，代表人们想象当中最佳的生活状态。可以看出，个别比较贫穷的国家，其公民的生活质量阶梯得分较高。但在所有的极度贫困的国家，公民的生活质量都处于阶梯低处，而大部分富裕国家的公民都位于阶梯高处。在平均年收入低于 2000 美元的国家当中，公民的生活满意度普遍低于平均年收入超过 2 万美元的国家公民。你如果了解统计学，就能算出收入和幸福感之间的皮尔逊相关系数是 0.82，这几乎是幸福相关的所有研究中相关性最高的指标了。换句话说，一般而言，富裕国家的公民其满意度较高，而极度贫困的国家的公民往往满意度很低。在图 6–2 中，金钱和生活满意度之间的相关性并不是一条完美的直线，这充分表明了，尽管金钱很重要，但国民的幸福感也会受到其他因素的影响，我们将在后续内容中讲到这一点。

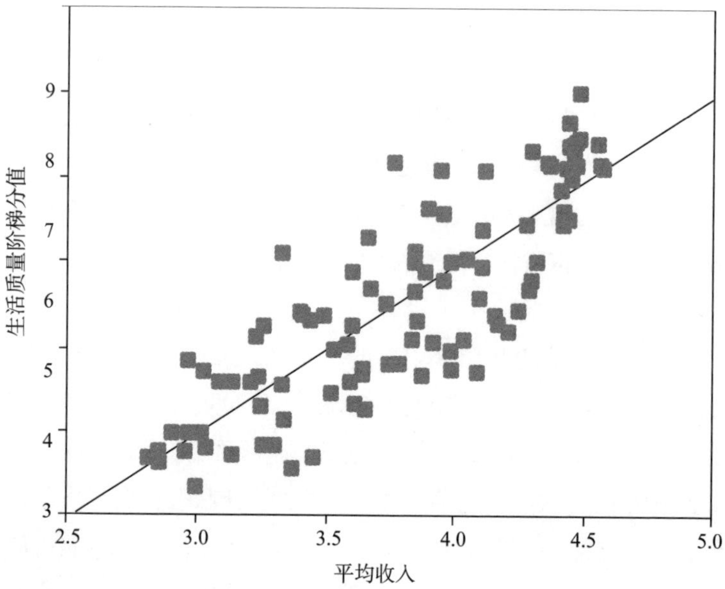

图 6–2　国家财富与盖洛普公司于 2006 年开展的世界调查中的“生活质量阶梯”得分之间的关系：该调查要求受访者描述当前自身处于阶梯的哪个位置

天降横财者

富人相较于穷人幸福感更高，富裕国家相较于贫困国家也是如此——这一点是可以肯定的。不过，可以用另一种方式来研究金钱对幸福感的影响，比如研究那些幸运的彩票中奖者的幸福程度。很多人都听说过天降横财给人生带来灾难的可怕故事。但与此同时，我们大多数人都对买彩票中大奖抱有幻想，几乎没有人会拒绝丰厚奖金的诱惑。研究彩票是一件很有意思的事，因为中奖者是从众多购买彩票者当中随机选出的，所以科学家可以确定财富与幸福之间的因果关系，到底是财富带来幸福，还是幸福带来财富。我们将中奖者的幸福感与非中奖者进行对比时，就如同在实验室中对比随机分组的实验对象一样，别无二致。

彩票中大奖的人常常会被新闻大肆报道，起初，新闻会报道他们中大奖的消息，过不了多久，新闻就会报道他们的生活变得一团糟。以广为人知的薇芙·尼科尔森的故事为例。1961 年，英国卡斯尔福德镇的薇芙·尼科尔森一夜暴富。她成为当时英国最大的彩票奖池赢家，奖金总计相当于今天的约 300 万英镑（约 600 万美元）。你可以想象，尼科尔森很兴奋。她逢人便说自己要"花钱，花钱，再花钱"，有人甚至以尼科尔森为原型创作了一部音乐剧，而"花钱，花钱，再花钱"这句话成为这部音乐剧的经典台词。许多英国读者知道后续的悲惨故事，很多人也料到了这一点。尼科尔森很难适应一夜暴富后的新环境，与朋友们也越来越疏远。1999 年，在英国报纸《独立报》上刊载的一篇文章里，尼科尔森回忆起了那段时光："就连我的老朋友也离开了我。他们不想被别人说是因为我有钱才和我在一起的。"她的生活变得只剩下酗酒和购物狂欢，最后，尼科尔森陷入了财务困境。她曾一度逃到马耳他，但因袭警而被驱逐出境。尼科尔森后来申请了破产，结过五次婚（其中一段婚姻只维持了 13 周），最终沦落为一名脱衣舞娘，而且嗜酒成性。

但故事并没有就此结束。薇芙·尼科尔森从宗教信仰中找到了慰藉，成为一名耶和华见证会的积极分子，并且开始了一段更健康的新生活。在《独立报》刊载的那篇文章中，尼科尔森描述了自己的最新状况：“我对自己的命运非常满意。我是个快乐的人。在任何情况下，我都感到快乐。你不是必须有钱才能感到快乐。”无论是吸取了人生教训也好，还是被宗教赋予了新的意义也好，尼科尔森看上去过上了更加充实的生活。

尼科尔森一波三折的故事说明，个别案例可能还不足以证明金钱与幸福的关系。有人认为，中彩票给她的生活带来了悲伤；也有人认为，中彩票最终让她懂得了知足常乐。也许我们可以看看另一个中奖者的故事。2002 年，美国人杰克·惠特克赢得了劲球彩票 3.14 亿美元大奖，他成立了一个慈善基金，希望为社会做出一些积极贡献。后来，杰克把大把大把的钞票给了自己的孙女，结果，孙女死于吸毒过量，他自己也因开空头支票被一家赌场告上法庭。和薇芙一样，中彩票似乎也没能为杰克带来幸福。在之后的两年里，杰克因酒驾先后两次被捕，遭遇多次入室盗窃，与妻子疏远，因袭击他人而被捕，最终不得不关闭他的基金会。问题是，这些耸人听闻的故事也许并不能代表彩票中奖者的一般情况，因为只有这些彩票中奖者的生活变得一团糟，媒体才会发现他们有新闻价值，进而报道出来。如果彩票中奖者就此幸福地生活下去，我们可能永远也不会知道。那么，针对彩票中奖者的科学研究结果如何？彩票中奖者究竟是普遍过着悲惨的生活，还是普遍更快乐，而以上两个故事的主人公只是例外？好在，已经有研究人员针对这个令人好奇的群体进行了几项研究。

在伊利诺伊州进行的一项研究中，赢得彩票中等奖项（奖金额度平均约40万美元）的受试者其幸福程度略高于对照组的受试者，但两者之间的差异非常小，不具备统计学意义。人们经常引用这项研究来说明金钱无益于幸福。然而，在一项有关彩票更加细致的研究中，社会学家斯蒂芬·史密斯和彼得·拉泽尔发现，在英国，买彩票中过大奖的人比一般人更快乐。在这项研究中，受试者购买的是足球彩票，他们需要预测当周足球比赛的胜出队伍，然后押注。在接受采访时，中奖者们有时也会提到金钱带来的烦恼，比如会因此失去一些老朋友。但整体而言，中奖者的幸福感要高于那些买过彩票但没有中过奖的人群。

经济学家乔纳森·加德纳和安德鲁·奥斯瓦尔德进行的另外两项研究得出了同样的结论：获得一小笔或中等额度意外之财的人显然更快乐，而且这种影响会随着时间的推移而持续存在。加德纳和奥斯瓦尔德在其研究中收集了数千人的数据，在几年时间里对这些人进行了数次访问。研究人员标记出了在研究过程中中彩票的受试者，将其与群体中的其他人区分开来。通过对数据进行分析，加德纳和奥斯瓦尔德发现，在中彩票之后的两年内，中奖者自述不快乐的情形较中奖前要少。在另一项研究中，加德纳和奥斯瓦尔德发现，那些继承了大量财富的人，其幸福感得到了显著提升。

某些情况下，金钱并不等于幸福

尽管个别情况下金钱会给人带来伤害，但千万富翁和彩票中奖者的相关研究数据，以及富人与穷人生活满意度对比研究都表明，一般而言，金钱对于幸福感很重要，为什么还会有人对此表示质疑呢？这是因为，也有一些研究得出了不同结论。首先，一些来自贫穷国家的人的幸福度也很高，至少不会感到不幸福。另一方面，对物质和服务日益增长的欲望在某种程度上会抵消收入增加所带来的影响。最后，我们都知道，物质主义会损害幸福。我们将介绍一些证明金钱并不总能带来幸福的研究发现，并探索金钱的益处以及为了获得金钱所要付出的代价，并解释为什么金钱有时会带来幸福，而有时却不能。

欢乐之城：世界上最贫穷公民的幸福

富人和彩票中奖者的抽样数据向我们描绘了金钱对于生活满意度的积极影响。那天平的另一端又是怎样的场景？无家可归之人和挣扎在温饱线上的人对自己的生活满意吗？还是说，他们注定要面临心理上的贫困？我们抽样筛选了一部分全世界最贫穷的公民进行了研究，这些研究可谓是我们做过的最有意思的研究了。2000 年，本书作者之一罗伯特前往加尔各答，去调查极度贫困人群的幸福水平。加尔各答这座城市风景优美，却因人口贫困、城市拥堵和噪声污染而声名狼藉。据统计，加尔各答有 1500 万居民，其中有 10 多万名儿童无家可归，将近半数居民生活在贫困线以下。极端贫困的景象令许多来此旅行的游客瞠目结舌，有些外国人甚至会情不自禁地在街上哭起来。另一方面，加尔各答以鼓舞人心的英雄主义而闻名。圣洁的特蕾莎修女终身致力于照顾穷苦与垂死之人，她认为，生活中的每个角落都存在有价值的事物，无论这些事物多么卑微。在多米尼克·拉皮埃尔的著名小说《欢乐城》中，主人公虽然居住在贫民窟，却依然勇敢地与贫困做抗争。

罗伯特在印度收集数据时，曾与加尔各答露宿街头之人交谈。他曾拜访过生活在简易棚屋之中的人，也曾到访过黑黢黢的没有窗户的厨房，在煤油味的包裹下与女主人交谈。他向性工作者、茶贩、人力车夫和麻风病人询问他们的幸福感。他听说过有人会捡拾硬纸板碎片来烧火做饭，也听说了不少警察找碴儿的故事。不难想象，这些人的生活过得很艰辛。然而，数据显示，他们的生活满意度基本上分布于略微消极和略微积极之间。显然，"穷并快乐着"这种浪漫的说法并不能用来形容他们，但穷人对于生活的态度也并非我们想象中那样完全悲观。

我们抽样调查了三组不同地区流浪者的生活满意度，得到了类似的结论。这三组样本中，一组来自加尔各答，一组来自美国加利福尼亚州的弗雷斯诺市，最后一组来自美国俄勒冈州波特兰市的"尊严村"（Dignity Village）——一个流浪者帐篷营地。我们收集了这些地区男性和女性的幸福数据，发现美国的两个地区的样本普遍对自己的生活略有不满，而印度地区的样本则普遍比较满意。当我们问及对食物、健康、智力和朋友等生活中具体方面的满意度时，我们同样发现，他们的满意度也存在差异。这些研究成果既向我们展示了新的事实，同时也给了我们一个保持乐观的理由。简而言之，这项研究表明，总体而言，极端贫困会对幸福产生负面影响，但是，一部分很贫穷的人实际上对生活是比较满意的，甚至极度贫困之人一般也不会因此陷入抑郁。

这就让我们回到了这个问题："金钱能买到幸福吗？"为什么许多富人并不是非常快乐，而有些穷人却很快乐呢？部分原因在于，除了金钱，还有很多影响幸福感的因素，比如乐观的天性以及亲友的支持。也就是说，尽管这些人没有太多金钱财富，但是他们可能拥有很多其他心理财富。那么，为什么有些富人会不快乐呢？因为，如果人们不小心忽略了影响幸福的其他因素，就会抵消金钱给幸福带来的积极影响。

什么都想要：欲望与幸福

金钱远远不只是一定额度的法定货币。财富在一定程度上取决于你的欲望。你对薪水是否满意，就像你对生活是否满意一样，取决于你的个人看法。我们有一位朋友，长期在野外探险。他住在一个简陋的小木屋里，大部分时间都在户外，每年开销大概只有 5000 美元。与他形成鲜明对比的是，我们的另一位朋友曾经一夜豪掷 3 万美元住豪华酒店。显然，这两位朋友对于金钱和舒适的理解截然不同。为了更好地理解金钱对于幸福的积极和消极影响，以及为什么它会在不同的人身上体现出不同的特点，我们有必要考虑欲望这一因素。我们通过下面这个案例进行分析。

我们认识两对年轻的夫妇，这两对夫妇都是大学教授。我们姑且将第一对夫妇唤作约翰逊夫妇，他们年收入为 9 万美元，而另一对夫妇——汤普森夫妇，年收入为 20 万美元。约翰逊夫妇对自己的收入很满意，他们觉得这足以满足自己的生活需要。但更加富有的汤普森夫妇虽然收入是约翰逊夫妇的两倍有余，却时常感到资金紧张，夫妻之间经常为财务问题争吵。原因在于，汤普森夫妇想要更昂贵的奢侈品和奢侈体验，所以觉得自己很缺钱。

这一案例完美印证了心理学家温迪·约翰逊和罗伯特·克鲁格的研究结果。研究人员对双胞胎的收入和幸福水平进行了调查，这意味着他们可以排除基因差异，这种烦人的因素经常会干扰对幸福的研究。他们的研究发现出乎意料：一个人对自己的收入是否满意，与其收入水平之间的关系并不大。有些富人的欲望总是得不到满足，而有些穷人却总是能感到心满意足。

于是便有了这个著名的公式：

$$幸福=\frac{我们拥有的（成就）}{我们想要的（欲望）}$$

这个公式很容易理解。它意味着，不管你年入 2 万美元还是 10 万美元，开的是崭新的宝马车还是老旧的雪佛兰，都无关紧要，更重要的是，你的收入能否满足你的欲望。当然，大量的研究结果都告诉我们，通常情况下有钱总比没钱更好。但是，由于每个人的欲望都不尽相同，这就解释了为什么有些穷人很幸福，而有些富人却不幸福。

回到前文中提到的那两对夫妇，我们会发现，欲望的差异导致他们对于幸福的感受天差地别。收入处于中产阶级水平的那对夫妇之所以对生活非常满意，是因为他们不贪心。他们住在老旧却很宽敞的房子里，并对此心满意足。他们拥有一辆车况良好的丰田汽车，夫妻中的一方经常会乘公交车去上班。天气好的时候，丈夫还会骑自行车去大学上班。闲暇时，他们会做做园艺，看看 DVD（数字激光视盘），开车去邻近的城市看望亲戚，或者参加孩子的课外活动。相比之下，那对富裕的夫妇则渴望着去阿斯彭和欧洲来一场豪华之旅，每两年就换一辆新车，出入高档餐厅，穿戴最时髦的衣服首饰，购置了一套豪宅并因此背负着巨额贷款。让我们把这两对夫妇的收入和欲望套入幸福公式。

最低分为 0，最高分为 10，以下是两对夫妇的幸福程度。

高收入教授夫妇的幸福程度：

______200000 美元 ____________=0.5（不幸福）

40 万美元的欲望：国外旅行，豪车，豪宅，最新的电子产品，私立学校

一般收入教授夫妇的幸福程度：

______100000 美元 ____________=2.0（幸福程度高）

5 万美元的欲望：可满足正常需求的房子和汽车，偶尔旅行，社交休闲，医疗保险，以及孩子们不算昂贵的教育支出

这对“穷夫妇”的幸福程度是那对富裕夫妇的四倍，因为他们拥有的金钱足以满足自己的欲望。相反，那对富裕夫妇拥有的金钱只能满足自己一半的欲望，因此他们会觉得自己更贫穷。针对生活在美国中西部的阿米什人的研究充分印证了欲望对幸福的影响。阿米什人是一群讲德语的基督徒，他们的生活远离世俗的物质和技术。他们耕种时不使用拖拉机，出行时骑马或乘坐马车而不是开汽车，在家里点煤油灯而不是电灯。大多数人家都没有电视、电脑或电话。换句话说，阿米什人过着一种以宗教和辛勤劳作为核心的朴素生活，强烈的社区意识将他们紧紧联系在一起。

他们喜欢嬉戏，有着建公共谷仓的传统（社区里的每个人都会参与进来共同建立一个公共谷仓），并以此而闻名。

我们在阿米什村落待了几个月，采访了当地村民并收集了他们的幸福数据。尽管阿米什人的生活比本书的大多数读者要朴素得多，但研究表明，他们对自己的生活都感到比较满意。事实上，尽管阿米什人家族人口众多，收入相对较低，但阿米什人对自己的收入、住房、饮食，以及其他物质条件都很满意。精致的城里人可能会对朴素的阿米什人的消遣活动嗤之以鼻，比如手工缝纫和骑驴篮球比赛，他们更喜欢晚上去剧院看场音乐剧，散场后再喝一杯香槟。但是有谁能说这两种人哪一种更幸福呢？也许他们都是幸福的家伙，因为他们都找到了平淡日常生活中的美好插曲，并与朋友分享着快乐的经历。

显然，有些富人总觉得自己缺钱，有些收入一般的人却觉得钱已经够花了。这告诉我们一个道理，无论你赚多少钱，你可能总是会觉得不够花，进而想赚更多的钱。如果你每年赚 100 万美元，你可能会发现你的欲望会随着时间的推移而不断膨胀。上大学时，你曾经和朋友同住一间宿舍，你很满足。后来，你拥有了一座农场风格的小屋，你为此而感到自豪。随着你的收入越来越高，你搬进了时尚街区的百年老房。不久之后，你就会发现自己想要一间海滩上的度假屋。这种不断膨胀的欲望在全世界的富裕国家随处可见。

自二战以来，尽管人们的收入水平大幅提升，但人们的幸福程度却并未显著提高。为什么会这样？这是因为，随着工业化国家越来越富裕，人们的平均欲望水平也在同步上升。曾经的奢侈品（如拥有两辆车）在现代已经成为许多人的“必需品”。在奢侈热潮的侵蚀下，人们总是会觉得自己很穷。我们每个人都应该问问自己，我们是否已沦为不断膨胀的物质欲望的牺牲品。

购物请当心：物质主义的危害

欲望强烈并不总是坏事，特别是当你的欲望与你的收入水平相匹配时。然而，如果你欲望泛滥，沉溺于生理享受和购买奢侈品，那你就陷入了“物质主义”。简而言之，物质主义就是对于金钱和物质的渴望超过了对其他东西的渴望，比如爱情或者闲暇时光。当然，我们每个人都希望获得更高的收入，但物质主义者会把金钱视作生命中最重要的事物。那么，物质主义者幸福吗？大多数研究表明，物质主义者的幸福程度较一般人更低。没错，虽然拥有金钱财富有助于提升幸福感，但过于贪财会降低幸福感。

请看看下面这项针对大学生物质主义和幸福感的研究结果。图 6–3 展示了不同收入水平人群的生活满意度。图中有两条线，一条代表认为金钱不重要的人群，另一条代表认为金钱非常重要的人群。可以看出，物质主义者无论收入高低，他们对自己的生活都不太满意，只有处于最高财富水平时，物质主义者的生活满意度才与其他人相同。

物质主义者对于金钱的过分追求会导致他们忽视生活中的其他方面，譬如人际关系，进而影响他们的幸福水平。要想获得大量金钱财富，需要格外努力工作，因此，物质主义者常常一心扑在工作上，而忽视陪伴家人。虽然很多人都喜欢自己的工作，但

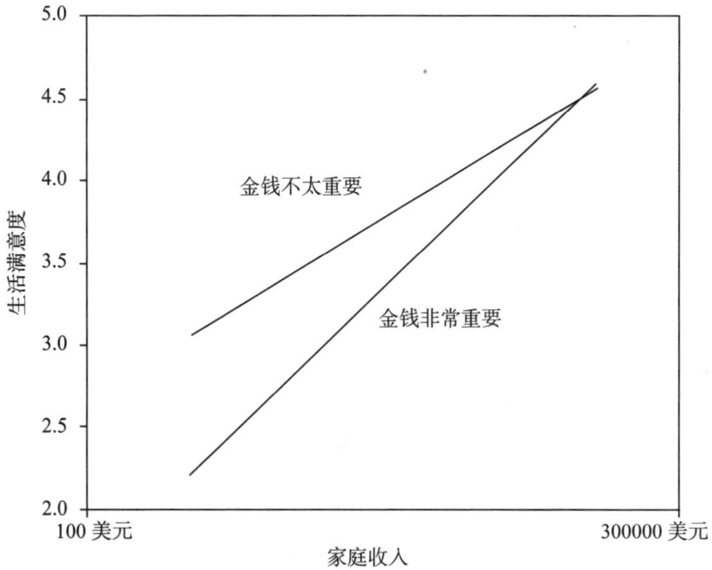

图 6–3　对金钱重视程度不同的人群的生活满意度

如果把过多的时间花在工作上，很少花时间陪伴家人和朋友，就会损害幸福感。此外，由于物质主义者的欲望太过强烈且始终在膨胀，他们往往会感到不满足。由此可见，物质主义是一种无休止的物质追求，一个物质目标很快被另一个目标取代。无论赚多少钱，人们总是想要更昂贵的汽车、房子、度假、私人飞机甚至是私人岛屿。因为物质主义者往往能比其他人赚到更多的钱，因此物质主义对心理财富的消极影响在一定程度上被削弱了。不过，平均而言，物质主义者的幸福程度低于同等收入水平的非物质主义者，因为无论物质主义者拥有多少金钱财富，他们还是常常会觉得自己缺钱。

一些读者可能仍然不相信过度重视金钱有损幸福。毕竟，等离子电视、PS游戏机或者一套新的高尔夫球杆又能产生什么危害呢？这些有趣的娱乐活动不是可以和朋友一起享受吗？事实上，一些精妙的研究阐明了金钱的益处和害处。凯瑟琳·沃赫斯和她的同事们想知道金钱甚至仅仅是让人联想到有关金钱的事物是如何影响人们的心理的，于是，他们对实验室四周进行了微妙的布置，让人一看就会联想到金钱。例如，他们将房间内电脑的屏保设置成飘浮的美元，或者把一张美元钞票裱在相框里挂在墙上。令人惊讶的是，看到关于金钱的微小提示的受试者比没有看到提示的受试者更自信，在面对棘手任务时，他们也能在不寻求帮助的情况下比其他普通受试者坚持更久。然而，沃赫斯的研究结果显示，金钱的影响并不都是积极的。处于金钱暗示环境下的受试者随后往往表现出更差的社交能力，更喜欢独自等待研究人员而不是和其他人待在一起；他们会在等候室里坐在远离他人的位子上；在可以选择的情况下更愿意单独行动而不是集体行动。当同伴“不小心”落下随身物品时，看到金钱暗示的受试者也不太愿意帮同伴捡起来。当研究人员告诉他们可以将参加实验所获得的报酬捐赠给慈善机构时，他们捐的钱也更少。因此，单单一点点金钱暗示就能让人们更加自信，但也会与他人更加疏远。

富裕家庭的儿童

随着工业化国家越来越富裕，生长于富裕家庭的儿童数量也多到了前所未有的程度。虽然这些孩子可以到更好的学校上学，接受更优质的教育，拥有更专业的老师及其他资源，但富人家的孩子也面临一些问题。由于父母工作繁忙，许多孩子与父母交流的时间很少，而智能手机这样的现代化技术使得工作进一步侵占了原本属于陪伴家人的时间。另一个问题是孩子们面临的压力——成功而富足的父母往往希望孩子也能取得不亚于自己的成就。有些人坚持要让自己的孩子上最顶尖的大学。但他们的后代可能并不具备足够的能力和自驱力，或者孩子们秉持着不同的价值观。不幸的是，因为许多孩子已经习惯了安逸和奢侈的生活，所以他们必须承受更大的压力去维持现有的生活方式。如果一个孩子已经对锦衣玉食习以为常，那么他的选择很可能会受到限制，因为一些有意义的工作并不能满足他们对于酬劳的心理预期，比如艺术和教学。最后，富有的年轻人有时会认为自己享有特权，并觉得自己比其他人更优秀。他们会觉得富有让他们高人一等，可以凌驾于那些“无名之辈”之上。

上层阶级和中上层阶级家庭的孩子面临一系列特殊的挑战，但这并不意味着金钱只会产生消极影响。在这个群体中，也有很多伟大的父母和优秀的孩子，不过，他们当中大多数父母不会给孩子灌输物质主义思想，而是让孩子们在强调团结的家庭氛围中长大，帮助孩子们树立非物质主义的价值观，教导孩子们要有责任感，让孩子们明白自己所享受的舒适生活是一种特权而非一种正当权利。我们无意于夸大富家孩子所面临的困难——毫无疑问，穷人家的孩子面临更严峻的挑战。但如果我们不能意识到财富本身的问题，也是错误的。

讽刺的是，随着富裕国家的财富不断增加，人们的平均幸福感并没有显著提升。原因之一是物质欲望持续上升，因此许多人会觉得缺钱。另一个原因是，那些“什么都想要”的人常常会感到紧张焦虑、身心俱疲。他们没有足够的时间陪伴家人和朋友，需要工作更长的时间来维持生计。正如赫伯特·胡佛所说，“好不容易收支相抵的时候，新的支出又冒了出来”。因此，重要的是要记住，随着我们赚的钱越来越多，只有把物质欲望完全控制在收入范围以内，幸福才会增加。

金钱的益处（除了购买力）

在理解金钱何时有益于幸福、何时无益于幸福及其原因时，重要的一点是要明白金钱的益处不只是购买力。收入带给我们多少益处，并不取决于我们有多少钱可支配。这些非物质层面的益处可以帮助我们更好地理解为何会出现这种矛盾的现象：平均而言，富人比穷人更幸福，但在过去的几十年里，尽管富裕国家居民的平均收入大幅增长，但他们的幸福感并没有较以往大幅增加。

赚钱的过程

尽管对于一些人而言，赚钱是件苦差事，而且一些经济学家将赚钱的过程视为成本而非收益，但仍然有许多人能够从工作中收获乐趣。此外，有些人非常喜欢自己的工作，尤其是那些拥有自己的公司或者职级高的人。很明显，这些人或许能在花钱的过程中获得一定的快乐，但只有赚钱的过程才能让他们收获真正的乐趣。为了赚更多的钱，他们需要迎接众多挑战并从事各种各样的活动，而这些挑战和活动本身正是他们想要赚钱的动力，他们并不是因为想要购买更多奢侈品才去赚钱。

有些人喜欢自己的工作，有些人却不喜欢。事实上，有些人很讨厌自己的工作。对于这些人而言，挣的钱越多，也就意味着工作时间越长，因此不开心的时间也就越长。即使是喜欢工作的人，也不会把所有时间都花在工作上，他们也会想要陪伴家人和朋友，或者从事其他活动。因此，更高的收入可能或多或少都会对幸福感造成影响，因为赚取更多金钱的主要途径就是把更多的时间花在工作上。

社会地位

虽然没有人愿意承认自己想要获得较高的社会地位，但渴望爬到社会高级阶层是件再正常不过的事。我们在此提到高级阶层，并非要谈论他们的傲慢自大或享有特权；我们要谈论的是尊重。与穷人相比，富人往往社会地位更高，能够赢得更多的尊重。与流浪汉或咖啡店收银员相比，拥有上千名员工的公司老板能够从朋友、同事、员工甚至陌生人那里赢得更多尊重。如果你不相信，可以看看我们曾经做过的一项实验。在这项实验中，本书的作者之一罗伯特曾经穿着脏衣服，手里拿着一个装满硬币的杯子，蓬头垢面地站在繁华的街角。他试着把钱发给路人，但整整一个小时过去了，竟然无一人接受。大多数人都不愿意看他，或者大老远就绕开他，甚至还有一个人给他钱。现在想象一下，如果是一个清爽整洁的男人，穿着阿玛尼西装，戴着劳力士手表，站在街角分发零钱，虽然这可能会让人感到惊讶，但人们会更愿意接近他，问他一些问题，然后接受他的硬币。金钱往往会带来他人的尊重和更高的社会地位，所以即使人们的物质财富欲望并不强烈，也可能会因为物质财富带来的尊重而渴望获得高收入。毕竟，我们都希望有良好的自我感觉，而他人的尊重有益于此。

受社会地位这一因素的影响，金钱的价值部分取决于社会比较，我们会就自己的社会地位与他人做比较。这就是为什么很多人宁愿生活在别人挣 2.5 万美元、自己挣 5 万美元的社会里，也不愿意生活在别人挣 20 万美元、自己挣 10 万美元的社会里。H. L. 曼肯发现，如果一个人的月收入比自己妻子的妹夫多 100 美元，这个人就会觉得自己比较富有，这一发现充分印证了社会比较对于金钱价值的影响。收入对于幸福感的价值不仅仅在于金钱能买到商品和服务，更在于金钱能买到他人的尊重。

研究人员奚恺元对中国各个地区的人群进行了抽样调查，研究了金钱对满意度的影响。他发现，在一些基本需求（如饮食）方面，金钱会对满意度产生绝对影响。但是在一些彰显社会地位需求（如珠宝首饰）方面，财富对满意度的影响取决于人们在该方面所拥有的比他人多还是少。这也进一步解释了为什么富人虽然整体上幸福感更强，但他们的幸福感却并没有随着社会变得更加富裕而大幅提升。有些能用钱买到的东西（如食物），无论别人是否拥有，都具有重要价值；而有些能够彰显社会地位的事物，其价值却取决于自己所拥有的比别人多还是少。

个人控制

不管我们喜欢与否，金钱都是鞭策我们自力更生的要素，也是督促我们掌握生活主动权的要素。更高的收入意味着我们有能力还清债务，参加更多开销巨大的活动，选择工作时也会有更多余地。此外，生活中免不了出现各种各样的麻烦，如果我们有更多的金钱，就意味着我们能够更从容地应对大多数危机和意外事件。例如，本书的两位作者都曾遭遇过车祸，而肇事司机却逃之夭夭。此外，虽然保险公司并没有全额赔付，但与那些靠薪水勉强度日的人相比，我们所受的伤害甚至不算什么。遇到紧急情况时，金钱往往能帮助你克服困难。当你的房子被烧、车子被毁，或者你需要特殊的医疗服务时，有钱就会让事情好办得多。财富资源可以缓冲生活中突发事件的负面影响。

我们在拥有资源时能够体会到安全感，这与金钱所能带来的幸福感之间可能存在某些原始的联系。芭芭拉·比尔斯和她的同事们在比利时进行了一系列研究，他们发现，饥饿状态下的人更加自私，向慈善机构捐的钱也更少。此外，如果受试者看到金钱及其可购买商品的相关暗示，在接受味觉测试时会显得更饥饿。金钱似乎会引发人们对于基本生存资源的感知，比如食物。人们在攒钱时可能会很开心，因为这种行为所带来的感觉与古人囤积食物时的感觉如出一辙。攒钱和囤积食物之所以会让人产生类似的感受，可能是因为财富资源可以帮助人们克服生活中的困难，至少是一部分困难。

购物的乐趣

人们不仅喜欢消耗物品，还很享受购物的过程。在此提出这一点，我们实际上有些担心，因为我们的许多朋友和同事都强烈反对享受购物，并且将其视为极度物质主义的标志。但是，我们身边有人喜欢买各种各样的工具，有人喜欢购买美食，还有很多人热衷于买衣服。我们还认识一位女士，她很喜欢给别人买礼物，却很少为自己买东西。即使在物质主义的批评者当中也有很多人喜欢购物，我们认识的一位朋友喜欢买葡萄酒，另一位朋友喜欢买书，还有一位朋友喜欢买音乐唱片。他们只是对买衣服、买鞋不感兴趣，就认为自己讨厌“购物”。

我们认为，对于很多人而言，购物充满乐趣，学习各种知识成为一个专业的消费者同样充满乐趣。也许这样做不太好，也许有更好的方式可以收获快乐。但是，我们要看清现实：有些人就是喜欢买衣服。买衣服这种活动的好处在于，衣服的价格范围较广，大多数人都买得起，你可以去沃尔玛买衣服，也可以去罗迪欧大道买衣服。当然，很多图书都刻画了物质主义和消费主义的危害，比如罗伯特·弗兰克的著作《奢侈病》，以及约翰·德·格拉夫的著作《富裕病》。然而，购物虽然不是通往终身幸福的黄金大道，但它的确能给许多人带来快乐——只要人们不沉溺于此，就不会受到什么伤害。

帮助他人的能力

当然，并非所有的富人都是物质主义者，富人也可以利用自己的财富让世界变得更加美好。当我们思考财富和幸福的关系时，脑海中首先想到的是更高的收入可以让我们更轻松地买到想要的东西——一辆新的丰田汽车，去墨西哥旅行，或者花园里的植物。如果你喜欢音乐，你可以用钱买到音质最棒的音响系统，或者在

iTunes 商店充很多钱。如果你喜欢滑雪，你可以在附近的滑雪场买张季票，再买件崭新的冲锋衣，或者周末去惠斯勒度假。虽然消费购物远非生活的全部，这一点毋庸置疑，但翻新厨房、带全家人度假、养狗或者购买其他你喜欢的东西有时的确会为你带来快乐，至少短期内可以提升你的快乐感。此外，金钱也能帮助人们对世界做出有意义的贡献。

无论你从个人、政治或商业角度如何看待比尔·盖茨，不妨想想他此生的善举，比尔·盖茨向非洲捐款数十亿美元，给非洲带来了巨大的影响。再想想微软联合创始人保罗·艾伦，他曾向科研机构捐赠数百万美元，让人无比钦佩。当然，富有并不意味着一定会为社会做出贡献，但是，历史上世界顶级富豪慷慨解囊的案例屡见不鲜。阿尔弗雷德·诺贝尔留下了一笔遗产，以鼓励后人在医学、科学、文学和和平等方面取得重大突破。约翰·洛克菲勒为保护美国国家公园土地做出了巨大贡献。奥普拉·温弗瑞凭借自己的财富力量，在非洲开办了一所女子学校，从中体会到了巨大的满足感。亿万富翁沃伦·巴菲特将自己的财富捐赠给了比尔及梅琳达·盖茨基金会，使得慈善事业的面貌焕然一新。

留下永垂不朽且有意义的遗产，可以为人们带来巨大的满足感。以约翰·罗宾斯的传奇故事为例：他的父亲艾文·罗宾斯创立了知名冰激凌连锁店 31 冰激凌。约翰放弃继承父亲的事业和万贯家财，出人意料地搬到了加拿大一间简陋的小木屋居住。他对乳制品和牛肉行业失望透顶，并写了一本有关环保的书——《新美国饮食》，影响深远。后来，约翰和他的儿子欧汉携手成立了一个大型的青年环保组织，并启动了一个项目，以帮助富人利用自己的财富做出有意义的贡献。当然，这种利他属性的给予并不仅限于亿万富翁的巨额捐款。我们可以拿出一定的财富去帮助我们所爱之人——我们的父母、孩子或者社区。我们可以为孩子支付大学学费，为父母支付昂贵的医疗费用，或者在朋友需要的时候伸出援手。这样一来，金钱就不仅仅与物质主义有关，它还可以成为一种帮助他人的方式，成为一种改善自我感觉的手段。

理解金钱的两面性

对这本书前的你而言，重要的是要理解，金钱不仅意味着购买力，还意味着社会地位、控制感和愉快的工作。与此同时，物质主义可能会损害幸福感，过分关注工作可能会对生活的其他方面造成干扰，比如家庭生活。因此，在追求收入的过程中要保持警惕，要清晰地意识到金钱会给幸福带来怎样的积极影响和消极影响。

小结

一些重要的事实说明，金钱可以买来幸福，这或许会让一些读者感到惊讶。许多人认为事实应该恰恰相反。总有人说，富人的压力更大，也更贪婪，他们甚至需要安眠药才能在晚上入睡。事实上，许多心理学家都相信收入与幸福无关。这也许是因为我们都愿意相信，从事各行各业的人都有平等的机会获得满足感。此外，我们担忧日益盛行的个人主义和泛滥的物质主义，也担忧经济增长可能带来的环境问题，这些担忧与“金钱不会提升幸福感”这一观点不谋而合。所以，我们在此要和那些坚决认为金钱无益于幸福的人说声抱歉。各种各样的研究数据为我们描绘出了一幅不同的图景：富人往往比穷人更快乐，富裕国家的居民较贫穷国家的人生活满意度更高，彩票中奖者比其他普通人更快乐。有些人不仅拥有大量的物质财富，其幸福感也更高，这听上去的确不太公平。不过，与其嫉妒他人的好运，不如思考一下金钱会如何提升幸福感。更高的收入可以转化为更高的社会地位、个人控制感、安全感，以及对社会做出持久贡献。

研究虽然证明了金钱与幸福的联系，但并不意味着不太富裕的人就无可救药了。尽管穷人普遍会因为较差的生活条件受到心理打击，但并非每个人都是如此。例如，我们看到大多数无家可归之人都对自己的生活不满意，但有些流浪汉的幸福程度却很高。在对《福布斯》富豪榜上的富翁进行研究的过程中，我们也看到了有几位富豪并不满意自己的生活。这一重要的事实反映了我们在讨论金钱与幸福的关系时经常忽视的一项关键要素——虽然金钱会影响幸福感，但这种影响通常并不显著。钱似乎能买到快乐，但只能买到很少的快乐。收入的增加只能带来幸福感的小幅提升。

比起薪水或者净资产，更重要的是你对待金钱的态度以及花钱的方式。入不敷出的富人仍然会觉得自己很穷，而生活中精打细算的穷人也能体会到安全感。无论实际收入有多少，影响情绪的是物质欲望。尽管生活在非洲的传统马赛人几乎没有多少金钱收入，但他们对自己的生活非常满意，因为他们的物质欲望大多得到了满足，而且他们生活的其他方面也不错。最糟糕的是世界上那些已经搬到城市、参与市场经济的运转却收入极低的人，他们的收入并不能满足自身的需求以及日益膨胀的欲望。即使是生活在富裕社会的人，如果他们陷入一夜暴富的想法无法自拔，过于渴望积累财富，问题也会随之而来。与高度重视爱、友谊和其他有意义事物的人相比，物质主义者对自己的生活普遍不太满意。

最后，很难简单地用“是”或“否”来回答金钱能否带来幸福这一问题。不过，我们能确定的是，有关这一话题的研究向我们揭示了有钱通常有益于幸福，但太渴望拥有金钱却有损于幸福；高收入有益于幸福，但高收入不是幸福的保证。因此，读者必须明确自己渴望金钱的动机，不要在追求财富的过程中牺牲太多其他重要的东西。重要的是，不仅要明智地花钱，而且要明智地赚钱。

第 7 章

世界上最快乐的地方：文化与幸福

1981 年，我们从哥伦比亚的莱蒂西亚出发，沿亚马孙河而上，前去拜访一个与世隔绝的偏远部落。当时，该地区很少有外人造访，我们与当地人的互动点燃了当时年仅 8 岁的罗伯特对文化差异的兴趣，此后他便一直对此保有热情。当时，埃德·迪纳在自己的旅行日志中这样写道：

我们坐在一只宽底独木舟里，向上游航行了一上午。小船刚刚容得下我们几个人——我们的向导、我、卡罗尔和挤在一起的孩子们。亚马孙河是棕色的，时不时能看到水豚和睡莲叶子，睡莲叶子的直径足有我伸开双臂那样长。不过，我们没敢下去游泳，因为当地人告诉我们，有一些小鱼会钻进你的鼻孔，吃掉你的脑子，水里还有可怕的食人鲳。快到中午时，我们面前出现了一条细细的支流，最窄处只有船身那么宽。于是，我们不得不弯下腰，低着头，以免被周围的树枝撞到。到下午 1 点钟时，我们抵达了那个“村庄”。

亚瓜人住在由木棍支起的简陋茅草屋里。树干之间吊着很多吊床，有几个人睡在吊床上，在这炎热的天气中小憩片刻。大部分孩子身上都一丝不挂，他们急匆匆地跑出来迎接我们。男孩们有着乌黑的头发，一个个脸上都挂着鼻涕。紧接着男人们也走了出来，他们胸前用颜料画着花纹图案，下身穿着草裙。我们彼此打量着对方，紧张地笑了笑。

最后，一个男人拿着一把 6 英尺（约 1.8 米）长的吹箭筒走上前来，迫不及待地想要展示他是多么精通于使用这件狩猎武器。我们的导游翻译道："请把一张比索纸币折起来，放在远处的树杈上。如果他能用吹箭射中这张纸币，钱就归他所有。"这张纸币很小，简直不可能射中，但他第一次尝试就射中了，围观的每个人都大笑了起来。我拍了拍那个人的后背，他抱了抱我，咧嘴一笑。

我们问导游丹尼尔，这附近根本没有商店，为什么这个人想要比索。丹尼尔给出了解释。他上一次来亚瓜时带了一把猎枪，并向部落里的男性们展示了猎枪的用途。他们很喜欢那把猎枪，觉得猎枪甚至比吹箭筒还好用。丹尼尔告诉村民们，如果他们允许他在村庄里参观，并且愿意为他带来的游客表演吹箭，就能赚到买猎枪的钱。在我们离开的时候，一位亚瓜老人给了 8 岁的罗伯特一把短吹箭筒和一些箭。不过，卡罗尔坚决反对给箭头涂上毒药，因为她担心回家后罗伯特会用吹箭射中自己的朋友而不是周围的松鼠。

这些人和我们完全不同。他们没有自来水，没有现代医疗，没有书籍，也没有现代化的生活设施。他们住在用木棍搭建的没有墙的房子里，一块缠腰布就是全部的衣服。他们以打猎为生，过着群居生活。但就是在这样的环境里，他们过着充满欢声笑语的生活，其乐无穷，他们的生活似乎和我们并无太大区别。他们幸福吗？

不同国家和种族之间的物质财富、宗教价值观、语言和其他文化因素的确存在差异，因此我们有必要思考，某些群体是否比其他群体更幸福？常识告诉我们，生活在工业国家的人比亚瓜人更幸福，因为他们能享受到现代化的便利设施。但有些人认为，幸福在很大程度上取决于个性和个人选择，因此，一个人的文化背景或国籍没那么重要。究竟哪一种说法才是对的呢？幸福的相关理论告诉我们，大多数人都是比较幸福的，所以我们有精力、创造力和友善的态度让自己更有效率，而科学研究显示，一些群体的确比其他群体要幸福得多。

我们首先面临着一个基本问题：幸福是否真的对所有文化背景的人都很重要。表 7–1 展示了来自世界各地的大学生如何看待幸福感以及其他价值观的重要程度。世界各地的受访者都认为幸福非常重要，只是每个人的侧重点有所不同。正表 7–1 所示，来自某些文化背景的人认为世间有比幸福更重要的事情，但整体而言，不同国家的人都认为幸福很重要。

表 7–1　各项价值观重要性评分（1= 不重要，9= 极其重要）

国家	幸福	财富	爱	相貌	天堂
巴西	8.7	6.9	8.7	6.4	7.8
土耳其	8.3	7.0	7.9	7.0	7.4
美国	8.1	6.7	8.3	6.2	7.3
伊朗	7.8	7.0	8.1	6.6	7.9
印度	7.5	7.0	7.5	5.7	6.6
日本	7.4	6.6	7.8	5.9	6.1
中国	7.3	7.0	7.4	6.1	5.0
均值	8.0	6.8	7.9	6.3	6.7

不同国家的人对于幸福感的预期各不相同。大石茂弘的两项研究证实了这一点。他研究了韩国人和美国人对耶稣的看法，然后发现，美国人对耶稣的幸福程度评分高于韩国人，同时他们也认为自己比韩国人更快乐、更外向。也就是说，如果受试者对耶稣的幸福程度评分更高，往往就会认为自己更快乐。在另一项研究中，美国人认为性格外向且快乐的人是职场最佳人选，而韩国人则认为性格内向且快乐的人才是职场最佳人选。这或许表明，亚洲人更偏爱平静、知足的幸福生活，而西方人更喜欢激情活跃的幸福感。

大多数人都较为快乐

研究表明，大多数人在大多数情况下都较为快乐。科学研究一次又一次证明了这一结论。即使不同的研究人员抽选不同的样本，使用不同的研究方法，甚至给幸福下不同的定义，也出现了相同的结果——大多数受试者都认为自己在大多数情况下都是比较快乐的，除非生活环境极其恶劣。这一发现十分普遍，只有极少数人处于狂喜或抑郁状态。有些人在得知这一惊人发现时甚至不太相信。也许你也对此有所质疑。或许你会好奇斯堪的纳维亚人和新西兰人是否快乐。答案是肯定的，而且他们的自杀率也没有很多人认为的那么高。那住在北极偏远角落、喜欢猎杀海豹的因纽特人快乐吗？答案也是肯定的。那美国人呢？答案仍然是肯定的。之所以如此，很可能是因为人类的进化机制起到了重要作用：快乐是一种重要的驱动因素，能够使人更具创造力，更愿意与他人协作，更能忍耐生活中的艰辛，进而帮助人们更好地生活下去。尽管快乐似乎是人类的普遍状态，但快乐程度却因文化差异而有所不同。

以我们在全世界范围内进行的一项研究为例。在一些偏远部落，人们过着朴素的物质生活，也很少受到西方媒体的影响。他们不会开车，也不关心哪个电影明星正在谈恋爱或者闹离婚。我们想要收集他们的幸福数据，并对他们的幸福体验进行研究。我们拜访了肯尼亚传统马赛村落的村民、格陵兰岛北部一个偏远村庄的猎人，以及美国的阿米什人。我们与他们共同生活了几个月，其间与他们谈论了他们的生活质量，并调查收集了他们的幸福感相关数据。我们围坐在篝火旁、餐桌旁，试图弄清楚他们的所思所想从何而来。我们询问了他们的日常情绪、整体生活满意度，以及对生活各个方面（比如住宿条件、友情）的满意度。结果显示，平均而言，这三个群体的成员都比较快乐，但并不是时时刻刻都很快乐。这与大多数人的表现相同（无家可归者和精神病患者当然除外）。此外，别忘了，这些结果只代表了平均水平，并不是每个马赛人或阿米什人都必然会快乐，只是他们中的大多数人会感到快乐。最后，在我们研究的数百人中，没有一个人在所有测量中都表现出了绝对快乐。人们整体上是比较快乐的，但并不是绝对快乐。

世界上最幸福的国家

鉴于我们已经观察到不同地区的人其幸福感也有所不同，许多人可能会好奇世界上最幸福的地方在哪里。是富裕的美国吗？还是生活节奏缓慢的柬埔寨？是高度现代化的阿拉伯联合酋长国，是日益富强的巴西，还是坐落于喜马拉雅山脉、重视国内幸福总值而不太关心国内生产总值的不丹王国？好在，来自哪些文化背景的人幸福感更高这个问题已经有了答案，我们无须再猜测哪些国家的民众更幸福，哪些国家的民众不太幸福。

为了写这本书，我们分析了由盖洛普公司在 2006 年和 2007 年进行的全球民意调查，这是史上最全面的人类抽样调查。在这项调查中，盖洛普选择了大约 130 个国家，在每个国家抽样调查了能够代表该国最普遍的生活方式的 1000 人。我们在表 7–2 中展示了受试者的“生活阶梯量表”得分情况，该量表由哈德利·坎特里尔提出，要求受试者以 0 到 10 的“阶梯”量表对自己的生活进行评分，0 分意味着自己心目中最糟糕的生活，10 分则代表自己心目中最完美的生活。可以看出，阶梯得分较高的国家，即受访者认为自己的生活阶梯得分较高的国家，均为经济发达、民主、尊重人权、男女较为平等的国家。相比之下，生活满意度较低的社会往往极其贫困，政治常常不稳定，且饱受内部冲突或与邻国冲突的困扰。得分较高的国家与得分较低的国家之间差异巨大，统计数据上的差异远不足以反映出真实的世界。这表明，幸福并不像很多专家认为的那样仅仅源自内心——要达到较高的生活满意度，生活在能够满足自己需求的安定环境中是很重要的。

表 7-2　生活满意度：生活阶梯（0~10）

得分较高	得分较低
8.0 丹麦	3.2 多哥
7.6 芬兰	3.4 乍得
7.6 荷兰	3.5 贝宁
7.5 挪威	3.6 格鲁吉亚
7.5 瑞士	3.6 柬埔寨
7.4 新西兰	3.8 津巴布韦
7.4 澳大利亚	3.8 海地
7.4 加拿大	3.8 尼日尔
7.4 比利时	3.8 布基纳法索
7.4 瑞典	3.8 埃塞俄比亚

资料来源：Gallup Organization:Gallup World Survey（2006）

我们可以看到，阶梯得分较高的国家均为富裕国家，而得分较低的国家中很多是贫穷国家。即使将国家财富这一因素排除在外，依然有几项社会因素会极大地影响幸福感。例如，即使将收入因素排除在外，我们依然发现长寿与生活满意度呈正相关，而与负面情绪呈负相关。这表明，健康与幸福相辅相成，尽管富裕社会的人普遍更健康，但贫穷社会的人也能通过避免负面情绪收获更健康的身体。当一个社会同时出现低收入、政治动荡、重大健康问题、政府腐败和人权问题等一系列问题时，生活在该社会当中的许多人的幸福感就会极其低下。

每个社会都有非常快乐和非常不快乐的人。但在某些社会中，大多数人都是快乐的，而在少数生活条件恶劣的社会中，大多数人都不太快乐。数据表明，社会条件可以对幸福造成重大影响，而且的确也对幸福造成了重大影响。人们的幸福感不仅取决于个人，也取决于政府。人们常说幸福是个人问题，与政府无关，但良好的社会环境能给予人们追求幸福的支持，是人们追求幸福感的绝对必要条件。生活在一个富裕、稳定、治理良好的社会中有助于获得幸福。

不同文化对幸福感的影响

除了财富、健康和政府治理等因素，还有哪些因素会影响国民的幸福感呢？既然不同群体拥有不同的信仰、价值观和传统，那么文化是否也会影响幸福感？文化会从社会稳定性及社会财富以外的几个方面影响幸福感。

集体主义和个人主义

大多数人在思考文化时，首先会想到语言、宗教、服装和饮食等最显而易见的方面。人们会想到法语和乌尔都语，会想到十字架和做礼拜时的唤拜声，会想到缠腰带和男士无尾礼服，也会想到墨西哥玉米饼和意大利面。尽管这些文化元素很有意思，但心理学家们明白，文化是一种更深层次的东西。文化是一系列共同信仰、态度、自我定义和价值观的总和。研究人员在从心理维度对文化进行分析时，一般会探究人们相互之间如何建立联系，如何理解他们的语言、他们最珍视之物以及他们自身。

理解文化群体的一种方式是将其分为“个人主义者”和“集体主义者”。个人主义社会将个体视为最重要的基本单位。在个人主义社会中，人们通常被视为独立、特别的个体，当个人意愿与群体意愿产生冲突时，人们可以自由地做出个人选择。个人主义社会的民众往往能够自主选择与谁结婚、从事何种工作或居住在何处。每个人都被视为独立、特别的存在。听起来是不是很熟悉？如果你是一位来自美国、加拿大、澳大利亚、新西兰或西欧的读者，那么你就来自个人主义社会。另一方面，集体主义社会将集体视为最重要的基本单位。集体主义社会认为，民众之间因责任和义务的强大纽带而联系在一起。集体主义者往往会努力提升群体的和谐性，即便是牺牲自己的个人意愿，他们也在所不辞，因为他们认为群体比个人更重要。事实上，集体主义者的个体身份是由集体来定义的。个人主义社会的民众往往会遭受更多的社会弊病，如离婚、自杀和无家可归，而集体主义社会的民众可能会因其个人牺牲而感到寒心。但也不只有坏的一面：个人主义者更具创造力，能够享受更多的社会自由，而集体主义者往往能获得更广泛的社会支持。

个人主义和集体主义的微妙影响甚至会延伸到我们对自我的基本定义中。花点时间想一想“我是……”这个未完成的句子，你会如何将这个句子补充完整呢？请穷举你能想到的所有答案，然后选出几个你喜欢的答案，如果你愿意，可以把这些答案写下来。研究人员使用这一填句任务测试了来自不同国家的人，他们发现，文化背景不同的人，其答案也截然不同。例如，相较于美国人（来自个人主义社会），中国人（来自集体主义社会）更喜欢在填句时描述自己与他人的关系或其自身在社会关系中扮演的角色（例如“我是一个女儿”或“我是一个学生”），而美国人则更喜欢描述个人特征（比如“我是一个努力工作的人”或“我是一个长得很漂亮的人”）。来自这两种不同文化背景的人看待其自身的视角往往不同。

集体主义者更关注自己在每个社会情境下的角色，他们倾向于将“自我”视为一种易变的概念。在某些情况下，一个人可能会很外向，而在另外一些情况下，他可能会很内敛。在某些情况下，人们可能会很勇敢，而在另外一些情况下，他们可能会很怯懦。与之形成鲜明对比的是个人主义所表现出的自我意识，个人主义者往往认为自己的性格特征是稳定和内在的。对于个人主义者来说，急性子、智力、勤劳等个人品质就像是“个性文身”一样，无论在什么情况下都不会变。关键原因在于，大多数人认为自己很优秀（或者至少比一般人优秀），无论在什么样的社会环境下，个人主义者都自我感觉良好，哪怕只是被逼着坐下来看一部搞笑电影，他也会认为自己很勇敢，即便在那一刻他可能并没有表现出任何勇敢。个人主义者会安慰自己，勇气要像驼峰里的脂肪一样储存起来以备不时之需。这种感觉的确能抚慰人心。

值得一提的是，个人主义者和集体主义者的幸福感来源有些许不同。集体主义者关注群体的和谐，当他们所在的群体相处融洽时，他们往往会感觉良好。关于这种倾向有一个典型案例。罗伯特曾在印度南部的一个村庄与一位女性交谈，这位女士拒绝直接描述自己的幸福感。“如果我的儿子们很幸福，”她告诉罗伯特，“那我就很幸福。”当罗伯特逼问她在那一刻的感受时，她回答说："你应该去问问我丈夫现在的感受，然后你就会知道我的感受了。"集体主义者在为群体内部的和睦做出贡献时，他们也会更快乐，即便这些贡献干扰了他们的个人生活。相反，个人主义者会因自己的独特之处得到发挥或受到赞许而快乐。当个人主义者被迫因他人的需求而舍弃自己的欲望时，他们往往会感到恼怒或失落。

如果你是个人主义者，那么你内心的感受是非常重要的。例如，当你感受不到爱时，你很可能会离婚，因为你认为自己的感受足以成为离婚的理由。相比之下，集体主义者往往更重视人际关系中的责任与义务，情绪感受反而没那么重要，因此，他们会认为爱的感觉对于维系婚姻没那么重要。韩国延世大学心理学家苏恩国提出，个人主义者在描述其生活满意度时更看重自己的快乐感受，而集体主义者在思考其生活满意度时更看重自己的人际关系的质量。由此可以看出，个人主义者和集体主义者不仅在他们最重视的情感类型上有所不同，而且在影响生活满意度最重要的因素上也各有侧重。

个人主义者并非不喜欢成为群体的一部分——只要该群体取得了成功。在大石茂弘的一项研究中，研究助理统计了特定日期内身穿校服的美国大学生人数。如果前一天本校的某支体育队赢得了比赛，那么很多学生当天都会穿上校服。但如果本校体育队在比赛中惨败，那么在接下来的几天内就很难看到有人在校园里穿校服。乍看之下，你可能会觉得这些学生对学校不忠，但我们可以从幸福的角度来思考这一问题。在这项研究中，学生们看到了（至少潜意识里注意到）一个提升幸福感的大好机会，在适当的时候，他们可以身穿校服以表达对本校的自豪感。在本校体育队表现不好的时候，学生们就会寻找其他方式来让自己更快乐。这并不意味着他们对学校不忠，而意味着他们在任何特定情况下都选择了最有可能获得快乐的方式。简而言之，个人主义者似乎更加注重追求幸福，关注愉悦感和成功，并忽略那些可能会削弱成就感的微小影响。许多个人主义国家进入国际幸福排行榜前列，一定程度上就得益于此。

重视幸福

文化差异的另一种体现是情感对于不同群体的价值，特别是幸福感对于不同群体的价值。在西方社会，关注自我感受已经成为人的第二天性，仿佛是在给自我感受贴标签一样。但对于世界上大多数地区的人来说，感受的重要性不及行为或人际关系。我们曾在肯尼亚农村与一位村民交谈，他说记不清自己生气的频率。我们曾数次尝试询问有关他情绪的问题。“这几个星期你生气了几次？”我们问道。“你今天感到生气或烦躁了吗？”我们锲而不舍地问着。然而他什么也回答不出来。“我就是不知道，”他说，“我感觉自己今天或这周都没有生气。”最后，我们问他有没有打过架。“我昨天刚和人打了一架。”他告诉我们。对于这个人而言，行动才是记事的方式，而不是感受。此外，他也并没有养成标记自己内心状态的习惯。

对于哪种情感最可取这个问题，不同文化之间也存在差异。例如，西方国家的民众一般会认为骄傲是一种良好感受，也并无不妥。我们所说的骄傲，并不是指自负或贬低他人，而是自己所做之事得到众人认可时，内心所体会到的一种深深的满足感。世界上的许多人对这种情绪都嗤之以鼻，他们更愿意把责任和功劳归于更大的群体。例如，我们在研究过程中与许多阿米什人进行了交谈，他们强烈反对将生活中的成功归功于个人，反而更愿意将功劳归于支持自己的家庭、商业伙伴和上帝。而非洲马赛人恰恰相反，他们总是想方设法四处炫耀。

如果说美国是一个以坚持不懈的积极态度而闻名的社会，那么马赛人最偏爱的情感就是骄傲。马赛人非常骁勇，他们有着独特的历史，也有很多值得骄傲之处。与世上其他许多宗教类似，马赛人的创世神话也处处透露着天神对他们的眷顾，他们相信世上所有的牛羊都是天神恩加伊赐予他们的（实在抱歉，瑞士和威斯康星州的奶农们，你们的奶牛都是从马赛人那里借来的）。在漫长的欧洲殖民岁月里，尽管马赛人在军事实力上明显处于下风，但依然顽强抵抗着英国人的入侵。事实上，即使在今天，也有一些马赛人只会带着原始的长矛和弓箭，在夜间突袭肯尼亚和坦桑尼亚边境上的部落，丝毫不惧怕对方手上的现代化自动枪炮。

马赛文化也宣扬忍耐痛苦。他们会在宗教仪式上被烫上烙印，青少年们还需行割礼。大多数完成割礼仪式的青少年男孩会在伤口愈合之后加入莫拉尼（morani，相当于马赛人的国民警卫队），也就是武士团体。在男孩们的成年礼上，有项仪式必不可少——他们必须深入灌木丛中与狮子搏斗，用长矛、匕首和弓箭猎杀一头狮子。相比之下，工业化社会的成年礼简直平平无奇，我们只是需要考取驾照，找一份兼职工作，或者搬出父母家而已。

我们有幸目睹了一个男孩的英勇表现。我们在东非进行研究时，罗伯特有机会参加了一个 15 岁男孩的割礼。在割礼仪式举行当天，男孩先是遵循一项古老的习俗，到河边去洗澡。半小时后，他回到了村子，身上裹着一块镶有珠子的棕色牛皮。当他走近时，他突然开始精神恍惚，然后倒在了地上。妇女们站在即将举行割礼的牛圈旁边大声尖叫着，弹着舌头号叫。男人们冲过去抱起男孩，把他放在了空着的牛圈中间的一张干牛皮上。空气中洋溢着每个人的情绪。那个男孩似乎扭了脚，失去了意识，只有胸脯还在快速地一上一下起伏着。村里的男人们围成一团，用一把看起来像是切肉用的旧刀旋去男孩的包皮，然后把那块包皮剥了下来。那个男孩看上去非常平静，就这样躺在地上。这一幕实在是太过离奇。看着血流得到处都是，我们内心受到的创伤甚至比这位年轻人还要严重。过了一会儿，男孩的父亲笑了起来。他承认，他为儿子表现得如此勇敢感到非常自豪，儿子传承了整个家族的勇气。

文化上的差异导致我们对马赛人的研究变成了一场艰苦卓绝的战斗。当我们第一次踏上马赛人的领地时，我们准备了一些调查问卷，也已经对幸福这一话题有了一定的想法，但是马赛人对此毫无兴趣。作为部落民族，他们过着传统的生活，没有太多的时间用 1~7 分这样的评分量表来评估自己的生活满意度。事实上，他们每天都忙于放牧、修葺房屋、烹饪和社交。对他们而言，我们是一群天真幼稚的人，缺乏他们重视的所有基本技能。我们不会放牧，不会保护自己不受捕食者伤害，不会盖房子，连讨价还价都做不好。我们联系的第一批马赛人一直站在我们汽车后视镜前看镜子里的自己，却对我们的幸福感评分量表置之不理。

在研究初期，有一天，罗伯特提出了这样一个想法：如果我们主动参与马赛人所重视的活动，或许他们就会更多地注意到我们。我们不仅会因共同体验而产生联系，而且马赛人对我们的印象或许也能有所改观。于是，我们向马赛人询问，能否与他们一起去猎狮，他们大笑不已。他们难以想象这样的景象——一群流浪汉蹒跚着穿过灌木丛，想要搞清楚究竟该怎么做才能在狮子来袭时将沉重的长矛刺进狮子体内。所有村民轮流对我们想要参与猎狮的愿望发表了有趣的评论，我们的翻译最后总结道："要是你们去打猎，狮子就太走运了。"

几天后，一群武士来到我们居住的村庄，其中一位手臂上有凸起疤痕的首领引起了罗伯特的仰慕。无论男女，许多马赛人身上都有各种各样的伤疤和烧痕，这些是勇敢的另一个标志。罗伯特随口就问，他是否也可以接受忍耐疼痛的仪式，在身体上打上烙印。年轻的武士微笑着同意了，也许他以为罗伯特在虚张声势，于是当场开始点火。这位武士把木棍点燃，当木棍的一头冒出琥珀色的火星时，他命令罗伯特脱下衬衫，然后在罗伯特胸膛的同一位置反复烙烫，以确保伤口足以留下疤痕。村民们围在四周欢呼雀跃。打完第一个烙印后，这位武士又将燃烧的棍子移向另一部位，然后又烙上了第三个烙印，他想要看看罗伯特在饱受疼痛之后是否依然勇敢无畏。最后，罗伯特身上留下了八个烙印。虽然罗伯特没有露出马赛人那样勇敢的表情，但他也没有尖叫或者逃跑。这场仪式无疑使得该地区的马赛人加深了对我们的喜爱。在仪式过后的几周里，其他村子的马赛人纷纷加入了我们的研究，他们渴望看到罗伯特身上的伤疤，渴望与这位勇敢的外国人交谈。

烙印、猎狮和割礼的故事表明，文化会对幸福感产生影响。这些情景说明，马赛人与其他人并无太大区别，都关注自己看重的事物，而不会将太多精力投入到他们不重视的事物中。由于马赛人以勇气、荣誉和骄傲为文化传统，所以他们会把时间投入到那些能够反映其个人或家庭特质的个人成就上。他们不需要昂贵的手表、私人飞机、汉普顿的豪宅来赢得社会地位，也不需要现代世界的华美服饰来让自己过得快活。相反，他们可以通过猎狮、烹饪、家庭关系、夜间歌唱，以及忍痛仪式等独属于他们的方式来寻求快乐和社会地位。这或许就是马赛人的幸福感得分很高的部分原因。他们为自己树立了被他们的文化重视且可实现的目标，并投身到相关活动中。更重要的是，马赛人的许多目标都旨在提升他们的自我印象，使他们自我感觉良好，同时也能帮助他们做好心理准备去迎接大草原上的生活。

选择幸福

对幸福感的重视程度因文化而异。一般而言，亚洲人往往比西方人更倾向于根据客观条件做出决定。例如，他们更有可能牺牲短期的快乐来换取长期的主动权。今天苦练钢琴音阶是为了明天成为钢琴大师。大石茂弘进行过一项精妙的研究，研究结果揭示了文化影响选择，进而影响幸福的方式。

受试者在参加大石茂弘的研究过程中，被要求朝着安装在门上的一个微型篮筐投篮。紧接着，研究人员要求他们完成各种情绪问卷，并通知他们一周后将进行第二次研究。大石茂弘来自日本，他对东亚人和北美人之间的幸福文化差异很感兴趣，因此他分别选择了这两个地区的人作为研究对象。一周后，受试者们再次来到实验室，大石茂弘让他们做出一项选择：他们可以继续选择投篮，也可以选择一种新的运动——投掷飞镖。此后，他们再次填写了一些调查问卷，然后离开实验室。受试者不知道的是，大石茂弘及其同事们记录了每个人的投篮次数以及没有投中的次数。

通过这项投篮研究，大石茂弘发现了东亚人与北美人之间存在一种有趣的文化差异。大多数在第一周表现良好、投篮命中率较高的东亚人，在第二周选择了投掷飞镖。而投篮时表现不佳的东亚人则在第二周选择了继续投篮，希望能掌握投篮的技巧。也就是说，如果他们在投篮时表现得很好，就可以转而去承担一项新任务。相比之下，在第一周投篮命中率较高的北美人在第二周选择了继续投篮，他们希望再一次做出出色的表现。但如果他们在第一周表现不佳，他们就会在第二周选择投掷飞镖，也许是希望这项新的运动带来更好的运气和更多乐趣。尽管两组人在第一轮实验中表现出相同的快乐程度，但北美人在第二轮实验中对他们的任务表现出了更多喜爱，因为那些在第一周表现不佳的人可以自由选择新任务，而无须承担心理压力。大石茂弘认为，这种模式表明了潜在的文化价值观：东亚人倾向于首先掌握技能，而北美人则更倾向于寻求快乐与良好的自我感觉。

令人感到幸福的不同活动

不同文化背景下，不仅人们的幸福感受不同，创造幸福的因素也不同。例如，埃德·迪纳和玛丽莎·迪纳在 1995 年发表过一篇论文，他们在论文中表明，在某些文化——最注重个人主义的文化中，自尊对生活满意度的影响远高于其他文化。与之类似，韩国教授苏恩国发现，美国人会更频繁地依靠积极情绪来调整自己的生活满意度，而韩国人则倾向于依赖他人的评价来调整自己的生活满意度。苏恩国还发现，在不同文化背景下，令人感到幸福的活动有时也有所不同。

我们亲身经历过的一件逸事可以说明上述发现在现实世界是如何体现的。以下内容摘自罗伯特·比斯瓦斯-迪纳于 2002 年在格陵兰岛的旅游日志。

这五个星期以来，我们的研究团队挤在狭小的气象站里，看着海面上遍布着机场一般大的冰山，望着遥远岛屿上崎岖的悬崖峭壁。自从我们来到这里，太阳就从来没有落过山，无论是早上 8 点还是晚上 11 点，我们总能看到孩子们在外面玩耍。在白天的时间里，我们与当地人进行交谈，邀请他们填写幸福问卷；在夜间，我们尽量远离斗殴，躲开嚎叫的狗掀起的街道上的尘土。起初，我们认为卡纳克镇的生活很艰辛，这里气候恶劣，人们以干苦力活为生，还经常发生冲突。但当地人却一再向我们保证，这里的生活非常舒适、节奏缓慢而充满意义。因纽特人似乎在从事打猎或捕鱼等传统活动时是最快乐的。他们甚至建议我们在寒冷黑暗的冬季时再来一趟，因为那是最适合捕猎的时候。我们很难把这样一个寒冷、偏远的地区和乐趣、意义和幸福这样的概念联系起来。

但后来我们经历了猎人所描述的体验。我们终于感受到了北极生活中隐藏着的乐趣。我们在世界上最北部的居住区肖拉帕卢克进行研究时，曾有机会亲自外出打猎，为晚餐寻找食材。猎人、农民甚至园丁都可以证明亲自获取食物是一件多么有成就感的事，但上半辈子只会在杂货店购买食材的我们对此毫无概念。我们拿着捕鸟网，徒步爬到了城外的山上。我们躲在高高的悬崖峭壁上的巨石后，等待猎物出现。我们期待着看到黑白相间的海雀，它们常常会成群结队地冲到悬崖附近。每隔几分钟，雷鸣般的扇动翅膀的声音便会在我们耳边响起，成千上万的鸟儿就会从我们藏身的巨石旁边飞过，离我们只有几米的距离。我们一次又一次迅速地把网抛向空中，希望能抓住一只海雀。不过这个愿望落空了，我们笑作一团，然后继续等待下一次机会。我们轮流撒网，看谁能捕获最多的鸟。整个过程充满挑战，令人兴奋，也很有意思。很明显，狩猎生活充满了乐趣。

两个小时后，我俩各自抓住了一只鸟，然后准备下山返回村子，回到温暖的家吃晚饭。我们沿着山坡飞奔而下，内心因捕猎成功而无比自豪，觉得自己浑身洋溢着男子汉气概。我们抓着鸟的爪子，就像带着战利品一样。这些飞在天上的动物是我们靠人类的聪明才智抓到的。快进城的时候，想必我们内心的骄傲已经膨胀得像冰山那么大了。就在城外不远处，两个孩子看到了我们的猎物，惊讶地张大了嘴。我们猜测，他们一定很惊讶，这两个老外第一次打猎就捕到了猎物。结果，孩子们开始大笑起来，一直笑个不停。我们原本高昂的情绪此时有些低落，然后，我们继续向城里走去。

在穿过融化的冰川水时，我们遇到了当地一位会说英语的猎人，我们之前曾就幸福的相关话题对他进行过访谈。“干得不错！”他笑了笑，对我们竖起了大拇指。作为新手猎人，能得到另一位猎人的认可让我们感到很开心。“说实话，”我们问道，“你一天能抓多少只海雀？”当然，他肯定抓得比我俩多，这一点我们已经料到了。他思索了一会儿，又笑了笑，摇了摇头。在我们的追问之下，他才说："700只。"我们感到非常尴尬，但也学到了宝贵的一课。这位因纽特绅士能够从猎捕海雀中收获快乐，原因有很多——这项活动能让他体会到自豪感和他人的尊重，也能让他和家人填饱肚子，这项挑战还能让他在心流状态下不断提升捕猎技巧。对我来说，猎捕海雀这段经历虽然有点耻辱，但仍然是很愉快的。

幸福感的不同定义

事实证明，全世界的人都将幸福感视为一种愉悦的理想状态。然而，不同文化对于幸福感的侧重点也不同。如前文所述，美国人倾向于将幸福感视为一种积极向上、充满活力的情感，而且很重视幸福带来的高唤醒情绪。相比之下，印度人和中国人认为幸福是一种平和与和谐的状态，且往往更重视幸福带来的低唤醒情绪。我们是怎么知道这一点的呢？

斯坦福大学心理学家珍妮·蔡及其同事们分别查阅了美国和中国台湾的儿童读物，想知道书中对情感的描述方式是否存在差异。该研究小组分析了这两个地区自2005年初以来面向学龄前儿童的十大畅销故事书，以及当年年底荣登畅销书排行榜的十大故事书，然后就书中呈现的情感活跃度打分，比如微笑的弧度，以及是否存在其他面部表情。珍妮·蔡发现，美国的儿童读物通常会描绘更激动人心的活动以及更活跃的积极情绪。研究人员对两个地区的学龄前儿童进行询问后发现，与中国台湾儿童相比，美国儿童更喜欢兴奋的状态，也认为自己更快乐。此外，儿童在阅读美国儿童读物之后更喜欢从事较为刺激的活动，而阅读情感描述相对更平和的中国台湾书籍之后则对没那么刺激的活动更感兴趣。

在另一项研究中，珍妮·蔡发现，古代基督教经典更重视高唤醒的积极情绪，而佛教经典则更重视低唤醒的愉悦感受。而这一差异流传至今。研究人员发现，基督教的现代畅销励志书多强调激昂的情感，而佛教励志书多强调平静和满足。因此，对于生长在亚洲文化背景中的人来说，“幸福”意味着平和和自制，对于美国人来说，幸福则更多意味着兴奋和快乐，而这些差异似乎在他们小时候就已经刻入社会的方方面面了。在不同的文化中，最受重视的情感和活动类型有所不同，不同的人会选择自己更喜欢的方式去追求幸福。

小结

在这个日益全球化的世界，我们不禁想知道文化异同的本质是什么。如果国际企业如雨后春笋般同时出现在美国的堪萨斯州和阿富汗的堪大哈省，那么各个社会是否会变得更加同质化？文化差异又会给幸福感带来什么不同呢？幸福科学的相关研究表明，在幸福感方面，既存在一些重要的文化共性，也存在一些有趣的文化差异。了解这些文化异同有助于你对自己的幸福感设定现实的期望，也有助于你从其他文化的智慧中获益。

也许，在众多幸福研究中，最一致的发现是，除了极端贫困和社会不安定的地区，大多数人都是较为幸福的。无论是富人还是穷人，无论是加拿大人还是塞尔维亚人，无论是高中毕业生还是文盲，都能感受到幸福。一项又一项针对全球偏远地区广泛样本的研究发现，大多数人都认为自己较为幸福，除了那些生活在极端恶劣环境中的人。这一发现不难理解，因为幸福感可以让我们精力充沛、待人友善，使我们在家庭、工作和社会中有效地尽职尽责。大多数人不仅都较为幸福，而且认为幸福这种愉悦的状态十分令人向往。无论你身在韩国还是南卡罗来纳，每个人都喜欢幸福的感觉。

幸福还有一些其他明显的共性。在世界上的每个角落，人们都需要朋友和他人的尊重。在世界上任何一个地方，人们都希望精通当地文化所重视的技能。在世界上所有的文化中，人们都能从自己感兴趣的活动中找到乐趣。当然，世界各地的人在培养心流状态、赢得他人尊重及掌握技能的具体方式上存在巨大差异。

尽管幸福感在全世界表现出了许多共性，但也存在着文化差异。虽然人们普遍认为幸福是种愉悦的状态，但不同文化背景下的人对幸福感的定义截然不同。生活在亚洲和环太平洋文化背景下的人往往更喜欢平静的幸福，而北美人则往往更重视乐观、热情和充满活力的积极情感。因此，亚洲人在追求幸福时，通常会投身于令人内心平静、和谐的活动。西方人则倾向于投入刺激、愉快的体验，以感受幸福中激情高昂的那一面。此外，文化心理学家北山忍及其同事们发现，在美国人当中，自豪感是评估其幸福程度的更重要指标，而在日本人当中，友善感才是更重要的评估指标。因此，在不同文化中人们所重视的积极情绪是不同的。

人们重视的事物、对自身感受的期待，以及追求幸福的方式，一定程度上也会因文化不同而存在差异。

最后，全世界人民在包括幸福在内的情感方面可能并无太大区别。无论人们来自哪里，朋友和家人、基本生理需求能够得到满足、被他人尊重、树立有价值的目标，都是获得幸福感的重要条件。

来自埃德的后记

读完本章内容，你应该已经明白了，为什么罗伯特被称为“积极心理学界的印第安纳·琼斯”。无论是加尔各答贫民窟的性工作者、印度南部的农民，还是加利福尼亚州的流浪汉，或是阿米什人，罗伯特都曾满怀热情地观察过他们，甚至与他们同吃同住。他所做的远远不止于分内工作，他的身体曾被打上烙印，为了收集数据，他曾冒着生命危险划皮艇穿过冰川遍布的河流，还曾因研究活动被警察认为是可疑分子，多次惹上麻烦。他曾与阿米什家庭共进晚餐，也曾在野外捕食水豚和昆虫。有一次，我们一块去拜访马赛人时，一条巨大的眼镜蛇蹭着他的靴子爬进了草丛。我之前的助理也爱冒险，但无人能与罗伯特相匹敌，我非常感激他舍身忘我的精神，也以他为傲。

第 8 章

先天与后天：
幸福是否存在设定值？
能否改变设定值？

如今，很多人都很关心自己的体重，甚至有人痴迷于体重管理。有些人身材娇小，而有些人则……说句不好听的，有点敦实。本书的作者之一埃德来自一个“大块头”家族。我们之所以这么说，是因为迪纳家族的人刚出生时体重就高达 10 磅（超过 9 斤），到成年时，体重就一路飙升到 300 磅（约 272 斤）了。在家庭聚会上一个瘦子都看不到，除非他们找了瘦子当伴侣，或者领养了别人家的孩子。我们的亲戚们更喜欢去大码服装店购物，很少逛精致的小码服装店。埃德和他的许多家庭成员一样，一直在与自己的体重抗争，他为节食和锻炼身体付出了不少努力，想方设法让自己每年都穿同样尺码的裤子。

后来，埃德从书上读到了“体重设定值”这一概念，即基因是体重的主要决定因素。有些幸运儿天生就很瘦，而有些人生来就偏胖。了解这一点之后，埃德开始尝试找到自己的体重设定值。

他开始想吃什么就吃什么，想吃多少就吃多少，随时随地且随心所欲。沙拉、馅饼、牛排、意大利面、芥末酱、冰激凌、面包、中国菜、墨西哥菜，以及其他诱人的食物都是埃德的盘中餐。作为一个食肉动物，埃德不吃蔬菜。毕竟，这次美食冒险本质上是他的遗传密码在摇响进餐铃声。在进行这项胡吃海塞实验的这一年里，埃德每周都会长胖 1 磅（约 0.9 斤），他的体重从 208 磅（约 189 斤）直接飙升到了 260 磅（约 236 斤）。图 8–1 显示了埃德的体重变化情况，幸亏他明智地停止了体重设定值实验。

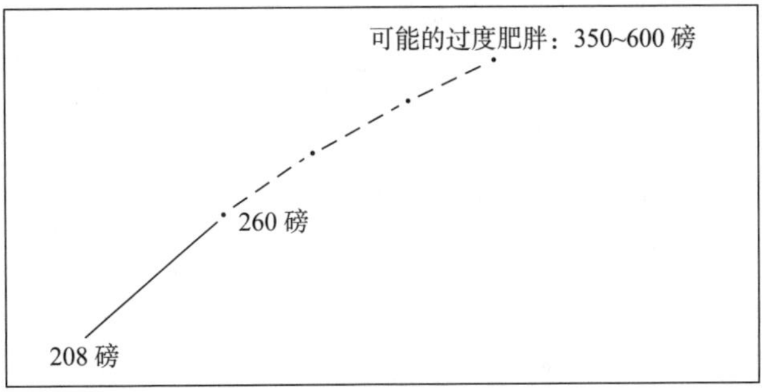

图 8–1　埃德的体重变化

埃德的体重一直在增长，而且似乎会永无止境地长下去。他的裤子虽然让裁缝改松了一些，但穿在他身上依然显得很紧。他开始担心是不是得买一张更大的床。此后，埃德采取了新的行动方针。他调整了饮食，再次开始锻炼。短短的两年时间里，他的体重恢复到了实验开始之前的水平，埃德终于不用再穿松紧腰带的裤子了。

虽然你不应该效仿埃德，在午夜吃饼干和汉堡来验证自己的体重设定值，但“基因决定体重”这一说法可能的确有真实的成分。当然，人的体形的确在一定程度上是天生的，你可以看到有些家族的人肌肉发达，有些家族的人身体柔韧性不错，而有些家族的人身体则比较圆润。你可以在一定范围内通过调整饮食、锻炼身体和改变生活环境来控制自己的体重，但无论你多么努力，你都不可能跨越身体的绝对极限。例如，你永远不可能像一个婴儿那样轻，也永远不可能像一辆大众汽车那么重。幸福与之类似。多年来，常常有研究人员提出理论，认为幸福也有设定值，即人的积极心态在一定程度上也是遗传的。毫无疑问，你肯定听说过抑郁症以及情绪障碍的遗传性。既然我们的 DNA 是引发悲伤和焦虑的关键，那么幸福是否也与基因有关？这种可能性吸引了科学家的关注。事实上，这一观点得到了研究数据的支持，幸福设定值这一概念也流行开来。

你的周围到处都体现着情绪设定值。当你参加高中毕业 20 年同学聚会时，你和老同学结伴穿过走廊，他们好像和以前一样快乐。你曾经迷恋过的那个热情开朗的女孩可能染了头发，但她好像还是和 20 年前一样积极向上。而那些曾经不擅长社交的忧郁孩子，长大后往往会成为保守的成年人。尽管你的老同学们如今过着完全不同的生活——他们赚了更多的钱，享受着成年人的自由的同时也担负着成年人的责任，他们组建了家庭，有了孩子，有一份全职工作，会时不时去度假，但是高中校友会上的氛围与学生时代班里的氛围并无太大区别。

幸福设定值的概念非常重要，因为其扯出了一连串有关追求幸福的问题。如果微笑和乐观只是我们的自然生理反应，那么我们为什么要费心费力去努力追求更多的幸福呢？既然基因是幸福的基础，那么我们是否注定无法逃脱情感的命运？我们有理由停下来想一想，幸福是不是由基因决定的，是否无论我们多么努力，这种先天因素都会使我们无法享受更加美好的情感生活。

明尼苏达州双胞胎及其天生幸福感

明尼苏达州的明尼阿波利斯市以双胞胎而闻名。明尼阿波利斯本身就是双子城中的一个，与其姐妹城市圣保罗毗邻。当地的职业棒球队被称为明尼苏达双城队，在城市的人行道上、咖啡馆里，印着“双子”（Twins）这个词的帽子和运动衫也随处可见。但在明尼苏达州，还有另一群双子，他们也许不太出名，但其重要性却不减分毫。明尼苏达大学的一群研究人员找到了数对双胞胎，对其进行了长达数十年的跟踪研究，其中有些双胞胎一出生就被迫分开，之后在不同的家庭中长大。这些自幼分离的双胞胎可以让我们对人性有更为深刻的洞察，因为他们可以帮助我们回答这个难题：人的个性有多少取决于生活环境，有多少取决于遗传基因。研究人员同时对同卵双胞胎（基因相似度近乎 100% 的双胞胎）以及异卵双胞胎（基因相似度约 50% 的双胞胎）进行了研究。通过观察基因相似度不同、成长环境相似或不同的双胞胎，研究人员得以明确幸福与先天之间存在多大关系。

你可能听说过一些有关同卵双胞胎长得有多么相像的趣事。比如，你可能读到过许多双胞胎拥有相同的兴趣爱好、穿着打扮，甚至还听说过双胞胎之间彼此感受到对方的疼痛的诡异故事。你甚至有可能听说过，不在一块长大的双胞胎成年后与名字相同的人结为伴侣，在婚礼上，他们还佩戴着相同的珠宝首饰。我们家里有一对双胞胎女儿，她们的确非常相似，令人惊奇。她们不仅长得很像，而且都选择了同样的职业，都嫁给了名叫弗兰克的男子，还经常给父母寄去完全相同的生日贺卡。在学校一起上课期间，她们的每项考试和作业得分几乎一模一样。虽然这些事例可能只是巧合，但有可靠数据表明，双胞胎的确在很多方面都很相似。例如，在性格、智力和情绪的标准化测试中，双胞胎表现出了惊人的相似性，而这不可能只是巧合。

明尼苏达州的研究小组基于双胞胎研究得出了一些惊人的发现。他们发现，基因与各种意想不到的行为均有关系，比如去教堂做礼拜，或者对休闲打猎的偏好。不过，最令人信服的莫过于与双胞胎的情感有关的数据。事实证明，遗传因素对于情感的影响非常大，与一起长大的异卵双胞胎相比，在不同家庭中长大的同卵双胞胎在情感方面相似度更高。研究人员发现，如果同卵双胞胎中有一个性格积极向上，那么其生活在本国另一端的兄弟姐妹也大概率也是积极向上的。这些发现反映出基因对于快乐程度有着重要影响，其他研究人员也证实了这一点。例如，一个丹麦研究小组以双胞胎为受试者，研究了快乐感会随着时间推移产生何种变化。他们希望搞清楚，人们的情绪会在多大程度上偏离其自身的平均快乐水平。根据丹麦研究人员的估算，约 1/4 的快乐情绪起伏与遗传因素直接相关。

有关性格的研究也证实了幸福与基因的关系。研究已证明，性格类型是可以遗传的。以性格类型为例，有些人天生就是交际高手，而另一些人则天生不擅长应付社交场合。有些人天生沉着冷静，而另一些人则天生毛毛躁躁。大家研究得最多的两种性格特征是外向和敏感。性格外向之人更关注未来可能获得的成功、善于交际，而性格敏感之人则更容易感到担心、内疚和悲伤。性格敏感之人在幸福感测试中得分较低，这几乎已成定律。心理学家理查德·卢卡斯曾在实验中对性格和情感进行了研究，最后得出了以下结论：在世界各地的文化中，外向之人往往更容易体会到积极感受，似乎积极向上是他们与生俱来的生理特征。即使在实验室的控制条件下，研究人员也发现，外向之人更容易对刺激条件产生积极反应，而他们中的大部分人在实验开始之前并没有觉得特别快乐，只是略微快乐而已。这并不意味着内向之人不快乐。事实上，他们中的许多人很快乐，只是与外向之人相比，他们通常感受到的积极情绪较少，情绪强度也更低。

如果快乐程度部分取决于基因，那么我们有理由问问这个问题：生理活动是如何影响我们的积极情绪的？神经科学家、生理学家以及其他研究人员正在识别能让人产生好心情的特定基因。例如，伦敦国王学院的一个研究小组对几个孩子进行了长达数年的研究，跟踪调查了这些孩子从童年开始到成年之后的生活。研究人员记录了孩子们的 DNA，以及他们的生活环境及其所处的社会背景。研究人员成功分离出了 5- 羟基色氨酸（5-HTP）这一遗传物质，并确认该遗传物质的某种变体是导致抑郁症的因素。这种遗传物质能够影响大脑生成血清素（一种神经递质）的方式。血清素是大脑分泌的一种化学物质，也是常见的抗抑郁药（如百忧解）的作用对象。研究人员通过科学实验发现，拥有 5-HTP 特定等位基因的人在看到令人不安的图片时，其控制情绪的大脑区域（比如杏仁核）会更加活跃，同时也会对压力做出更多反应。因此，幸福感之所以会受到基因的实质性影响，一个可能的原因是，基因会影响与情绪调节相关的大脑区域合成情绪激素的方式。

我们的 DNA 和幸福水平之间存在某种关联，我们甚至已经对这种关联背后的具体作用机制有了一定了解，比如 5-HTP。不过，基因与幸福之间的关联有多紧密？你的幸福感是否完全由遗传基因决定？幸福感又在多大程度上得益于偶然因素和你的个人选择呢？丹麦研究小组给出的答案是先天因素占 22%，而明尼苏达研究小组则认为，高达 50% 的幸福感是与生俱来的。你可能听过专家们就先天因素和后天因素的占比进行的类似讨论。人们最常听到的理论是，我们的情绪、选择、价值观和行为，一半是由环境决定的，另一半是由遗传决定的。

事实上，当我们谈论人类的感受、思维和行为方式的决定因素时，很难简简单单给出一个先天因素和后天因素的百分比。在伦敦国王学院的研究中，抑郁症并不是由单一的 5-HTP 遗传物质引发的，而是 5-HTP 遗传物质和艰难的生活环境共同作用导致的。更复杂的是，生活环境（后天因素）和遗传基因（先天因素）之间相互影响。如果你继承了你祖父的坏脾气，你父亲的帅气外表，或者你母亲的超强记忆力，这些天生的特质将会影响你在人际关系、工作、教育和与陌生人互动方面的表现。另一方面，后天环境也会影响我们的基因。表观遗传学这一新兴学科的相关研究表明，基因密码的表达受我们成长环境的影响。

一些特定的基因只在恰当的环境下才会表达出来，否则它们将处于休眠状态。例如，在一项小鼠研究中，研究人员将怀孕的母鼠置于有毒环境中，这不仅影响了雄鼠后代的生育率，而且一直到第四代，其繁殖率都有所下降。一项生活满意度研究发现，富人的幸福水平受基因的影响更大，而穷人的幸福水平则受环境的影响更大。如果环境对幸福感的影响因生活条件而异，那么基因对幸福感的影响也会各不相同。因此，基因和环境之间相互作用，影响着重要的生理活动，包括那些与幸福感有关的生理活动。关于基因究竟在影响幸福感的因素中普遍占据多大比例这一问题，我们无法给出确切的答案，因为基因和环境相互影响，环境有时会开启或关闭特定基因的表达。虽然我们无法用一个确切的数字来表示有多少幸福感是由基因决定的，但我们确信的是，基因和环境都很重要。

尽管我们无法得到确切的数字或比例，但了解基因对幸福的影响程度仍然很重要。基因似乎的确对情感有着巨大影响，但毫无疑问，基因的力量是有限的。毕竟，即使是性格开朗的人在遇到糟心事儿时，也会不快乐。即使是天生积极乐观之人，也会在受到他人羞辱时感到愤怒，也会因自己支持的球队输掉世界杯而感到失望，或者在自己的孩子被紧急送进医院接受阑尾炎手术时感到难过。那么，为什么有的人生活在恶劣的生活环境里，却不会长期抑郁，而有的人生活在城外的富人区，也会时不时感到消沉呢？答案在于人类惊人的适应能力。

适应：让我们从零开始的力量

流行连环漫画《吉米·科瑞根》的作者克里斯·韦尔有一项超能力。或者说，至少他相信自己有超能力。韦尔在接受芝加哥广播节目《美国生活》的采访时说，当他还是个孩子的时候，他非常想成为超级英雄，所以他时时刻刻关注着自己掌握任何超能力的迹象，比如飞行或隐形。后来有一天，他的梦想实现了。当时他正在洗热水澡，他注意到，他可以站在花洒下，慢慢调高水温，让水越来越烫。到最后，他惊奇地发现自己居然可以忍受最高水温。他任凭滚烫的水在身上流，觉得自己几乎刀枪不入。他高兴坏了！

当然，你我都知道（希望克里斯也知道）洗热水澡没什么特别的。当克里斯的身体逐渐适应更高的水温时，他就不会觉得烫了。类似的情形在游泳时也会遇到，刚走进游泳池的前几分钟里，你可能会感觉非常冷，但过了一会儿，你就会觉得没那么冷了。幸福感与之类似。人类天生就具有适应新的快乐水平的能力。我们每个人都能体会到买新车或者看到孩子优异的成绩单时的开心，也都会因慢性疾病、重新装修房子或者被捕而陷入情绪低谷。但请问问你自己：为什么你的情绪不会一成不变？为什么你今天没有像升职那天一样快乐，或者像你的祖母去世那天一样悲伤呢？这并不仅仅是因为你的生活中发生了新的事件——无论是快乐的，还是悲伤的，而是因为随着时间的推移，你已经适应了新的环境。这就是为什么这么多人不断寻求新体验、期待改变现有的工作或生活节奏，或者一旦达成目标就要制定新目标。我们习惯于对变化做出反应，然后迅速适应新的环境。

20 世纪 70 年代，幸福学研究人员就发现了适应能力对幸福感的影响。关于这一话题，菲利普·布里克曼及其同事发表过一篇经典论文，文中指出，大多数人在一生中的大多数时间里都处于较为快乐的中性水平，情绪高峰和情绪低谷只会偶尔出现。也就是说，除了某些重大事件会短时间内提升或降低幸福感，人们在大多数情况下都处于相对平和的幸福状态。在艰难的时期，我们会郁闷沮丧，在欢乐的时刻，我们会振奋激昂，但我们很快就会适应这些新的状况。

这意味着，本质上，那些试图让自己真正快乐的人——在恋爱中追求兴奋感、在工作中追求高薪、在闲暇时追求强烈刺激的人——有点像跑步机上的老鼠，他们始终没有停止自己的脚步，却始终在原地打转。你身边或许就有这样的人，他们会赶着一个又一个工作截止日期，周旋于社交危机之中，不停地寻求新奇感和刺激感。问题是，加薪、新伴侣、新珠宝和新工作刚开始似乎都很令人兴奋，让人觉得有价值，但随着时间的推移，你会逐步适应，最初的新鲜感也会慢慢归于平淡。曾经激动人心的事物，最终变得平平无奇。布里克曼将这种现象称为“享乐跑步机”，即人们在追求情感刺激的过程中会慢慢适应，最终会回到相对平和的情绪状态。

最初向外界介绍“享乐跑步机”理论时，布里克曼及其同事提出，他们认为人们在适应新情感状况后会逐步回到中性状态。后来有研究表明，事实并非如此。更贴近事实的是，人们会适应新的改变，然后将自己的情绪调整到某个特定的设定点。有些人积极外向，有些人则忧郁孤僻。我们大多数人的情绪设定值都处于较为积极的范围内，当生活中没有发生特别积极或特别消极的事件时，我们的情绪会自然而然处于这一区间。温和愉悦的快乐感就像是我们的静息心率或血压一样。我们从人类进化的角度就更容易理解这一点。温和的积极情感可以赋予我们恰到好处的驱动力量，激励着我们去寻找伙伴，承担适当的风险，克服困难完成任务。但是，妄图在香格里拉收获持续强烈的快乐感是注定要失败的，因为人们会逐步适应，进而归于平淡。

即使面对令人欣喜若狂的情形，人们也会因与生俱来的情绪设定值和强大的适应能力而使自己的情绪缓和下来。几年前，我们的朋友丹尼尔·卡尼曼获得了诺贝尔经济学奖。在参加瑞典的诺贝尔颁奖典礼之后，和所有诺贝尔奖得主一样，丹尼尔成为媒体关注的焦点，出版社的图书出版合约如雪花一般，世界各地著名大学也纷纷向他伸出橄榄枝，授予他荣誉博士学位。你或许能想象得到，丹尼尔会多么欣喜若狂，他取得了我们所有人都无比羡慕却只有少数人能够取得的职业成就。那么，你认为这种欣喜若狂的感觉会持续多久？当我们询问丹尼尔诺贝尔奖让他开心了多久时，他回答说，这种兴奋感大约持续了一年，主要是因为自己受邀出席了很多社交场合，后来，一切又回到正轨，他又和往常一样回到了普林斯顿大学的实验室里。

如果遇到比获得诺贝尔奖还要令人高兴的情形，人们还会适应吗？你或许会好奇，还有什么比赢得世上最负盛名的奖项更值得开心，不如看看患癌症后痊愈这一情形。我们曾在伊利诺伊州进行过一项与情绪相关的研究，受试者需每日填写情绪调查表，整个研究周期长达数月。我们碰巧收集到了一位 21 岁学生（我们姑且叫他亨利）的幸福数据，而亨利提交调查表的这段时间正好是他生命中最重要的 80 天。亨利是一名霍奇金病患者。机缘巧合之下，我们收集到了亨利在接受癌症治疗过程中的幸福数据，其中就包括他得知治疗能有效清除癌细胞的当天以及后续几天的幸福数据。想象一下，如果你知道自己体内的癌细胞已经大大减少，你会多么高兴。想象一下，这件事的意义多么重大，它将改变你的人生。癌症治愈后，人们难道不会感受到重获新生的巨大喜悦，不会更加重视活在当下吗？图 8–2 显示了亨利的幸福数据。

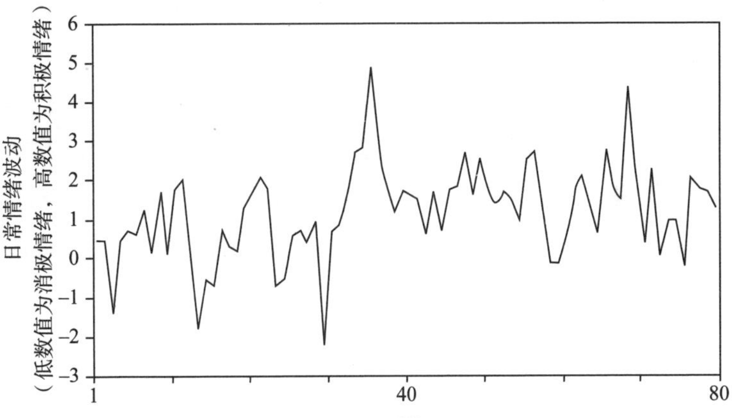

图 8–2　亨利的快乐水平

你可以从图中清楚地看到，亨利的情绪每天都在波动，有时曲线会冲向快乐的高峰，有时会跌至悲伤的谷底。然后，在研究进行到中途时，亨利得知自己近期的治疗取得了成功，尽管看上去不可思议，但他体内的癌细胞的确消失了。亨利在当天（第38天）表现出了极强的快乐情绪。更令人惊讶的是，亨利的快乐感很快回落到他的平均水平。在这一案例中，亨利表现出了极强的适应能力，以至于战胜癌症的欣喜只持续了一两天。当然，对于这个幸运的年轻人来说，快乐带来的好处也不少。你可以看到，在接下来的时间里，亨利悲伤的日子少了很多，所以他的平均快乐水平整体得到了提升。亨利的亲身经历鲜活地证明了适应能力在情感方面的强大效用。

乍一看，亨利的故事可能会令人担忧。适应过程听起来很有用，但如果它不能让我们多享受一阵子治愈癌症的欣喜，那它又有什么益处呢？如果适应能力让你无法享受诺贝尔奖、健康或者生活中其他成功带来的喜悦，那么它的作用究竟是什么呢？适应能力有一项显著的益处。正如适应性可以为我们设定情感上限，抑制我们永无休止的快乐，它也会保护我们不落入情感的深渊无法自拔。当我们身处艰难岁月时，适应性就像一位值得信赖的朋友，确保我们的消极情绪不会永远持续下去。

适应性的双向作用常常会在婚姻中得以体现。在一项研究中，我们希望明确人们在整个婚姻持续过程中的幸福程度。这是一个很难回答的问题。为了收集数据，我们不得不使用车轮战术，本质上就是年复一年地重复询问同一群人的幸福程度。由此，我们得以绘制出人们在一段情感关系中的情绪起伏点。通过这些信息，我们可以看到人们在婚前、结婚仪式上、婚后一年内，以及婚后几年的幸福状况。幸运的是，我们能够从德国获得此类数据，德国对婚姻幸福数据的追踪调查已经持续了 20 多年。我们获得了数千人长达 21 年的幸福数据（见图 8–3）。

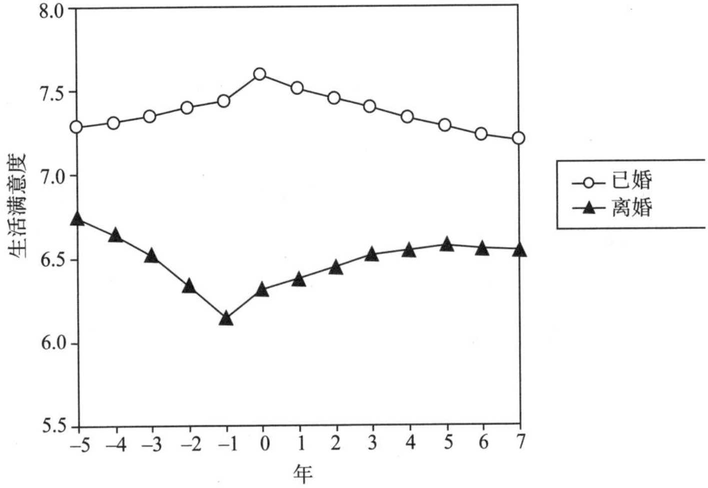

图 8–3　已婚人士和离婚人士的生活满意度

图 8–3 显示了两组样本多年来的生活满意度，一组在研究期间经历了结婚，另一组在研究期间遭遇了离婚。上方那条线是已婚人士结婚当年的生活满意度。数据显示，一般情况下，人们对自己的生活较为满意，但在结婚一两年前对自己的生活尤其满意。也许是因为他们终于找到了自己的真命天子或真命天女，享受着调情的乐趣和两情相悦的迷恋，并对正式的婚姻关系充满期待。然后，在结婚当年，德国人的生活满意度达到顶峰。他们终于与爱人结为夫妻，亲朋好友们共聚一堂，为他们献上支持与祝

福。即使在婚后的一年里，人们的生活满意度也较高，毕竟他们还会体验到结婚礼物、蜜月旅行、新的住所和夫妻共同账户带来的新鲜感。但是，你可以从图中观察到他们婚后几年的幸福水平，你会发现德国人的生活满意度降到了他们婚前的水平。这些数据清晰确凿地证明了适应性的存在。简而言之，恋爱和结婚都会提升幸福感，但是，这种强烈的幸福感并不能持续很久。

从图 8–3 中，你还可以观察到适应性的保护作用。下方这条线显示了那些遭遇离婚的人的生活满意度，低谷也出现在离婚当年。你可以看到，离婚前的几年人们普遍过着糟糕的生活，他们的生活满意度会逐年下降。这也很容易理解：不难想象，他们的生活中充斥着争执、吵闹、冷战、沮丧和愤怒。夫妻之间难以沟通，相互之间的怨怼使两人渐行渐远，不难想象，这样的婚姻生活肯定一年不如一年。然后，在离婚当年，夫妻双方的幸福水平跌入低谷。离婚会造成沉重的情感损失，特别是因失去爱人、搬家、争夺孩子的抚养权，以及分割财产等一系列问题产生的压力更令人身心俱疲。

你还可以看到，在离婚一年后，人们的生活满意度水平就会开始上升。虽然人们的生活满意度并没有迅速反弹，但在离婚后的几年里，受试者会对自己的生活越来越满意。也许他们开始享受单身的自由，在逃离婚姻中的激烈冲突后感到释怀，开始约会，准备迎接新的生活。简而言之，他们开始自我调整。即使是在艰难时期，适应性也能帮助他们走出情感困境，再次享受生活。

也许最能体现适应性和积极心态强大力量的例证是大屠杀幸存者。以色列心理学家对几组大屠杀幸存者进行了研究，这些幸存者在德国纳粹统治时期经历了非人的遭遇，他们当中许多人失去了几位亲人，有些人甚至失去了所有亲人。研究人员发现，许多幸存者的主观幸福感水平都很高。例如，许多幸存者都认为自己常常处于积极情绪状态。这项研究启动时，距大屠杀已过去了几十年，我们不知道幸存者花了多长时间来应对和适应创伤。尽管如此，许多幸存者仍然很快乐，而且显然十分坚韧。他们并没有让自己终生活在纳粹迫害的阴影之下，而是坚韧不拔，亲手创造了积极、快乐的生活。他们积极面对困境的精神值得我们所有人学习。

适应性和情绪设定值的限制

如果你曾经读过有关幸福这一话题的图书，或者偶然翻到过相关的杂志文章，抑或是看到过相关的电视节目，那么你可能已经听说过适应性对人类的保护作用。大众媒体总是喜欢宣传有关癌症患者对抗病魔、离婚人士或遭遇其他不幸的人勇敢克服困难，重返往日幸福时光的励志故事。其中，有关残疾人的奇闻逸事可能是最为常见的了。我们常常会听到这样的故事：脊椎受到严重损伤甚至不得不坐轮椅的人，其情感也能恢复到正常状态。截瘫患者不仅能适应新环境，而且还能在两个月内恢复到事故前的幸福水平。有谁不愿意听到这样一个抚慰人心的故事呢？脊椎受到损伤的患者能够快速彻底适应新的状态，这对于我们来说就像是一种心理保险，减轻了我们对于未来有可能遭受可怕事故的担忧。

不幸的是，尽管这种故事很鼓舞人心，但大众所想象的脊椎受到损伤的患者能够迅速恢复情绪还是有些言过其实。一项著名的实验阐明了关键事实，在这项研究中，研究人员发现受伤者的情绪并没有像人们想象的那样低落，实际上，他们在日常生活中（比如享受早餐）的快乐水平都处于较为积极的分值范围内。在另一项研究中，事故受害者在受伤八周后表现出了比特定负面情绪更多的快乐情绪。然而，研究表明，适应性远比我们所看到的复杂。正如有些人比其他人适应性强，或者在某些条件下，一些人的适应性比其他人更强，适应性也是有限度的。在某些情况下，我们并不能完全适应。从积极的一面来看，我们可能不会太适应做爱时的快感——第一千次性生活仍然会让我们感觉良好。从消极的一面来看，我们很难适应吵闹刺耳的音乐，任何一个青少年的父母都可以证明这一点。这就是为什么特警机动小组有时会在人质挟持案件中大声播放摇滚音乐。住在大型机场起降跑道附近的人们似乎大多也不能完全适应噪声。

一项针对底特律性工作者的幸福感研究发现，这些女性受试者对自己的生活非常不满。事实上，这些站街揽客的妇女饱受健康问题、社会耻辱、吸毒、暴力和其他问题的折磨，以至于性工作者是迄今为止所有研究对象中最不幸福的群体之一。她们可能在一定程度上已经适应了极度恶劣的生活环境，但她们的生活满意度仍然很低。

至于那些脊椎受伤后迅速恢复正常情绪的英勇事迹，心理学家理查德·卢卡斯广泛收集了英国残疾人和德国残疾人样本，对他们的幸福水平进行了分析。研究发现，人们不仅会在刚刚残疾时在情感上遭受重创，而且在此之后他们的生活满意度也始终低于以往。事实上，那些完全残废的人，即生活遭遇严重挑战并失去劳动能力的人，其情绪几乎无法恢复。这并不意味着残疾人注定只能过着悲惨的生活。当然，许多遭受伤害的人在经历漫长的康复期之后，回归了充满意义的生活，并拥有了值得珍惜的情感关系。事实上，任何曾与残疾朋友共进晚餐的人，或者曾目睹坐在轮椅上的运动员参加比赛的人，都知道他们的生活有多么充实。但统计数据表明，通常情况下，严重残疾会将人置于一种极端的生活环境，人们很难完全适应。残疾人通常会再次回归积极的状态，尽管他们对生活的满意度很难与以往匹敌。尽管人们在很多方面都具备适应能力，但适应过程并不能完全让我们摆脱外部环境的影响。

适应能力存在极限这一看法非常重要，但近期发现的幸福设定值可能更重要。一项振奋人心的新证据表明，幸福的设定值可以改变。由遗传基因决定的幸福感和适应性未必是无法逃脱的情感牢笼。越来越多的遗传学研究表明，我们的 DNA 并不等同于注定的命运，而是给了我们一系列的可能性。例如，智力上的差异部分源于遗传，但随着学校教育的普及和营养状况的改善，人的智力水平会有所上升。至于幸福感，提升先天的幸福倾向也是有可能的。当然，天生爱忧虑的人不太可能变成无忧无虑的冒险家，但让人做出一些微小或适度的改变是完全有可能的。

曾参与婚姻幸福感评估调查的大量德国样本以及被跟踪调查了 14 年之久的数千名英国公民为我们提供了一些新证据，证明了幸福设定值可以改变。在研究过程中，大多数人的幸福感水平都很稳定——他们的积极性会随着生活中发生的事件有所起伏，但这种起伏并不大，而且人们很快就会回归到最初的幸福水平上。尽管人们每年的幸福感都会有一些波动，我们对此习以为常，但随着时间的推移，大多数人都表现出了相当一致的平均幸福水平。然而，有 1/4 的人其幸福感的确发生了变化。在最开始的五年和之后的五年中，他们的幸福水平发生了显著的变化。也就是说，他们的情绪设定值实际上发生了变化。为什么会是这样呢？这个群体有什么独特或特别之处呢？他们的生活中发生了什么？其中有哪些经验教训可供我们借鉴，好让我们改变自己的幸福水平？

经过仔细分析，我们发现，一些重大事件可以改变我们的幸福底线。在研究持续的过程中，不仅有一些受试者经历了结婚或者离婚，还有一些受试者遭遇了失业或丧偶。图 8–4 展现了失业

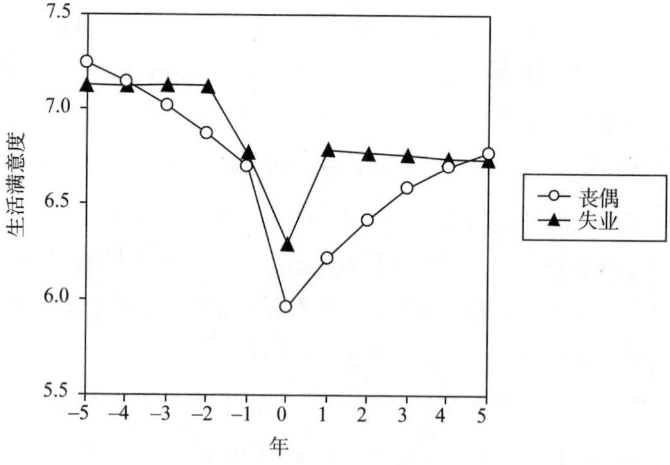

图 8–4　失业和丧偶情况

人员和丧偶人士的幸福感相关数据。首先来看失业人群。没有人喜欢被炒鱿鱼，而在找工作过程中屡屡碰壁也同样令人沮丧。你可以从图中看出，即将失业的人的生活满意度会下降。也许他们已经预感到公司即将裁员，而自己或许会因为工作表现不佳被裁掉。无论如何，他们的满意度在失业时跌入了谷底。

那些不幸的失业人员此后会在一定程度上适应自己的新环境，因此其幸福感会在失业后逐步回升。但人们并不能完全适应，也许是因为失业后发生了一连串糟心事，比如夫妻不和或者失去朋友。遗憾的是，这些打击会给人留下“情感伤疤”，所以受试者并没有完全恢复到失业前的幸福水平。即使他们找到了一份新工作，获得了和以往差不多的收入，他们的生活满意度也较低，也许是因为此前被解雇造成了他们内心的不安全感和自信心的打击。 当然，这些数据只能体现平均水平，并非每个人都会以同样的方式应对失业。而其他因素（如失业时间的长短）也会不可避免地加重或减轻失业对个人产生的不利影响。然而，不管个体差异如何，失业的的确确可以改变一个人的幸福设定值。

丧偶的案例再次证明了情绪设定值是可以改变的。图 8–4 清晰地显示了人们的生活满意度会随着时间的推移逐步下降，这可能是因为其配偶的健康状况每况愈下。之后，在配偶去世的当年，人们的幸福程度会急剧下降。当然，这一点大家都能理解。我们在伴侣身上倾注了太多的感情，失去伴侣会让我们痛不欲生。与遭遇离婚和失业的人一样，失去至亲的人开始步入适应过程，慢慢学着习惯没有配偶的生活。你可以看到，随着时间的推移，这些丧偶人士（大部分样本均为丧偶人士）的生活满意度会逐步回升，但他们的适应过程需要很长时间。即使 5 年过后，大多数丧偶人士的生活满意度也未能完全恢复到以往的水平。事实上，丧偶人士平均需要 8 年时间才能恢复到以往的幸福感水平。然而，重要的是要认识到，平均而言，即使是失业人员和丧偶人士，其生活满意度也处于略高的水平，保持着较为中立的情绪状态。

虽然这些发现可能让人有点泄气，但也有好的一面。首先，我们有必要记住这一点，尽管失业人员和丧偶人士的生活满意度均低于以往，但其得分仍处于中间线以上。此外，重要的是要理解幸福的设定值既可以提高，也可以降低。一些治疗抑郁症的方法就是最有力的证据。对于因患抑郁症而嗜睡且常常感到内疚、悲伤和绝望的人来说，有许多有效的治疗方法可供选择，可以让内心得到些许宽慰。

好几种心理疗法已被证明对许多人有效，当然，也有不少疗效不错的精神性药物。抗抑郁药物之所以能取得商业上的成功，不仅是因为需求广泛存在，更因为抗抑郁药物的确有不错的疗效。最近的研究表明，许多服用特定类型抗抑郁药物（比如会对大脑处理血清素和去甲肾上腺素产生干预作用的药物），同时接受“谈话疗法”的患者，停药后仍会长时间保持快乐。尽管我们尚未完全搞清楚抗抑郁药物的具体效用原理，但这些药物很可能改变了神经网络结构和神经递质的传递过程。

经常参与愉快的活动，结交乐观的朋友，并体验工作中的成功，可以使你的幸福底线逐步上升。正如第 3 章中所述，有些人婚后的幸福程度较此前更高，即便在适应婚姻生活之后也是如此。虽然每个人都会偶尔与配偶争吵，或者经历工作上偶尔的不顺，但经常取得成功的人可能会发现，积极的心态能让人更上一层楼。研究初步表明，随着时间的推移，人们会变得越来越乐观、越来越努力，甚至越来越快乐。

大脑成像新技术、人类基因组的绘制，以及其他近期的技术突破使得人们进一步理解了基因和生理机能是如何影响我们的感受、决定和行为的。同样，我们也得以更深刻地理解了幸福。我们的先人对那些令人忍俊不禁的生理现象已做出不少解释，许多外行之人也对幸福的来源有颇多猜测，在此基础上，我们更进一步对性格是否会影响幸福及其复杂的作用方式有了更深刻的理解。例如，我们已经知道，基因确实对幸福感发挥重要的作用。在生理层面上，你的遗传密码决定了你的大脑能否正常合成某些激素，而这些激素对于构建积极的人生观至关重要。我们还知道，某些环境因素（如营养）也会影响我们的情绪。我们有关幸福设定值的发现，有助于我们进一步洞察幸福产生的过程。

适应的自然过程是心理财富的重要组成部分

适应是一种负责控制情感底线的心理机制。适应新的环境可以让我们学习新的技能，忍受改变，并追求进步。适应过程还可以缓冲我们生活中负面事件的影响，以免让我们永远沉溺于消极情绪。直观上看，我们都希望自己能够适应困难时期，但是适应美好时光的作用是什么呢？其实，这也是适应性的一项重要功能。它能让我们回到略为愉快的情绪底线，为我们的情感留出空间，以便我们在遇到特殊事件时感受到兴奋和狂喜。如果我们没有为幸福感留出提升空间，我们就不会再关注个人成长、新的目标或激动人心的惊喜。当你的女儿大学毕业时，你之所以会感到无比激动，而不会觉得这只是美好生活中平平淡淡的一天，原因就在于适应性。心理财富包括应对消极事件的能力，但许多人没有意识到，这也意味着，想要获得持续的狂喜简直是天方夜谭。

幸福设定值可以改变

幸福设定值并非严格意义上的某个具体值，而是一个“设定范围”。尽管基因会影响我们的幸福感，有些幸运儿天生就比其他人更快乐一些，但我们每个人都有可能做出改变。就像减肥一样，只有坚持不懈，努力改变你的思维和行为方式，才能获得感情上的长久变化。此外，如果你的生活条件得到了很大改善，比如获得了新的社会支持，或者经济首次得到了保障，你的幸福感可能会有所提高。即使是那些幸福设定值极低，需要进行药物治疗或心理治疗的人，也往往能从治疗中收获更多幸福感。

小结

最后要说的是，你不能把你当前的幸福水平归咎于你的父母和你继承的基因。是的，就像智力、身高和体重在某种程度上由基因决定一样，人的情感在某种程度上也会受到基因的影响。但是，你做出的每个选择、养成的各种习惯也会提升或降低你的幸福感，就像你可以选择用自己的智慧去治病救人、研发新的医疗技术，也可以选择把自己的聪明劲儿用在记住每个曾与你约会的女孩的手机号码上。以积极的视角思考问题，结交积极向上的朋友，不向悲观的思维妥协，这些策略都有助于消弭性格中自带的抑郁情绪，提升积极快乐的天性。在接下来的章节中，我们将研究如何做出更明智的决定，过上幸福的生活，并且避免常见的失误，准确地预估自己未来的幸福水平。在之后的内容中，我们将探讨那些可以提高幸福感的心理策略。

虽然我们常常无法完全适应变化较大的环境，但我们确实能在一定程度上适应几乎所有的环境。你必须学会顺应天性，并在此基础上建立你的优势——在尽可能保持幸福的同时，也要实现你的目标。如果你能提前考虑未来你将会置身于何种环境，并且知道自己能适应哪些变化，你就能更好地规划未来，并为此承担适当的风险。例如，如果你骨子里不喜欢一成不变的生活，你很可能会想着搬到另一座城市。虽然这个过程并不容易，但你在心理上是可以接受的。你无须总是想着搬家过程中会有多少麻烦，而是应该跟随自己的内心，安慰自己，几个月后，你在新的城市就会有家的感觉。你可以用同样的方法识别出自己难以适应的领域。我们每个人都能比其他人更容易适应某些特定类型的变化。

人都会有遇到困难的时候，即使是最幸运的人，也难以幸免，你会采取相应的应对策略，比如学习新技能，结识新朋友，用幽默和祈祷以及身边朋友的支持来化解情绪，这些策略有助于你更快地渡过难关。对于正在遭受离婚以及其他类似消极事件所带来的痛苦的人而言，最好能够理解适应性的存在，并知道有哪些策略可以帮助自己更顺利地挺过去。琼·狄迪恩就曾经历丧夫之痛，在那段黑暗的日子里，她通过我们的研究发现了解到丧偶人士的日子也会慢慢好起来，这给了她希望。

从某种程度而言，关于适应性的科学研究发现可以算得上世界上最美好的事物了。在面对糟糕的境遇时，我们可以牢记一点——至少随着时间的推移，我们能够应对并逐渐适应。当事情不顺利时，我们会遭受痛苦，这可以帮助我们调整和成长，但适应当下境遇，回归以往的情感状态而不是长期沉湎于悲伤才是我们的目标。我们也能适应生活中的美好。乍一看，适应美好似乎并非幸事，但正是这种适应性让我们持续成长，使我们在面对新的成就时收获喜悦，并制定新的目标。当我们在生活中遇到非常美好的事物时，比如一段美满的姻缘，我们的生活满意度就会提升，即使最开始的情感高潮开始退去，生活满意度也会保持在较高水平。但是我们的生活满意度不太可能尽善尽美，因为我们希望能从其他目标和未来事物中都有所收获——我们不愿始终维持狂喜状态。追求持续高涨情绪的人是心理上的穷人，因为他们的追求终将是竹篮打水一场空，且常常会做出破坏性行为。

虽然持续的兴奋感并不是我们的目标，但对于许多读者而言，提升幸福设定值是可取的。无论是每位读者还是科学家，都在寻找那些不仅能短暂地提升快乐感，而且能真正提升情绪设定值的方法。同时，对适应情感高潮设定合理预期也很重要。你必须意识到，偶尔的狂喜和强烈的快乐感虽然令人愉悦，但不会持久。成功带来的情绪高潮偶尔能让我们受益，但不要因这些快乐转瞬即逝而哀叹。适应生活中的美好和不顺是我们心理财富的一部分，因为它可以帮助我们在生活中成长。无论是沉湎于忧郁，还是陷入狂喜无法自拔，于我们而言都是有害的，因为我们将无法正常应对眼前的生活。因此，能在一定程度上适应环境甚至适应美好环境的人，在心理上较适应能力差的人更富有。

第 9 章

我们的水晶球：预测幸福

我们每个人都想预知未来。只要人类存活于这个世界，只要我们未来仍将一直在地球上生存，我们就会或多或少关注未来。我们对未来充满好奇心，比如想知道晚宴能否顺利举办，母亲是否会喜欢她的生日礼物，哪些股票会涨，以及我们的航班是否会准时到达。

通过收集信息，敏锐地预测未来，我们能最大限度地提升实现目标的概率，无论你的目标是乘坐航班时办理转机，还是升职成为销售经理。如果未来都无法激起你的好奇心，那就没什么东西能激起你的好奇心了。不幸的是，预测未来充其量只是一种猜谜游戏——自从人类长出带有前额皮质的高级大脑以来，这种游戏就一直在继续。我们的宠物几乎只关注当下，但我们却会花费很多时间思考未来。

长期以来，人类总是会聘请专家（比如天气预报员）来预测未来。希伯来人有先知，古希腊人有占卜者和神谕，欧洲的国王有占星家和智者，将军权贵则有自己的谋士。无论是哪一类，这些拥有专业技能的人都在试图收集信息，然后拼凑出对未来的美好预测，猜想明天会发生什么，下周会发生什么，或者更久远的未来会发生什么。他们会试着预测战事、疫情的防控进程、危险的旅程是否即将结束或者一个民族的命运。

即使在现代社会，我们也会求助于民调专家、金融分析师和经济学家，来了解未来可能会发生什么。尽管我们并没有真正能够预测未来的水晶球，但我们却总是依据对未来的预判做出决定，仿佛我们真的有一颗水晶球一样。我们在选择工作、男朋友和住所时，都是因为我们可以在某种程度上预想，做出某项选择会在未来几个月或未来几年里对我们产生何种影响。

那么，我们如何预测未来会使我们快乐的因素？随着时间的推移，我们逐渐会对自己的情感了如指掌，我们不仅能感受到当下的情绪，而且能预测未来的感受。我们很善于猜测自己情感的变化和走向。也就是说，我们可以准确地预测自己何时会感觉良好，何时会感到糟糕。我们无须饱受折磨就能知道某件事会让我们不愉快，你可能几乎不需要任何证据就能肯定，明天的性爱一定是令人愉悦的。对于其他的感觉也是如此。可以肯定的是，当你的女儿从法学院毕业时，你会感到非常自豪，而在你得知你的父亲去世时，你会感到无比难过。这些通常都是潜意识里的预测，但它们很重要，因为它们会影响我们的决策。这些预测构成了我们心理代数运算的一部分，在我们买房或者决定结婚时，影响着我们的最终决策。

那么我们在做出情感预测时，准确率会有多高呢？好吧，想象一下你去狂欢节打工的情形，预测自我的幸福感有点像估算狂欢节上每个人的体重一样，对你来说难度并不算大。当然，你可能会下意识地把男性的平均体重高估 9 磅，或者把女性的平均体重低估 14 磅，但你仍然能把他们真实的体重猜个八九不离十。事实上，从功能的角度来看，人们对于让自己快乐或者悲伤、害怕的事物很敏感。如果我们的情感预测毫无可靠性，那么我们的情感就会失去很多用处。

这个时候，你可能会问自己："如果人们如此擅长预测自己未来的感受，那么为什么还有那么多人会后悔自己当初的糟糕选择呢？"这很容易让人想起身边的例子，比如某位朋友与男友开始约会后才发现两人相处不来，或者某个被名牌大学录取的侄子，在第一学期的课上到一半时才发现自己对现在的专业毫无兴趣。无论是我们的生活，还是朋友的生活，都充斥着错误的决定，充斥着自己亲手造成的不快乐，充斥着"早知如此，何必当初"的事例。人们有时会选择自己讨厌的工作，有时会买下自己负担不起的房子。这只是因为他们忽视了情感警告信号吗？还是他们的情感追踪系统崩溃了？

人们试图预测自己未来感受的能力被称为幸福预测，这一话题的相关研究表明，人们在预测自己的感受时会犯一些有趣的、可预测的错误。例如，心理学家丹尼尔·吉尔伯特和蒂姆·威尔逊曾进行过一项研究，他们要求年轻教授预测是否获得终身教职对他们的情感将产生何种影响。你可能已经想象到，年轻的教授们认为，如果能获得终身教职，他们会感到很高兴；如果被拒绝授予终身教职，他们会感到很沮丧。有趣的是，等到终身聘用决定发布时，吉尔伯特和威尔逊发现这些教授的表现与自己所说的完全不同。那些获得终身教职的人短时间内的确感到很兴奋和宽慰，但他们很快就适应了新的现状，然后回到了以往的状态。那些不太走运、未能获得终身教职的教授的确也觉得很沮丧，但远没有他们想象中那样痛苦。因此，他们在预测未来感受时，整体方向是正确的——荣获终身教职会让自己感到快乐，而未能获得终身教职会让自己感到难过——但他们错误地预估了这些感觉的持续时间和强度。

有关幸福预测的最新研究也得出了与吉尔伯特和威尔逊相似的结果。现有证据表明，错误预估自己的情感不是新上任的大学教授独有的现象，而是一种普遍现象。例如，研究人员发现，人们在得知自己的艾滋病病毒检测结果时，会错误预估自己的痛苦程度，人们会觉得检测结果为阳性会让自己的人生崩塌，检测结果是阴性则会让自己重获新生。研究发现，人们总是会高估检测结果对自己情绪的影响，无论是好的结果，还是不好的结果。也就是说，人们在得知自己的检测结果为阳性的五周之后，他们实际上并没有自己想象中那样痛苦。这并不是说那些不幸的艾滋病病毒感染者不会感到痛苦。他们当然也很痛苦，但是事实证明，他们并没有我们预想中那样痛苦，这再次证明了人类的适应能力。

好在，研究人员已经发现了一些导致人们错误预测自己幸福感的原因，且这些原因很容易识别。我们现在对于人们思考、下判断和做决定的方式有了更深刻的理解，也知道了人们在做心理演算过程中常出现的系统性问题。读完本章之后，你会知道你在预测自己的幸福时，可能会在哪些方面犯错，并纠正那些可能会让你犯错的思维方式。

错误预测未来幸福感的原因

人类的思维天生就是以效率为导向的。我们能够快速而准确地判断出迎面而来的车流速度、陌生人的威胁性，以及我们对夜校老师的喜爱程度。决策能力和个人偏好鉴别能力有助于我们在复杂的世界中生存并应对眼前的问题。就拿假设来说吧，常识告诉我们，假设不过是自以为是的判断，且常常是错误的，但事实恰恰相反。为了在世上生存下去，我们每个人每天做出的假设没有数千个也有数百个。想想去邮局这件小事，很有可能是这样的——你不会问邮局的工作人员："不好意思，你会说英语吗？"或者"今天卖邮票吗？"在你的假设中，这些问题的答案都是肯定的。所以你会跳过这些问题，与工作人员直接进行接下来的交流。这些假设可以帮助你节省时间，也能帮你避免一些令人尴尬的场面。然而，我们都知道，假设免不了会出错。你是否曾向店员询问过某件商品的价格，结果却发现对方并不是导购，而是和你一样的顾客？你可能误解了一些信息，也许那位顾客的衬衫与店员制服有点类似。虽然人类总体上能做到快速而高效地思考，但我们也会犯一些系统性的错误。有些错误是可以预见的，这些错误会导致我们不能准确预估未来的幸福感。

缺乏大局观：聚焦错觉

20 世纪 80 年代初，我们举家搬迁到了圣托马斯岛——美属维尔京群岛的一个岛屿上。我们租了一套房子，买了一辆车。那一年，埃德正在停教休假，而他的妻子正好是当地大学的教授。孩子们已经开始上学了，我们迎来了一种更具热带风情的全新生活。那段时光非常美好，那里气候宜人，有着有趣的文化、新鲜的食物和海滩。在那里，我们时常乘船出海、游泳、潜水，还会躺在门廊的吊床上看书。我们在岛上居住期间，遇到了许多从内陆乘船来此游览或度假的人，他们都爱上了这个地方，并决定在此定居。他们中的大多数人在这里待了大约六个月之后，才发现岛上的生活不适合他们。有几个人甚至只坚持了几个星期。

为什么人们不能准确地预测自己对于圣托马斯岛上生活的满意度呢？部分原因在于，他们从未纵观全局。没错，这个小岛有被媒体誉为世界上十大最美丽的海滩之一；这里日照充足，清澈的海水也很诱人。但大多数游客都忽略了海滩上的其他细节。当时，圣托马斯岛常常停电，一停就是几个小时，整个小岛都会陷入黑暗之中。岛上没有定期的垃圾收集机制，总有居民会把垃圾扔到路边。这里交通状况很差，常常发生事故。这里的食物昂贵。除了水上运动，其他休闲活动也很有限。换句话说，我们遇到的许多人似乎都只看到了诱人的海滩和水上运动，而忽视了生活成本、交通状况和生活条件。

这种常见的心理陷阱被称为“聚焦错觉”，当我们面对选择时，如果脑海中过于关注该选项的某个元素，往往就会忽视其他重要特质，这便是聚焦错觉。如果我们让你评估一个刚刚离婚的女人的幸福感，你很有可能会给出一个较低的评估。毕竟，她刚刚离婚，离婚的巨大阴影可能会让她忽略生活中其他积极的方面：更多的空闲时间，无须再与丈夫争吵，能够随心所欲地追求自己的事业，与他人约会的自由，等等。此外，在大多数时间里，她并不会将自己视为一个刚离婚的女人，而是扮演着顾客、员工和朋友的角色。从某种意义上说，她只是一位兼职离婚人士。只有在注意力被吸引到离婚这个事实上，或者自己主动想起离婚这件事的时候，她才会扮演离婚人士的角色。

丹尼尔·卡尼曼及其同事戴维·施卡德对聚焦错觉进行了研究，发现我们在某些情况下最有可能犯此类错误。当人们把注意力集中于某个可选项的显著特征（如圣托马斯岛有海滩，而夏延则没有海滩）上时，就会落入聚焦错觉的陷阱。在一项研究中，研究人员让来自美国中西部和加利福尼亚的大学生做出判断——这两个地区的学生哪一组更快乐。两个组的学生都认为，来自加利福尼亚的这一组会更积极向上，毕竟，他们居住在气候宜人的环境里，令人十分羡慕，然而，事实上，两组人的生活满意度大体相当。受试者只关注到了这两个地区的气候差异，而忽略了其他重要方面，比如交通状况和邻里关系等。

同样，人们在买房时也常常会出现聚焦错觉。大多数潜在买家在参观房子时，都会想象自己会如何装修，孩子们会睡在哪里，以及在院子里做些什么。这些景象很容易想象，因为房子本身的细节很容易在我们的脑海中脱颖而出。我们往往会忽视邻居是否友好，雨季来临时地下室能否正常排水，开车去上班时道路是否拥堵，常去的商店离家是否太远，以及半英里（约 0.8 千米）外的火车是否会吵得我们晚上无法安睡。

尤其是当你关注或评估某些明显积极或消极的事物时，你很可能就会因聚焦错觉产生偏见。以加尔各答贫民窟的居民为例。饥荒、警察骚扰、恶劣的医疗条件和失业等情形往往会第一时间在你的脑海中浮现，所以你会觉得他们过着悲惨的生活。然而我们的研究表明，加尔各答贫民窟居民的生活满意度整体上保持在中等水平，有些人的生活满意度甚至略高。如果你对此感到十分惊讶，那是因为你和我们一样，都忽视了贫民窟日常生活中积极的一面，比如亲密的家庭关系、足球比赛、宗教庆祝活动、新生儿、婚礼、纸牌游戏，以及其他许多积极事物。这种心理被称为“怜悯谬误”，与之相对应的是“极乐谬误”。

极乐谬误是指人们过于关注事物的积极特征，而忽略了其消极的一面。一见钟情有时就会让人产生“极乐谬误”。聪明、帅气、口才好的罗密欧最初看上去是那么完美的恋爱对象。然而，随着日子一天天过去，你会慢慢发现他对感情不忠、酗酒、自私自利的一面，光鲜亮丽的罗密欧在你心里就会黯然失色。迷人的外表固然很有吸引力，但也会分散人们对于好脾气以及其他个人特质的关注，而这些特质对于长期的情感关系而言至关重要。

当我们需要在不同选项之间做出选择时，聚焦错觉也往往会显露出来。通常，当我们试图在两个选项之间做出选择时，比如要在两款不同品牌的平板电视之间做出选择，我们往往会根据眼前看到的明显差异来做出决策。研究人员奚恺元将这种心理倾向称为“联合评估”。商家会把商品并排摆放在一起展示，就是在利用这一点。例如，你所在城市的电器商场内，可能有一堵墙挂满了平板电视供你选择。当你站在这堵墙面前时，差异一目了然——这个型号的屏幕更大，那个型号的屏幕更小；这一款的色彩更鲜艳，那一款的色彩略暗淡；这一款在切换画面时屏幕更清晰……当你在心里盘算要买哪一款时，实际上就是在被不同型号之间的差异左右。值得注意的是，当你把那台更大、更亮、更贵的电视机买回家时，你在商店里计较的那些问题就已经不再重要了。

当你把电视机摆在客厅之后，你就不会再用“更大”或者“更亮”这样的指标来评估它，而是会关注这台电视机本身的优点，其他品牌的电视机产品如何早已被你抛到脑后。也就是说，你只会关注这台电视机带给你的体验。你是否喜欢它的音质？这个遥控器使用方便吗？它和你家的装修风格相匹配吗？如果摆在你选定的位置上，电视机现有的亮度合适吗？奚恺元的研究表明，尽管我们在买东西时常常货比三家，但就我们的长期满意度而言，产品本身的体验比挑选的过程更重要。也许某台电视机比旁边的电视机更好，所以即便要花更多的钱，我们也会买下这台更好的电视机，但事实上，当我们把电视机摆在家里时，这两台电视机体验起来并不会有什么太大的区别。

新奇体验也常常布满了聚焦错觉陷阱，值得我们警惕。如果你是第一次来纽约，兴奋地想把圣路易斯的那套房子卖掉，在纽约东村买一套公寓定居下来，你最好三思而后行。人们常常被新奇事物带来的新鲜感和兴奋感吸引，这是人之常情，但重要的是别忘了人类具有强大的适应能力，三个月以后，这种新鲜感和兴奋感将会逐渐消失殆尽。在你当下的生活中，如果上下班堵车、单调乏味的工作、每周毫无新鲜感的例行购物让你烦恼，你可能要慎重考虑是否在纽约定居，因为在纽约生活也会遇到同样的问题。

我们的一位朋友海蒂在面临人生的一项重大抉择时陷入了两难境地：她应该搬到洛杉矶还是留在芝加哥？海蒂完成了研究生学业，即将从西北大学毕业，并开始思考毕业后的生活。她在芝加哥长大，对这个城市很了解，她的许多亲朋好友也生活在这里。但海蒂渴望搬到西海岸，在洛杉矶生活是她梦寐以求的。幸运的是，她收到了一份来自洛杉矶郊区一家公司的工作邀约，可以在那里度过两年时光，这份工作可以让她梦想成真。问题是，海蒂并不确定要不要搬家。一想到要搬家，一系列的麻烦和问题就会在海蒂脑海中浮现——那里没有熟悉的社交圈子；要自己费心费力找房子住；因为人生地不熟，有可能在城市里迷路；她没有汽车，而且她认为私家车是南加州日常生活中不可或缺的。

有趣的是，海蒂抱怨的每一个问题都只是过渡时期的暂时问题。她把注意力只集中在了搬家后的两三个月内。当我们让她想象一下搬到洛杉矶八个月或一年后，她将过着怎样的生活时，她的态度改变了。她承认，自己会逐渐熟悉整个城市的道路，也必定会结交新的朋友。她会找到心仪的公寓，也会拥有自己的汽车。当海蒂的视野不再局限于过渡期时，她便信心满满地做出了搬到洛杉矶的决定。

好在，聚焦错觉是可以预见的，所以，即便我们不能完全避免聚焦错觉，也可以降低因此受到的影响。和海蒂一样，我们也可以克服这种偏见。当我们面对打电话、找工作、挑房子或者择偶等选择时，不妨退一步，把眼光放长远一些，或许能做出更明智的决策。全面地权衡各项条件，不要被某一表面的细节左右。不要局限于眼前最明显的几个条件，而是试着收集更多的信息。问问你自己，眼前这位真命天子是否会像周五晚上你们约会时那样友善对待你和前夫的孩子。想象一下一年之后，当你们适应了新的环境，新鲜感逐渐消退时，你们之间的感情又会走向何方。

如果条件允许，在面对重大决策时，最好多花点时间，让自己有机会去体验，去比较。不要被最初的兴奋感和新奇感冲昏了头，而是要把目光放到更长远的日常生活中。当最初的兴奋感消失后，你的选择还会像现在这般诱人吗？毫无疑问，我们每个人都会不时陷入聚焦错觉的陷阱，这很正常。但是，当我们认识到我们会倾向于关注事物的某一细节而忽略其他细节时，就迈出了避免落入聚焦错觉陷阱的第一步。

影响偏差：忘记适应性

2000 年 11 月，全世界人民与美国民众一道见证了一场备受争议的美国总统大选。如果当时你随便询问任何一位选民，假如小布什连任，他会有何感受，你很可能会得到一个极具感情色彩的答案。支持者会告诉你，他们会感到非常兴奋，而反对者则会告诉你，他们会感到十分沮丧。最后，小布什获得了胜利。但从心理学的角度来看，真正有意思的问题在于，人们的宽慰或沮丧程度是否真的如同自己预想的一样。

蒂姆·威尔逊、丹尼尔·吉尔伯特及其同事进行的研究表明，重大事件给人们带来的实际影响往往远比我们大多数人的预期要小得多。事实上，他们收集了 2000 年小布什对阵戈尔的总统选举之战的相关数据。在戈尔的支持者的预想中，小布什的获胜会让自己感到不满，而小布什的支持者则做出了恰恰相反的预想。在大选结果公布后，吉尔伯特对选民再次进行了调查，发现小布什的支持者远不如他们自己想象中那样开心，而戈尔的支持者也远没有他们自己想象中那样沮丧。事实上，虽然选举国家元首很重要，但这件事对我们日常生活的影响远不及大多数人的想象。不管是谁入主白宫，你大概率还是会干着同一份工作，送你的孩子去同一所学校上学，每天晚上回到同一个家。吉尔伯特和威尔逊的研究小组曾询问过受试者，当他们最喜欢的球队赢得比赛或输掉比赛时，他们会有何感受，这项研究也得出了类似的结论。人们的实际情绪感受并没有他们想象中那样持久。

心理学家将这种现象称为“影响偏差”，指的是我们倾向于高估某一事件对我们产生的情感影响，无论是积极事件还是消极事件。我们有时会认为，岳母的到访会给生活带来一场灾难，而去斐济度假则会影响我们的一生。我们生活中的那些事件，十之八九既不会带来灾难，也不会改变人生。相反，那些日常生活中的成功和失败，通常只会引起情绪上的小小起伏，对长期的幸福感并不会产生太大影响。

研究表明，我们总是会错误预估出生和死亡事件、暑期大片，以及轻微交通事故的影响。这是否意味着人们只是学习速度较慢？为什么我们不能基于过往经验来预测自己未来的情绪呢？为什么我们不能牢记自己最喜欢的曲棍球队上次输掉比赛的情形，然后告诉自己："输了也没那么糟糕，反正我也只会沮丧一两天"？为什么我们不能轻易地回忆起上次选举结束一个月后自己的感受，然后向自己保证，这次选举也没有什么不同呢？

我们之所以会高估外部事件对我们的影响，一个主要原因就在于，我们低估了自身的恢复能力。我们大多数人都会忽视自己走出困境、应对问题的能力。即使我们曾经克服过困难，但有时我们仍然不相信自己将来遇到困难时能够挺过去。人们往往觉得自己永远无法从丧偶或丧子之痛中走出来。的确，这样的遭遇会对任何一个人造成心理创伤，令人痛苦万分。然而，我们每天都会看到有人从这些困难中走出来。

也许你可以想象到丧偶会给你带来多么剧烈的悲伤。你可以想象到，自己的大脑将会一片空白，然后是无尽的哭泣，在葬礼上，朋友们会安慰你，你会失去生活中的许多乐趣，甚至可能需要吃药来调节。这样的生活简直太可怕了。然而，在这个世界上，也有不少人在丧偶之后的几年甚至几十年里过着快乐的生活。这些经历丧偶之痛的男男女女会回到自己的工作岗位上，重拾自己的兴趣爱好，度假时去看望自己的孩子和孙子，他们再次找到了生活的意义。即便遭受如此严重的情感创伤——而且总有一天你将经历这种痛苦——但随着时间的推移，你很有可能会逐渐恢复，你会发现，这段经历并没有你想象中那样痛苦。

不轻信他人经验

如果你认识任何一个大学生，你可能和我们一样，已经注意到了一些惊人的趋势。作为心理学课程的教师，我们经常问我们的学生为什么对这个领域感兴趣，以及他们未来计划从事本专业的哪些工作。在过去的十年里，有志于成为联邦调查局法医调查人员的学生数量激增。几乎每个班都有一群喜欢看《犯罪现场调查》、《X档案》和《法律与秩序：犯罪倾向》的学生，他们被电视剧的剧情深深震撼，满怀希望地幻想着刺激的工作场景。他们会想象着成为一名谈判专家将会是多么激动，或者想象着成为一名犯罪心理侧写员将会是多么兴奋。但是，由于他们对法医刑侦实际工作的了解主要源于电视，所以他们自然而然会更关注他人的经历，而不是自己的体会。当我们忽视自己的体会而更关注他人的体会时，我们很可能会错误预估自己未来的幸福感。而他人的经历即使比电视剧更现实，也未必能有效指引我们。

在这一点上，我们和其他人都一样，也会有过失。上大学期间，埃德本想成为一名心理治疗师。他认为心理治疗师这份工作很有价值，不仅因为这份工作能让他帮助别人，还因为他对学校里所有的心理学课程都很感兴趣。毕业后，埃德入职了一家精神病院，他希望这段职业经历能让他在申请研究生时更有优势。没过多久，埃德就发现自己很反感在那种环境下工作。他尤其反感与病人的交流互动，如果病人的恢复进程缓慢，他会感到十分沮丧。事实证明，埃德虽然对心理学思想以及了解人们的想法很感兴趣，但他并不喜欢在临床环境下与人协作，也不喜欢一门心思解决人们的心理问题。埃德只有通过亲身体会才会知道自己喜欢什么样的职业，而模糊的概念或其他人的经验是无法帮他做到这一点的。

你可以从过往的亲身经历中吸取经验教训，也可以将目光放长远一些，从而避免选错工作或伴侣。有些孩子想考耶鲁大学只是为了取悦自己的父母，虽然这一举动令人欣慰，但他们却未曾考虑过这一选择究竟是否适合自己。有些人之所以想要成为护理人员，是因为他们喜欢这份工作的快节奏，但他们却未曾意识到，大多数从事这份职业的人都需要忍耐漫长的待命时间。有些人想成为大学教授，因为他们觉得遵循校历、按部就班，以及授课会很有意思，但他们却未能意识到发表论文的压力、出席委员会会议的义务、难缠的学生和周末加班等问题。你可以与他人交流，从他们的经验中获益，但你仍有可能会忽视全局。你可以询问护理人员，典型的工作日程是什么样子的。你可以询问大学教授，看看他如何看待自己的工作，喜欢哪些方面，讨厌哪些方面。但自始至终，你的个人体会都是无可替代的。在鲁莽行动之前，还是先去体验一番为好。你可以找机会当一名志愿者，试着和他人约会，或者在你向往的城市度过一个夏天，看看现实是否如你想象般美好。只是在脑海中想象远不如吸取他人的经验教训，而亲身体验的效果更佳。

知足常乐，而不追求满意度最大化

人们总是觉得自己的选择会让自己快乐，最终却往往落得不快乐的另一个原因是，其做出决策的方式会削弱他们整体的积极体验，这很不幸。事实证明，在众多选项中做出决策，比单纯的二选一更令人头疼。例如，假如你想去上海，于是亲手安排了一次上海之旅，你可能会很满意这次度假。但如果你只是从东京、北京等众多想去的目的地中选择了上海，那你可能就没那么满意此次的度假之旅了。虽然这听起来令人难以置信，但选择太多的确会降低人的幸福感。

斯沃斯莫尔学院心理学家巴里·施瓦茨研究了人们对自己决定的满意度。施瓦茨及其同事识别出了两种决策方式：知足常乐，追求满意度最大化。知足常乐者会根据自己的下限做出选择，而追求满意度最大化的人会尽可能让自己每次都做出最佳决策。在不了解施瓦茨的研究结果之前，你可能会觉得我们更应该追求满意度最大化。然而，每当追求满意度最大化的人做出选择时——无论是接受工作邀约、签订唱片合同，还是嫁给高中时的恋人——他们往往会在事后重新审视自己，总想着是否还有更好的选择。有趣的是，相较于知足常乐者，尽管追求满意度最大化的人有时能取得更好的结果，例如，签下要价更高的唱片合同，但他们对自己的成就往往不太满意。事实上，他们的幸福程度整体较低。施瓦茨的一系列研究结果显示，相较于知足常乐者，追求满意度最大化的人在幸福程度、乐观程度、自我尊重程度和生活满意度等方面都较低，并且其抑郁程度和后悔频率更高。

施瓦茨及其同事以一群即将毕业、前途一片光明的本科生为研究对象，在这群学生离开校园找工作时开始追踪他们的生活。那些追求满意度最大化的学生试图找一份最佳工作，而知足常乐的学生则试图找一份自己喜欢的好工作。你觉得结果会怎样？追求满意度最大化的学生整体上找到了条件更为优厚的工作，他们的起薪比其他应届毕业生高出了 20%。不幸的是，尽管收获了更丰厚的薪水，他们对自己的工作满意度却不高。本质上，追求满意度最大化的学生可能会以牺牲自己的满意度为代价来换取更多薪水。

如果说追求满意度最大化无益于情感生活，那么为什么还有那么多人会故意为之呢？为什么人们不降低自己的标准，享受已有的成就呢？可能是因为，追求满意度最大化的人误以为找最好的医生、买最豪华的汽车或者拥有最高档的厨房电器会让自己高兴。否则又如何解释为什么明明有很多优秀的大学可供选择，但很多人仍然绞尽脑汁也要让自己的孩子进入“顶尖”大学呢？部分原因在于，追求满意度最大化已经变成了一种根深蒂固的习惯，人们没有意识到这是有问题的，或者不知道如何改变。理解追求满意度最大化背后的原理，有助于你避免落入这一陷阱。追求满意度最大化的人有两个特征。首先，他们在评估事物时严重依赖他人的看法。他们在评估一家餐厅或一部新手机时，往往更看重这家餐厅或这台手机是否口碑良好、能否凸显自己的身份地位，以及其他外部因素，而不太在意自己是否真的喜欢这家餐厅或这台手机。

其次，追求满意度最大化的人在做决策时，脑海中会上演一出看不见的戏剧——他们的大脑会在不同选项间反复比较。他们不会依据性能来评估一款复印机的好坏，而是会将一款复印机与大量同类产品进行比较进而做出判断。这样一来，他们可能会买到更划算的产品，但也提升了自己后悔的概率。此外，他们在做出最佳选择上花费了太多时间，以至于自己没有多少时间可用于享受生活。

当你思考自己的目标和决定时，你有必要考虑一下自己是倾向于知足常乐，还是更喜欢每次面临选择时都做出最佳决策。请将这一点铭记在心：不用管他人怎么想，选择你觉得足够好的产品、人际关系和结果即可——这是通往幸福更稳妥的路径。这并不是说知足常乐者安于退而求其次，而是说做出自己认为“够好”的选择是他们的主动意愿。知足常乐者也希望找医术高超的医生看病，也希望买好车，但他们心中始终有一个最低门槛，只要不低于这条底线，就是可以接受的。他们还明白，“最佳选项”和其他类似选项之间几乎没有什么区别，而且选择最佳选项是要付出代价的。

知足常乐者也倾向于就某件事物本身进行评价，而不做相互比较。例如，在选择起草法律合同的律师时，知足常乐者可能会问自己：“这位律师可以胜任这项工作，拟好这份合同吗？”如果答案是肯定的，那么就没有理由再考虑别的选择了。最终，哪怕另外四位律师能比现在这位律师处理得更好一些也丝毫不重要，重要的是这位律师能否出色地满足客户的需求。知足常乐者在意的是一所大学是否优秀，是否能满足自己的需求，而不在意这是不是一所真正“顶尖”的大学。

要想做出能让自己快乐的选择，你要倾听自己的内心，不要总想着最佳选项，要根据事物本身的优点来评价，而不是将一堆选项放在一起进行对比。请遵循以下格言：找到合适的停车位，就把车停进去；不要逛遍整个停车场寻找完美车位，这纯属浪费生命。

三分钟热度：渴望和喜欢

无论你多么渴望某个事物，一旦拥有之后，你会发现你对它的喜爱程度和你当初的预期是有差距的。这一点在我们见过的所有孩子身上都得到了充分印证。当那些孩子非常想要商店里或电视广告里的某个玩具时，就会不停地缠着家长买给他们，直到目的达成。一旦得手，他们会兴奋不已地玩上一个小时，然后就把这个玩具扔到了玩具盒里，再也不会拿出来玩了。曾经无比诱人的玩具，玩上一会儿之后也就没什么稀奇了。我们的一个女儿曾经想养一只宠物，她同样也表现出了三分钟热度。她为此恳求了我们好几个月，我们终于忍不住让步了，然后从动物收容所带回了一只可爱的混血狗。我们的女儿很高兴，给它起名“杰克”，并承诺一定会履行给杰克喂食、带它出去散步、陪它玩耍，以及管教它的责任。她和杰克玩得很开心，然而这种开心只持续了一天。自此之后，无论我们如何甜言蜜语、威逼利诱，都无法劝说她带杰克去散步，给杰克喂食，更不用说清理杰克的排泄物了。

很简单，她已经和杰克玩过，新鲜劲儿过去了，杰克不再有趣了。

心理学家描述了渴望和喜爱两种情感所对应的不同大脑系统。一只可爱的小狗激活了人的渴望系统，并不意味着它以后会继续刺激人的喜爱系统。两种系统之间的典型差异在上瘾行为（如尼古丁成瘾）上得到了体现。手头没有香烟时，吸烟者会非常想要甚至极度渴望抽烟，但吸烟充其量只会带来轻微的快感，而无法产生与对香烟的渴望相一致的强烈快感。抽烟抽得越频繁，烟草带来的愉悦感就越弱，但如果手头没有香烟，人们就会更想抽烟。渴望和喜爱之间的差异是导致我们做出不明智决策的另一个原因。这也是经济学家基于人们的市场选择建立的幸福模型并非完美无瑕的幸福指南的原因之一。

渴望和喜爱之间的区别是如何影响我们的呢？我们都有过类似“三分钟热度的小狗爱好者”的时刻。我们都曾渴望过一些闪亮而别致的东西，得到之后却发现拥有这些东西并不能给我们带来持续的愉悦感。也许追求这些事物的过程才是最快乐的；一旦我们得到它，它就失去了吸引力。我们或许也有过与之相反的经历——自己本想要避免的事物其实是自己喜欢的。这也是为什么我们在前文中强烈建议，无论是住所、物品，还是工作，在全情投入之前，你最好先体验一下自己的选择。

如何避免在生活中犯三分钟热度的错误呢？我们需要参照以下几个步骤来做决策——审视自己渴望某些事物的原因；思考一下，如果真的得到这些事物，最初的新鲜劲儿过后我们会有怎样的体验；提醒自己渴望和喜爱之间的差异，至少在做出重要选择或购买昂贵物品时提醒自己。最难的是第一步，即看清自己渴望某件事物的原因，并询问自己是否会长久地喜欢这件事物。我们可能想向别人炫耀自己购买的东西，或者自豪地告诉别人我们所做的选择。但这种炫耀和分享的兴奋感过后呢？

要想避免渴望与喜爱不匹配带来的麻烦，第二个策略是认真质疑，几个月之后，当新鲜劲儿消失殆尽时，当初的决定对你的生活还会有哪些积极影响。届时，它是否会从你的生活中慢慢消失，被你扔到心理玩具盒里呢？如果你决定把现在那辆值得信赖、舒适可靠又可爱的丰田汽车换成一辆保时捷汽车——这个决定令人兴奋，但代价也很昂贵——你要思考一下，向朋友炫耀的兴奋感和骄傲逐渐退去后，这辆保时捷是否还能提升你的日常体验？随着你逐步适应，这辆保时捷是否也会黯然失色，沦为你的生活背景板，甚至因为某些特定的问题而沦为你生活中的麻烦？这时，你需要采取第三步：仔细审视自己对这辆车的喜爱程度是否与渴望程度相一致。我们每个人内心都住着一个小孩，这也是一种乐趣。但我们需要以成年人的方式做出选择，并承担这项选择带来的长期后果，也正因如此，理解为什么会犯“三分钟热度的小狗爱好者错误”是很重要的。

小结

事实证明，幸福并不仅仅是一种当下的感受。从某种程度而言，我们未来的幸福感与我们当下体会到的快乐和满足同样重要。对情感损益的预测是我们在做各种决策时的关键，小到购买立体音响，大到重要的生活决定，比如择业和择偶。而预测能决定一半的生活乐趣。好在，我们很擅长预测自己未来的感受。我们大体上知道什么会让自己满足，什么会磨灭自己的心气。多数情况下，我们都知道自己会喜欢什么样的电影、食物和聚会，知道自己会喜欢或讨厌什么样的人，知道哪些环境会让自己感到舒服或不自在。我们可以合理地预测到，配偶的赞美会让我们内心温暖，而被临时叫上台配合魔术师表演会让我们感到尴尬。我们也能推测到，为慈善事业捐款会给我们带来成就感，而在陌生的城市迷路则会令人十分不安。能在某种程度上准确地猜出我们未来的感受是很重要的，因为这有助于激励我们去寻找积极的、有意义的体验，避免不愉快的体验。

然而，人无完人。尽管我们很善于猜测自己未来的情感，但我们有时也会犯错误。人们在预测自己未来的情感，尤其是未来的幸福感时，通常会犯几种可预见的思维错误。

1. 只关注某一选择的单一显著特征或阶段性影响，而不是关注全局。
2. 高估自己所做选择的长期影响。
3. 忘记幸福是一种持续的过程，而不是一个最终目标。
4. 过分关注外部信息，而忽视个人偏好及个人体验。
5. 试图做出最佳决策，而没有关注个人满意度。
6. 将渴望某件事物误以为是喜爱，没有思考当新鲜感消失后，自己是否还会喜欢最初的选择。

好在，我们可以识别这些错误并了解其成因，进而防患于未然。我们可能永远无法完全避免犯错，但至少可以减轻这些错误对我们生活的影响。我们应该关注全局，谨记自己具备应对问题和适应环境的能力，让自己亲身体验，并铭记幸福是一种持续的过程，这样才更有可能做出让自己最幸福的决定。为了准确地预测自己的幸福感，你应该尽可能先体验一下自己的选择，并与其他有过类似经历的人进行交流，听听他们的想法。关注全局，而不要只关注事物的突出特征；想想一年后会是什么样子，而不只是把注意力集中在兴奋感或紧张感更强的初始阶段。多加练习，多加体验，你能更准确地预测自己的快乐感，从而大大提升自己的心理财富。那些心理贫困之人似乎永远都不明白，让他们快乐的究竟是什么，结果在一生中总是做出糟糕的选择。

关于如何做出更明智的重大决策，我们的最后一个建议是：做出决策之前，先吃顿健康的早餐。近期的研究表明，当大脑中的葡萄糖和糖原处于高水平时，人们会具备更好的“执行功能”（包括做计划和自我控制）。最好别在斋戒期间做出重大决定，实在要做决定的话，最好先喝点柠檬糖水。永远别忘了，做决定时看上去的好决定不一定是真正的好决定，只有未来不让自己后悔的决定才是好决定。

第 10 章

提升幸福感的 AIM 法则：注意、理解与记忆

我们的朋友兰迪从事计算机行业，每天在家办公，令人十分羡慕。兰迪是一位称职的父亲，居住在西雅图的他因为可以居家办公，所以有充足的时间陪伴两个孩子。每天早上，兰迪都会开车送孩子去上学，下午则带着孩子们去上音乐课，兰迪总是很感激自己能够享有这种难得的机会。不久前的一天，他刚把女儿送去上小提琴课，就被一辆运家具的卡车追尾了。尽管没有受伤，但兰迪还是吓坏了。他的汽车后备厢被撞得变了形，尾灯碎了，后保险杠也被撞松了。卡车司机向兰迪道了歉，两人交换了保险信息。兰迪松了口气，拍了拍卡车司机的肩膀，露出了灿烂而宽慰的笑容。“幸好我女儿没在车上！”他说。兰迪这种乐观的态度可不是装出来的。他是真心庆幸自己的女儿躲过了一劫。虽然兰迪知道后面还有一大堆麻烦等着他——要联系拖车、保险公司，还要去修车，但他离开事故现场时却依然觉得自己真是太幸运了。

毫无疑问，兰迪的遭遇充分地证明了积极思维的力量。积极思维并不意味着无视消极事物，或者在面对逆境时假装生活变得更加美好。积极思维并不能创造奇迹，仅凭乐观向上的态度也不足以克服困难。更确切地说，积极思维是一种思维模式，这种思维模式会让你把注意力更多地放在生活中的幸事而非烦恼上。

心理治疗常常会运用积极思维的力量，心理咨询师通常会使用一种叫作“重构”的技巧来鼓励患者们以一种全新的、更加积极的视角来看待自己的问题，效果极佳。兰迪恰恰就用到了“重构”这种技巧，他没有关注这次车祸有多么恐怖、给他带来了多少麻烦，而是庆幸自己的女儿没有被卷进来，这种视角的切换让他深感宽慰。我们在日常生活中也常常可以看到对这种思维方式的描述，比如“如果生活给了你酸溜溜的柠檬，就把它做成酸甜的柠檬水吧”，或者“知足常乐”。积极思维的力量非常强大，因此已经为主流文化所接受。许多励志书籍都鼓励读者去尝试这种新的思维方式，身边的挚友也会常常鼓励我们多看看“好的那一面”，多想想“黑暗中的一线曙光”，然后“振作起来”。

好消息是，主观幸福感以及其他心理课题的相关研究证实，幸福感在一定程度上取决于人的思维。虽然乐观的态度无法掩盖离婚的痛苦，也无法掩盖拿到癌症诊断书时的绝望，但确实能对人有所帮助。总有人来找我们寻求帮助，询问如何才能变得更快乐，我们通常会建议他培养积极思维，这对于提升幸福感颇有成效。改变态度要比改变住所、教育水平或收入简单得多，而且积极思维往往会比改变生活环境带来更多的快乐。积极思维可以增加你的心理财富。

不幸的是，大多数人都不知道如何将这些建议付诸实践，不知道究竟该如何培养积极思维。对于那些习惯关注问题和困难的人而言，这种心理转变颇具挑战性。此外，对于其他人来说，积极思维的定义或者培养积极思维的具体步骤似乎也并不明确。幸运的是，认知心理学的科研结果表明，积极思维并非遥不可及的天方夜谭，而培养积极思维的路径也不是无迹可寻。重要的是，我们不必为了培养积极思维而切断我们与现实的联系。

本章将介绍提升幸福感的 AIM 法则，帮助你了解幸福心态的基本构成要素。AIM 是注意（attention）、理解（interpretation）和记忆（memory）三个词的首字母缩写，这三个词代表了积极态度的基本组成部分，而积极态度正是提升幸福感的必备条件。积极的生活态度是构筑幸福感的关键，因此，将 AIM 法则应用到生活中对于提升心理财富至关重要。

大多数人在想到积极思维时，往往只关注 AIM 法则中“理解”这一部分的内容。他们试图用一种全新的、更积极的方式来看待负面想法，却常常忽略了“注意”和“记忆”对于提升幸福感的重要性。积极思维不单单是看到事物好的一面，真正的积极思维还意味着关注生活中的成就和幸事，以开放的心态和积极的视角去理解事物，以及铭记美好时光。尽管我们认为那些励志学大师所倡导的积极态度并非包治百病的灵丹妙药，但我们可以肯定一点：积极态度的确可以提升你的幸福感。

注意：人群中的大猩猩

在一场激动人心的超级碗或足球世界杯比赛中，如果一个女人撑着伞从赛场中走过，你注意到她的概率有多大呢？在你儿子的高中篮球比赛中，如果一个人打扮成外星人的样子穿过运动员所在的球场，你注意到他的概率又会有多大呢？你可能会觉得，这种与周围环境格格不入的情形，自己一眼就能看出来。这种猜测很合理，因为我们经常会注意到一些看似不寻常或与周围环境格格不入的事物。但如果你是成千上万心理学专业本科生中的一员，你可能会更清楚实际会怎样。你会知道，即使是视力极佳且非常善于观察的人，也会经常忽略人群中的大猩猩。

研究人员丹·西蒙斯曾做过一个经典实验，这场实验被誉为心理学实验史上有关注意力最精妙、最有力的阐释之一。在这项至今都堪称经典的研究中，西蒙斯要求受试者观看一段篮球练习视频，并记录下穿白色球服球队传球的次数。球员总共六人，一半穿着白色球服，一半穿着黑色球服，相互传球。当他们来回穿行时，白队在传球，黑队也在传球，有时是利用球的弹力从地面传球，有时是从空中抛球。参与西蒙斯研究的受试者试图跟上节奏，仔细跟踪每一个传球，努力不混淆两支队伍或两队的篮球。视频结束时，西蒙斯问道："你们注意到什么异常现象了吗？"受试者努力回忆着有哪些异常之处：运动员们是在办公室大厅传球的吗？也许根本就没有分队，就是一些人来回传球？许多参与者只是摇了摇头，表示没发现什么异常。

接着，西蒙斯问道："那你们看到球场上的大猩猩了吗？"

然后，他再次把那个视频播放了一遍，受试者惊奇地发现，一个打扮成大猩猩样子的人大摇大摆走到球场中间，对着摄像头拍打自己的胸膛，然后慢慢走开，这次他们看得清清楚楚。许多受试者抗议说，这段视频一定已经被人动了手脚。一大群人居然没有看出来如此怪异的细节（现在看起来很明显），这听上去令人难以置信，简直不可能。西蒙斯一再坚持说，这就是他们刚才看过的那个视频，事实也的确如此。西蒙斯之后又重复了这项实验，只不过把大猩猩换成了一个撑着伞的女人，结果还是一样。在这两项实验中，大约只有一半的人注意到了那些怪异的细节，另一半的人完全没有注意到。

令人惊讶的是，受试者之所以忽略了大猩猩，是因为他们的注意力全部集中在了身着白色球衣的球员身上，一心只想着记录传球的次数。在努力关注白队并准确计算传球次数的过程中，大多数受试者不知不觉地屏蔽了黑队的信息。不巧的是，那只“大猩猩”也被他们屏蔽了。

如果你和大多数人一样，你很可能也会怀疑自己会不会犯这种愚蠢的错误。你可能会觉得，那只“大猩猩”或许能逃过其他人的视线，但绝对逃不过你的视线。事实上，我们都会觉得自己一定能注意到这样的怪异景象。当然，由于你已经知道了这项实验，你看到大猩猩的概率会很高。我们建议你去捉弄一下你的朋友们，给他们展示那段视频（可在 www.viscog.beckman.uiuc.edu/djs_lab/demos.html 下载），看看他们会不会忽略那只大猩猩，你自己也能体会到研究人员的乐趣。记住，你的朋友当中有几个会注意到那只大猩猩。但那些根本没注意到那只毛茸茸的生物的朋友会表现出极大的震惊和难以置信，一定会令人忍俊不禁。

这项有力的实验带给我们很重要的一点启示是，人类无法看到全景。我们的大脑负责处理信息，但是外部世界的刺激过多，以至于大脑无法有效地吸收所有信息。所以，我们必须筛选自己关注的信息，而我们的大脑也在进化过程中逐步适应了这一需求。我们倾向于关注潜在的威胁性事物，善于解读社交暗示，并且非常善于综合应用视觉、听觉和嗅觉，甚至是在无意识的情况下做到这一点。但当生活条件变得更为严苛或外部环境变得更为复杂时，我们往往会缩小注意范围，把注意力集中到重要的事物上。正因如此，当你开着车行驶在拥堵的路段上时，你通常会把注意力放在道路、其他车辆，以及交通标识上，而不是天空、你的鞋子或者你的指甲上。也正因如此，边开车边打电话是非常危险的，因为这会分散你对路况的注意力。

无意视盲这种现象并非只存在于心理学视频实验里，而是在日常生活中随处可见，并影响着我们看待周围世界的方式。例如，在阿德里安·贝利克执导的纪录片《召唤之外》中有这样一幕：一群柬埔寨人正在踢足球，球员们追着球来回跑，努力想把球踢进对手的球门里。突然，罗伯特注意到其中一名球员只有一条腿（柬埔寨有很多人都只有一条腿，这很不幸）。尽管如此，看到他在截肢后仍然奔跑在足球场上，还是令人备受鼓舞。然后，罗伯特慢慢意识到所有的球员都只有一条腿。这也太出乎意料了。起初看似平平无奇的足球比赛，原来是一场非凡的比赛。想象一下，如果只是粗略地瞥一眼，这个细节很容易就能被忽略。你或许也能回忆起生活中发生过的类似情形。也许你参加过一场聚会，在拥挤的人群中，你一眼就看到了后来成为你妻子的她，聚会上的人似乎变少了，而她似乎无处不在。

围绕注意力这一主题，西蒙斯及其同事还进行过一些其他的创造性实验。例如，在一系列关于“变化盲”的研究中，西蒙斯很想知道，如果在谈话途中将一个谈话对象换成另一个人，结果会如何。为了达到这一目的，西蒙斯要了一点小把戏，使得其中一名谈话对象能够与另一个人交换位置。比如，你可以想象一下在酒店前台办理入住时的场景。柜台后面的店员的笔掉了，于是她弯下腰去拿，然而站起来的是另一个店员。你会注意到酒店前台换人了吗？我们想当然会认为答案是显而易见的：“那当然了，这么大的变化，我还看不出来吗！”

西蒙斯的实验再次表明，事实往往并非如此：在这项研究中，大约有一半的人完全没有注意到酒店前台换了人，如果两位店员有着相似的特征，很多人根本看不出来。比如，如果店员是一位中年女性，留着短发、戴着眼镜，而顶替她的也是一位留短发、戴眼镜的中年女性，人们可能根本不会注意到换人。另一方面，如果顶替前面那位店员的是一个年轻人，或是一个不同种族的人，人们很快就会注意到。之所以存在变化盲，是因为人们倾向于按照宽泛的类别而不是细节来记忆事物，这也是人类简化复杂信息的手段之一。我们会注意交易过程中的整体信息，但不会注意到与交易无关之人的具体特征。

想一想，你是如何看待周围世界的。与大多数人一样，你对别人的认知也可能始于宽泛的类别，比如“雇员”、“澳大利亚人”、“女性”和“年轻人”等，然后随着你对他们的了解越来越深入，你会注意到更多复杂的细节。这很正常。同时，人们往往也会关注事物的某一突出特征：一个坐在轮椅上的人会吸引我们的注意力，因为在日常生活中，这样的人并不多见；根据性别来区分谈话对象是很有用的，因为这有助于我们决定交谈的内容以及方式；我们对待孩子和成年人的方式截然不同。根据这些类别来定义人通常是合理的。当然，随着我们认识他人的时间越来越长，我们对他们的理解也会越来越深，但是在最初交往时，将信息浓缩成几个描述性类别，对于我们而言更为高效。

研究证明，我们选择关注哪些事物会对我们的幸福感产生直接影响。索尼娅·柳博米尔斯基教授及其同事很好奇，快乐的人和不快乐的人在思维习惯上有何区别。他们发现，不快乐的人倾向于反思自己的失败和性格缺陷。你可能已经注意到，你的一些朋友容易沉溺于消极情绪。柳博米尔斯基决定测试自我反思的效果，让受试者关注自身或关注外界干扰事物，然后分别记录下他们的情绪。在关注自我条件下，受试者被要求将注意力集中在“你想努力成为什么样的人”、“你身体上的感觉”和“你的感觉可能意味着什么”等问题上。在干扰条件下，受试者则被要求想象“乘船穿越大西洋”这样的场景。那么，关注内在和关注外在对于人们的情绪分别产生了何种影响呢？柳博米尔斯基及其同事发现，关注自己会让原本快乐的人变得不快乐，而把注意力从自己身上转移开会让原本不快乐的人变得更快乐。当然，一定程度的自我反思或许是健康的，即使这种反思会带来一点点悲伤或担忧，但如果长时间过分关注内在将有损于幸福感。

在分析积极思维的力量时，最好别忘了，我们只能对自己所关注的事物产生积极理解。也就是说，当我们注意到一个杯子的时候，才能判定杯中到底是“只剩半杯水”还是“还有半杯水”。有些人总是关注生活中的消极方面，以及失败和挫折，也有些人总是喜欢盯着别人的错误和缺点不放。相反，有些人已经习惯于看到生活中的幸事和周围的真善美。因此，积极思考不仅在于大脑一开始吸收到的积极信息，也在于以积极的视角理解生活中的事物。

在社会和自然环境中，是否注意到美好事物就如同是否看到了人群中的大猩猩。我们可能会关注身边的问题和他人的小毛病，却忽略了美好的事物。例如，你会注意到某个同事没有赞美你的新发型，或者某位姻亲忘记了你的生日，却忽略了为你提供帮助的伴侣或壮观的日落。因为生活中有很多美好，也有很多不顺，所以如果一个人习惯性地关注那些不顺心的事物，就会觉得自己生活在丑陋的世界里。相反，如果一个人习惯于关注美好，留心他人的小小善举，关注生活中的真善美，他必然能享受这世界的美好。

理解

我们有一位亲密的家庭成员，她经常在餐桌上给宾客讲起她去墨西哥坎昆度假的奇妙故事。在海滨度假酒店的最后一天，她和丈夫准备退房。丈夫把行李搬到租来的车上时，她去洗了个澡。当她赤身裸体只用毛巾裹着头发从浴室出来时，她惊恐地发现，一个本地男子就站在卧室里。她一边尖叫，一边用湿毛巾抽打那名男子，直到他闪躲着逃离了酒店房间。这位朋友感到十分后怕，于是穿好衣服，大步走到酒店大堂，准备通知酒店工作人员并且报警。

当她走到前台时，她惊讶地发现，刚才在她房间里的那个男人居然就是这里的店员。他一看到她，脸就涨得通红，然后尴尬地笑了笑。原来事情是这样的：这位酒店职员看到她丈夫拎着行李箱上了车，以为他想逃单。为了避免闹误会，这名工作人员跑到他们的房间敲门，但因为她正在洗澡，所以并没有回应。那名工作人员翻过隔壁阳台，站在 8 楼狭窄的窗台上一步一步挪了进来，结果不幸恰巧碰到她赤身裸体从浴室中走出来。最后，那个男人为这场误会道了歉，大家有点尴尬地散了——不过这段经历也让她带回了一个精彩的故事。

这个故事正是现代社会中“理解”的经典诠释。在生活中，许多情形都是模糊不清或模棱两可的，我们不得不捡拾起一块块信息碎片，拼凑出一幅有意义的画面。在上面这个故事中，我们那位家人认为站在她酒店房间里的陌生人是一个强奸未遂犯，而不是酒店员工。而在这个故事的另一个版本里，酒店工作人员则假定那个拎着行李离开的人想不付钱就回美国。这两种理解都情有可原，但都与事实不符。

埃德曾打算向罗伯特以及他那群正处于青春期的伙伴展示，我们对于体验的理解对体验本身有着重要的影响。他曾询问罗伯特和他的朋友们是否喜欢蟑螂，结果他们都嚷嚷着自己特别讨厌这种小虫子。然后，埃德去车库“抓”了几只蟑螂，把它们放在了一个沙拉碗里（实际上，这些蟑螂是从实验室邮购来的，不过那些孩子并不知道这一点）。当罗伯特的姐姐玛丽莎和玛丽·贝丝把手伸进碗里，让蟑螂在她们手上爬来爬去时，那些孩子发出了痛苦的喊叫。当埃德把蟑螂踩死并丢进微波炉里时，这几个少年又畏畏缩缩地退了几步。

在微波炉里烤了几分钟之后，那几只蟑螂变得焦香酥脆，吱吱作响。埃德和他的姐姐们每个人都迫不及待地抓起一只蟑螂塞进了嘴里。这些十几岁的男子汉惊呆了，冷汗肉眼可见地从他们身上流了下来。埃德想请他们也尝一尝，结果遭到了拒绝。“看，”埃德解释说，“这都是你的思想在作祟。全世界到处都有人吃虫子，虫子只是蛋白质的另一种来源而已。你觉得它们脏兮兮的，看到它们就觉得恶心。但是高温已经灭掉了它们身上的所有细菌，它们现在是不会对人体造成伤害的。”罗伯特试着吃了一只蟑螂，不过埃德的朋友们还是拒绝了。多年来，外人一直都觉得迪纳家住着一群怪胎。不过，请记住这条有用的教训：你将某样东西视为食物还是令人作呕的垃圾，都取决于你如何看待它。事物的好坏取决于你的理解。

心理学研究表明，在我们的日常生活中，理解起着重要的作用。以阿尔伯特·哈斯托夫和哈德利·坎特里尔的经典研究——“观看比赛”为例，这项研究以 1951 年达特茅斯学院和普林斯顿大学之间的一场橄榄球比赛为基础。这场比赛极为粗暴，在第二节时，普林斯顿的四分卫因鼻子骨折和脑震荡退出赛场。在第三节时，达特茅斯的四分卫因为腿部骨折而被换下。最后，普林斯顿赢得了胜利。比赛结束一周后，研究人员向受试者播放了一段比赛录像。哈斯托夫和坎特里尔要求受试者判断是哪一队最先动粗。理论上，两队的违规行为是很容易统计下来制成表格的，毕竟我们生活在充满客观事实的物质世界里。例如，我们可以从录像中看出一名球员是否越位，是否成功接球，是否违规撞人，或者吹哨后是否仍在继续跑动。但事实表明，我们对事物的理解并非如此简单。

哈斯托夫和坎特里尔发现，来自达特茅斯学院的受试者会从支持达特茅斯学院的视角来看待这场比赛，而来自普林斯顿大学的受试者则更偏向自己的母校。例如，来自普林斯顿大学的受试者“看到”达特茅斯队违规的次数是来自达特茅斯学院的受试者的两倍。达特茅斯学院的学生是怎么漏看掉一半的处罚的呢？又或者是因为普林斯顿大学的学生眼中的违规标准过于严格？当问及哪支队伍最先动粗时，研究人员得到了完全不同的答案。来自达特茅斯学院的受试者中，只有 36% 的学生认为错在本校球队，而在普林斯顿大学的受试者中，有 86% 的人认为错在达特茅斯队。这项经典的实验揭示了一个普遍现象，我们都曾有所体会：人们会基于自己的个人价值观、偏见、选择性注意和认同感，对周围相同的客观事物产生不同的理解。

积极思考的原理与此相似。我们理解周围世界的方式对于我们的幸福感起着重要的作用。有些人倾向于看到事物的丑陋和险恶面，其内心往往更消极、更多疑。有些人总是能看到世界充满希望和机遇，而这层玫瑰色的滤镜也会给他们带来更多的幸福感。我们最近收到了一封寄给编辑的信，这封美妙的信件阐述了积极心态的益处。航空旅行常常被视为一件麻烦事，天气恶劣、航班延误、排队等待漫长的安检、高昂的票价和手忙脚乱的工作人员都会让我们感到不快。不过，这封信的作者却对此有着截然不同的看法，我们在此摘录了信中的一部分内容：

每个人都抱怨航空公司的服务，但我却很喜欢乘飞机旅行。我今年已经 82 岁了，在最近的一次航空旅途中，我经历了一场奇遇。我搭乘的航班遭遇了强气流和暴风雨天气，所以我们不得不降落在几百英里以南的另一个机场。当晚，航空公司无法把我们送到目的地，于是把我们安置在了当地的一家酒店，并赠送了我们一张餐券。就这样，我免费游览了另一座城市，在一家不错的酒店免费住了一晚，还享受了几顿免费的美餐。一路上，我结识了许多好人。生活中有这样的奇遇简直太美好了。第二天，我带着美好的回忆平安地回到了家。唉，有些人认为坐飞机很麻烦，但我真的觉得这是一场美妙的奇遇！

这位先生将积极理解发挥到了令人难以置信的程度，但我们敢打赌，他一定是快乐的。这是多么美妙的生活方式。

虽然不同的理解可以改变我们对世界的感受，但并不足以说明，对于事物的积极理解能够带来幸福感。要是幸福如此简单就能得来，每个人都会这样做，每个人都会比现在更幸福。我们有必要更进一步挖掘，究竟怎样才能实现更积极的思考？实现这一目标的一种方法是，针对长期保持快乐以及长期不快乐的人，分别研究其思维习惯。经过一番巧妙的研究，索尼娅·柳博米尔斯基确定了性情快乐的人得以提振情绪的思考方式：社会比较和回溯性评判。

大多数人都对社会比较这种心理现象不陌生，这一概念指的是通过与他人对比来评价自我。例如，如果你的邻居开的是宝马汽车而不是一辆产于1972年的锈迹斑斑的福特汽车，那么你可能就不太满意自己开了十年的那辆旧丰田。许多外行人士认为，社会比较是人们不快乐的主要原因。比如，穷人一定不快乐，例如，居住在富裕国家的穷人一定不快乐，因为他们总是拿自己和身边的百万富翁做比较。

有关社会比较的研究表明，情况并非总是如此简单。例如，有些人实际上会因看到那些生活得更好的人而备受鼓舞。在一组研究中，研究人员对接受心脏病康复计划的女性患者进行了观察，他们发现，有些患者会因为其他人成功完成康复计划备受鼓舞，而有些患者则会因为他人的康复而倍感沮丧。为什么同样的事情会导致截然相反的结果呢？是什么导致了人的思维方式天差地别呢？

柳博米尔斯基及其同事们分析了长期保持快乐状态的人进行社会比较的方式。在一项研究中，柳博米尔斯基让受试者每四人组成一个小组，进行猜谜接力赛。游戏进行一段时间后，研究人员会故意捏造一些虚假反馈告诉受试者，比如告诉他们另一支队伍已经获胜，或者他们的队伍排名比较落后。研究发现，在研究最开始时快乐感得分最低的那1/4的受试者，也就是一开始快乐感就较低的人，会更容易受到社会比较反馈的负面影响，进而感到沮丧或失望。

而那些快乐感得分最高的受试者并不会受社交比较反馈的影响，他们会享受游戏的过程，自我感觉良好，根本不关心其他人的表现如何。在另一项研究中，受试者需要和另一名伪装成受试者的研究助手比赛，看谁猜谜速度更快。不快乐的人更容易因为自己表现不佳而心烦意乱，而快乐的人会忽视其他人的表现。简而言之，柳博米尔斯基的研究表明，性格更积极乐观的人会较少进行社会比较，且对他人表现的信息敏感度更低。

为了了解人们做出积极或消极判断的方式，柳博米尔斯基进行了第二组研究。常识告诉我们，人们在做出判断时依据的是个人喜好，比如是否喜欢某一部电影。然而数据表明，这类评估至少在一定程度上是积极思维的结果。在一项实验中，研究人员要求受试者评价各种甜点的美味程度。这块德国巧克力蛋糕看上去好吃吗？糖衣甜甜圈怎么样？馅饼怎么样？在完成评分后，研究人员给美味受试者发了一份甜点让他们尽情享用，不过他们拿到的并不是自己最喜欢的甜点。接着，研究人员要求受试者对自己手中的甜点再次进行评价。那些不快乐的人（在情绪测试中得分排在后 25% 的人）往往对分配给他们的甜点不满意。相反，快乐的人对自己拿到的甜点的喜爱程度却增加了。也就是说，他们在发现自己没有选择甜点的余地时，为手中甜点的吸引力赋予了新的诠释。

柳博米尔斯基及其同事还调查了学生被其申请的大学录取或拒绝时的反应。那些最快乐的学生在收到录取通知书之后，对其学校的喜爱程度甚至会超出申请时的喜爱程度。毕竟，如果学校的教职人员有挑中自己的眼光，那一定是好事。那些最快乐的人不仅会提高对录取自己的大学的好感，对于拒绝自己的学校，其好感度也会比收到拒绝信之前更低。这种思维策略有助于保护人们免受自我感觉过度糟糕的影响。相比之下，那些不快乐的人对于拒绝自己的学校一如既往保持着喜爱，并因此感到沮丧。柳博米尔斯基所做的两项研究都表明，快乐的人会本能地重新诠释事物，从而维护自尊心。

多年来，心理学家一直在分析令患者陷入抑郁的思维模式。例如，有些人倾向于小题大做，不自觉地放大问题和批评，有些人则会因为低自尊而自我怀疑。心理学家阿尔伯特·埃利斯和阿伦·贝克总结出了几种令人不悦的非理性思维模式。除此之外，也有一些积极的思维模式。乐观也许是我们最为熟知的积极认知类型了。乐观主义者对未来抱有希望，并总是会以积极的视角诠释生活中的事物。乐观不仅仅是一种与生俱来的品质，也是一种可以习得的技能。我们可以识别无用的思维策略，并以更积极的思维策略取而代之，便可不断提升这种技能。以下是一些常见的令人不悦的思维缺陷。

- 夸大问题，即夸大一件事或一个人的负面程度。例如，一个人可能会这样想：“他连碗都很少洗，肯定完全不为别人着想。”
- 痛苦忍耐性较差，即低估自己走出痛苦的能力。例如，人们往往认为自己无法承受离婚的痛苦。尽管分手会带来较大的情感伤害，但有些人认为自己永远无法走出离婚的阴影。
- 习得性无助，即人们会因为觉得自己无力改变消极环境而放弃。我们常常听到“何苦呢”这句话，体现的就是这种思维方式。
- 完美主义，即努力做到完美无缺，而不仅仅是把事情做好即可。完美主义者往往更关注出错的小细节，而不会在意整体进展顺利。

- 消极的自我实现预期。这种情况下，人们会因为受到消极期望的影响，进而在与他人沟通时得到消极反馈。
- 排斥视角。这种心理会让人觉得自己处处受人排斥，哪怕只是正常的争执而已。此外，即使是最轻微的排斥，也会被这类人视为严重的怠慢。

此类思考策略会恶化人们的自我感觉、对人际关系的感觉，以及对自己所生活的世界的感觉。好在，我们可以摆脱这些思维定式，转而建立一种更为积极的思维方式。当我们的大脑中冒出这些无益思维时，我们可以立刻识别出这些思维，迈出制止这类思维并切换思维方式的第一步。“挑战”是一种最常用的将消极思维切换为积极思维的技巧。临床心理学家所讨论的挑战，指的是剥离完美主义及其他令人痛苦的思维方式的过程。当你的亲朋好友感到担忧或忧郁时，你可能就曾在帮助他们的过程中体验过“挑战”。也许你能看到他们没能看到的事物，比如其逻辑前后有矛盾之处，其断言也有例外或其他可能性。许多心理咨询师对其患者也会采取同样的策略，鼓励他们尽量不要使用极端和夸张的表达方式（如“他从不帮忙做家务”或“只要不完美就是失败”），而是用更加实事求是的信息（如“我希望他能在家里多帮忙”或“我想努力变得很好”）来取代苛刻的、自我惩罚性的极端语言。如此一来，人们就可以为成功做好心理准备，而不是对失败抱有预期。尽管我们的幸福感的确在一定程度上取决于基因，但我们对周围事物的理解也很重要，因为这是我们可以直接控制的，也是我们可以努力改变的，这也有助于我们过上更幸福的生活。

记忆

回想一下你和丈夫或妻子第一次约会的情形。时至今日，你和伴侣最初的邂逅或许仍然为整个家族所津津乐道。也许这是一个幽默故事，讲述的是一些尴尬的时刻、出丑的趣闻或是某一方的笨嘴拙舌。埃德和卡罗尔经常给孩子们讲述他们约会时的情形：第一次约会时，他们被警察拦下；第二次约会时，他们的窗户被人用猎枪射穿。也许这个故事恰恰相反，是个美好的故事，描绘出你们的一见钟情、姣好的姿容或者精心准备的搭讪。抛开细节不谈，多年后的今天，当你回忆往事时，你的脸上很有可能挂着笑容。那些年代久远的事物在你眼里披上了一层玫瑰色，当你想起它时总会感受到一阵小小的快乐。但有意思的是，你可以思考一下，浮现在你脑海中的那幅画面是否真的与实际情况相符？有没有可能对于这件事的理解也美化了我们对于现实生活的回忆呢？事实上，研究表明，记忆并不与事件完全相符，记忆是对事件的重构，而不是复刻。此外，记忆是快乐心态的重要组成部分。

你可能听说过，有研究表明，人们的记忆力存在瑕疵，我们无法时时刻刻都准确地记住过去发生的事情。尽管如此，但事实证明，拥有略微不准确的记忆不一定是一件坏事。事实上，越来越多的研究表明，记忆偏差实际上有益于提升我们的幸福感。

想象一下接受医疗检查时的痛苦，比如结肠镜检查。大多数人都认为结肠镜插入体内会让人感到不适，医务人员也往往会给患者注射镇静剂以减少不适感。现在假设有两位患者都需要做结肠镜检查，患者 A 如往常一样忍受了痛苦的 35 分钟，患者 B 也接受了同样的检查，只不过检查时间比 A 多出 5 分钟。在这多出的 5 分钟里，结肠镜取出的速度非常缓慢，所以这个过程并不算很痛苦。问题来了：哪位患者的结肠镜检查过程更痛苦？这个问题恰恰就是在一项针对 600 多名病患的研究中提出的。

研究人员将一部分受试者分配到检查时间较长的结肠镜组，将另一部分受试者分配到检查时间较短的结肠镜组。常识告诉我们，持续时间较短的检查给人的感受更佳，因为整体疼痛程度更低。毕竟，相较于时间较短的结肠镜检查，时间较长的结肠镜检查不仅丝毫没有减少疼痛感，还要让人额外承受 5 分钟的轻微不适。然而，研究数据表明，事实并非如此。研究人员发现，我们对于事物的记忆并不一定包含整个过程中的每个时刻，相反，人们倾向于记住并夸大巅峰时刻（最美好或最糟糕的时刻）以及最后时刻。例如，患者 A 虽然检查时间较短，但他会记得最痛苦的时刻和最后时刻（也很痛苦），日后想起结肠镜检查时，他会将记忆中的感觉综合起来进行评估。相比之下，患者 B 会记得最痛苦的时刻，也会记得检查结束时不那么痛苦的时刻，然后将这两种感觉综合起来进行评估。出人意料的是，虽然患者 B 接受结肠镜检查的时间比患者 A 更长，但其巅峰时刻和最后时刻的平均痛苦程度更低，因此对于结肠镜检查的印象也更为正面。如此一来，那些忍受了更长时间、更痛苦的检查，但记忆中检查过程并没有那么痛苦的患者，后续再次接受结肠镜检查的意愿较其他人更高。

说到结肠镜，如果方法得当，即使是这种令人感到不适的过程，也会给你带来一些乐趣。埃德有一次在做结肠镜检查时，想和医护人员开个玩笑，以便转移一下自己的注意力，让自己不要总关注那种不适感。他事先在自己的屁股上贴了一个巨大的假文身——一只戴着三角派对帽、手里端着一杯马提尼酒的野生蜥蜴。护士们一看到这个图案就哈哈大笑，问埃德在哪里文了这样的文身。他回答说，自己和医生几个星期前喝醉后一起去文的。护士们缠着医生，央求医生把自己的文身也露出来给他们看看，医生尴尬拒绝的样子又惹得他们开心不已。生活给了埃德一块柠檬，埃德则把它做成了酸甜的柠檬水。

结肠镜检查研究所揭示的记忆原则也适用于生活中的其他情况，比如去夏威夷度假。常识告诉我们，两周的假期带给我们的快乐应该是一周旅行的两倍。然而，大多数人并不能真的记住旅行中的每个时刻，也必然不会在心里将所有这些时刻综合起来计算自己是否玩得开心。在海滩上待两天，快乐程度往往和一天没有太大不同。相反，游览海岛的游客会记得最美好的时刻——也许是乘坐观鲸游船的那天，在美丽的落日余晖中享受晚餐，也会记得最后的时刻——也许在机场排了很长时间的队，航班还延误了。因此，“峰端理论”意味着，无论是去旅行一周还是两周，在结束旅行的一段时间之后，二者带给我们的快乐程度几乎没什么不同。

另一项有关度假的研究也有助于阐明记忆对幸福感的影响。心理学家们想要探究大学生在春假期间玩得有多开心。春假这一周是非常特别的一段时间，在这一周里，学生们除了聚在一块开派对，其他什么也不干。学生们对春假有多渴望，他们的父母就有多头疼。研究人员在受试者前往自己的目的地度假之前，给他们配备了内置随机提醒程序的掌上电脑。这台掌上电脑每天都会给学生们发出几次提醒，督促他们完成一份情绪和活动调查问卷，并记录他们完成问卷的时间和日期。学生们需要在上午、下午和晚上填写简短的调查问卷，以供研究人员计算其一天的平均情绪，并绘制其一周的平均情绪。

在受试者返校两周后，他们来到实验室，填写了一份问卷，这份问卷询问了他们对于自己度假时的快乐程度，以及未来是否还打算以类似的方式度假。尽管常识告诉我们，假期的实际体验是非常重要的——无论假期中的每个时刻是否给他们带来了愉悦感，但两个有趣的发现改变了我们的这种观念。首先，学生们对于假期的记忆与他们当时的体验基本相似，但并非完全一致。他们往往会稍微加强或淡化假期的体验，其记忆往往比实际体验更美好或更糟糕。其次，决定他们未来是否还会再次尝试类似旅行的正是这种不准确的记忆，而不是他们的实际体验。

在前文中，我们让你回忆往昔，回想你与爱人的初次约会或邂逅。这段记忆的质量能够准确地预示你对这段关系的满意程度。心理学家大石茂弘及其同事曾针对交往中的情侣的记忆进行过一项研究。他要求受试者回忆，自己在与伴侣相处的日子里有多快乐。他发现，与没有多少美好回忆的情侣相比，那些能回忆起许多美好时光的情侣在六个月后仍在交往的概率更高。和伴侣一起共度好时光的人比那些没有回忆的人更有可能在六个月后继续在一起。这或许并不让人惊奇。然而，大石茂弘还发现，这些积极回忆比情侣的实际感受更能预示他们未来的结果。

想想看：你们在一起的大部分时间都平平淡淡，大多数时间都消耗在一起开车出行、洗碗、列购物清单、坐在一起看书或刷牙上。从情感层面来讲，这些都是情感色彩比较中性的活动。你们之间偶尔也有美好的时刻，比如一起在森林中漫步，偶尔也有剑拔弩张的时刻，比如因财务问题而争吵。如果真实地记录婚姻中的每件事，哪怕婚姻生活的天平稍稍偏向积极的那一端，似乎也并不是什么值得夸耀的事。但如果再加上一点点积极的记忆偏差，这段关系就会开始变得非常美好。你可能并不会想起自己躺在床上安安静静看书的 45 分钟，而是会想起你丈夫花 5 分钟与你分享了他在书中看到的有趣观点。因此，大石茂弘在研究中的发现——与拥有准确记忆的情侣相比，那些存在记忆偏差、记得更多共度好时光的情侣继续交往的概率更高——也就不足为奇了。

那么如何才能记住更多积极回忆而不是消极回忆呢？一条有用的建议是向快乐的人学习其记忆习惯。索尼娅·柳博米尔斯基对长期快乐的人的回忆进行了分析。在以本科生为研究对象的实验中，柳博米尔斯基发现，快乐的人所体验过的积极事物和消极事物在数量上与其他人相比并无什么不同。我们都收到过停车罚单，都曾经历过高峰时段的道路拥堵，都曾因孩子染上流感而担惊受怕，正如我们每个人都听到过他人的赞美，偶尔会取得工作上的成功，自己喜欢的球队有时会赢得比赛。不同之处在于积极乐观的受试者在几周后回忆事件的方式。柳博米尔斯基认为，性格乐观的人更倾向于回忆事物的积极面，甚至在面对逆境时可以谈笑风生，或者内心更关注个人近期取得的进步，而不是把注意力放在问题上。

一系列最新的重要研究表明，只要花点心思回忆过去发生的美好之事，就能提高幸福感。心理学家已经开始研究“品味”这一概念，即主动享受当下的过程，并有意识地感受过去的成功带给我们的愉悦感。他们要求受试者花几分钟时间，以一种积极的方式回忆过去的某个特定事件。结果显示，做出品味行为的受试者较控制组的受试者更快乐。高效品味的关键在于注意力的集中。人们投入时间和精力去欣赏事物积极的一面，就能体会到更多的幸福感。这项研究表明，积极乐观的人已经习惯于牢记成功的时刻，并留意当时的细节，将生动的画面刻在脑海中，以便自己日后更好地回忆与品味这些时刻。

小结

我们的幸福感只在部分程度上与生活中实际发生的事件有关。当然，我们不时也会被卷入一些悲惨事件，比如丧偶、得慢性病或交通事故。不过，总体而言，积极事物和消极事物会同时存在于我们大多数人的生活中。即使一个人外表好看、事业有成、人见人爱，在经济危机、疾病、离婚，以及其他令人失望的事物面前也难免受到伤害。反之亦然：身处艰辛、遭遇不幸之人往往能得到一些有意义的社会支持，他们能够树立起生活目标，并常常能抓住“一线生机”。生活就像坐过山车，跌宕起伏是我们每个人的必经之路。

我们每个人看待生活中事物的方式截然不同。有些人哪怕报纸比平常晚到一会儿都会觉得非常不安，而有些人哪怕自己家阁楼上的水管破裂、整个房子里都是水，也只会耸耸肩说：“发生这种事也是难免的。”我们之所以知道有这种人，是因为这件事就真真切切地发生在埃德身上。改变世界的运转方式这件事对你而言可能的确是天方夜谭，但控制你自己对世界的态度并非无法做到。事实上，刻意控制自己看待事物的态度是一笔很划算的投资，因为幸福感至少在一定程度上取决于你的内心。

事实证明，快乐的人看待事物的态度是不同的。长期处于快乐状态的人通过先天的遗传和后天的努力，往往会建立起更积极的思维方式。积极乐观之人倾向于关注积极事物（注意），常常将感情色彩中立的事物视为积极事物，并在逆境中成长（理解），也更倾向于回忆美好的时光（记忆）。“注意”是通向幸福的 AIM 法则中关键的一环，因为你把注意力集中在哪里决定了后续要对哪些信息进行理解和回忆。你脑海中的积极思维越多，就越容易体会到心理幸福感。如果你习惯于看到生活中的成功以及他人的优点，而不是吹毛求疵、盯着他人的缺点不放，你会觉得自己生活在美好友善的世界里。每天对你应感激之人心存感激——即使对方只是为你做了一件微不足道的小事，比如帮你推开门——你就会关注到他人积极的一面。看看周围的世界，关注身边的真善美吧。

同样，“理解”对于幸福感也很重要。即使是最坚忍不拔的人，也有可能被生活中的厄运击垮，好在生活中的大多数事件都并非如此极端。我们可以摆脱悲观的认知模式（如完美主义），转而用更积极的理解方式来看待事物（如珍惜你所拥有的一切），从而过上更加美满的生活。

最后，“记忆”在获得幸福感的过程中也扮演着重要的角色。有些人会努力发现并欣赏事物积极的一面，日后也更容易回忆起当时的美好，有些人则会花时间回忆过去的成功而不是失败，无论是哪一种，其幸福程度往往更高。事实上，AIM 法则中的记忆部分非常重要，它可以很好地预示一对情侣未来是否仍会交往，或者预示人们做出的重要决定在未来将带来怎样的结果（如对度假方式的选择或选择是否接受预防保健）。总之，注意、理解和记忆占据了你能直接控制的快乐的很大一部分。

某些励志大师和自我成长组织提出了一些愚蠢的干预措施，希望帮助我们建立积极思维，以始终保持愉悦状态。当然，这种期望是不现实的，注定要失败。我们必须面对生活中的严重问题，并对其做出反应，即使这意味着我们会不时感受到焦虑、内疚或悲伤。你会担心自己皮肤上的斑点是否会癌变，毕竟这事关你的健康，你也会因为自己责备了妻子而感到内疚，因为原本没必要冲她发火。如果你的配偶背着你搞外遇，你理所当然地应该感到焦虑。因此，我们并不是在鼓吹心理泡沫，或者倡导不现实的积极心态。相反，我们希望你开始更主动地思考：

- 尽可能把你的注意力集中在生活的积极方面。
- 注意你对日常事务的理解方式，主动挑战和改变无益的思维模式。
- 尽情品味快乐的时光，集中精力去识别这些时刻，然后花时间让自己沉浸在美好的回忆中。
- 关注他人的善举，并向其表达你的感激之情。

最后要说的是，许多人认为自己快乐与否取决于自己的经历，这种说法在一定程度上是正确的，因为我们的个人经历的确会影响我们看待世界的方式。但大多数人都低估了注意、理解和记忆对幸福感的影响程度，而这些心理因素往往比外部环境更容易控制，因此，我们应重视自己的精神能量。所以，在通往幸福的道路上，记得遵循 AIM 法则，这会大大提升你的心理财富。

测算你的 AIM 表现

请评估以下描述与你的自身状况是否相符，然后分别计算两个部分的总分。

消极思维

______ 我能很快看到别人的错误。
______ 我常常能看到他人的缺点。
______ 我觉得自己生活的环境到处都有问题。
______ 当我反思自己时，首先会想到自己的缺点。
______ 当他人帮助我时，我经常会怀疑他们是否另有企图。
______ 当发生好事时，我会觉得好事很快就会变成坏事。
______ 当发生好事时，我会觉得原本是不是可以更好。
______ 当我看到别人取得成就时，我会觉得自己很差劲。
______ 我常常拿自己和他人做比较。

______ 我常常想起自己错过的机会。

______ 我后悔以往做过的许多事。

______ 在回忆往昔时，不知道为什么总能想起不好的经历。

______ 当不好的事情发生时，我会反复想这件事。

______ 只要你稍有不慎，大多数人就会利用你。

积极思维

______ 我能看到周围有许多美好事物。

______ 我能看到大多数人的优点。

______ 我相信他人的优秀品质。

______ 我认为自己身上有很多优点。

______ 当不好的事情发生时，我经常能看到“一线希望”或者事物积极的那一面。

______ 我有时会想，我这一生是多么幸运。

______ 当回想过去时，快乐的时光总是会浮现在我的脑海。

______ 我会细细品味过去美好时光的回忆。

______ 当我看到别人取得成功时，即使对方是陌生人，我也会为他们感到高兴。

______ 我能注意到别人所做的小小善举。

______ 我知道这个世界有很多问题，但无论如何，我仍然觉得这个世界很美好。

______ 我在这个世界上看到很多机会。

______ 我对未来很乐观。

得分说明

以下是得分参考说明：

消极思维

低	1~4
中	5~9
高	10~14

积极思维

低	1~4
中	5~8
高	9~13

如果你的消极思维得分较高，且积极思维得分较低，那么你就该改变自己了。记住，思考和其他任何习惯一样，是可以通过努力来改变的。同时也请记住，如果你总是陷入消极思考，并不是因为这个世界本来如此，而是因为你选择了以消极的方式看待这个世界。如果你的积极思维得分较高，消极思维得分较低，那么从长远来看，你很可能是一个较为快乐的人。如果你的消极思维得分高于积极思维得分，那么你已经养成了以消极方式看待自己、世界与他人的习惯。你应该评估一下，这种思维方式是否真的对你有益，或者你是否应该换一种更积极的思维方式，从而让自己更好地生活。

第 四 部 分

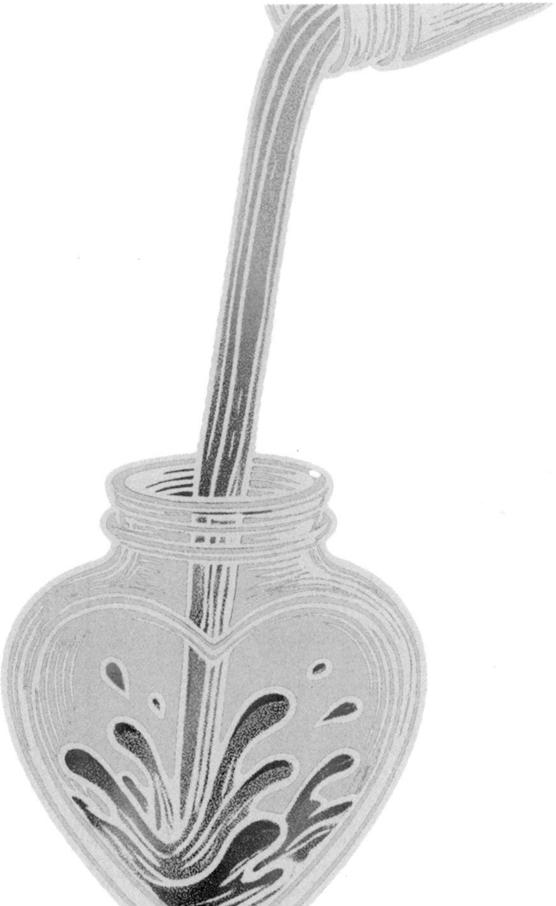

如何实现内心丰盈

第 11 章

没错，你可能会过于快乐

总有人希望你比现在更快乐。励志读物作家和励志演说家试图让你快乐：也许是因为他们想让你购买他们的产品，也许是因为他们秉持一种使命感。作家们希望向你兜售他们的“快乐秘诀”或带来快乐感的习惯清单。积极心理学家和心理治疗师常常能与你共情，因而希望你更快乐。你投票选出的官员希望你快乐，因为这样一来，他们就有可能再次赢得你的选票。你的母亲希望你快乐，因为她爱你，如果你不快乐，她可能会觉得自己很失败。此时此刻，在某家大型制药公司的实验室里，一名技术人员正在研制一种能让你更快乐的新药。为了让你更快乐，甚至会有人给你特殊的臭氧灌肠剂。一个庞大的快乐产业拔地而起，帮助你获得快乐的方法如雨后春笋般涌现出来，包括自我提升、冥想、积极思维、天然草药、我们提到的灌肠、药物疗法，以及许多其他个人和精神技巧。说起来你可能会感到很惊讶，本书的作者虽然极力吹捧快乐的益处，却并不想让你变得比现在更快乐，因为我们认为你们当中的许多人已经够幸福了。

那些试图让你更快乐的人通常都是发自内心的，而且如果你长期处于不快乐状态，未尝不可尝试他们提出的方法。正如我们所见，体会过快乐的人深深懂得快乐的益处，而对于那些总是悲伤或愤怒的不幸人士而言，增加一些幸福感或许正是快乐医生开出的药方。但是其他人呢，大多数已经很快乐的人呢？你真的想要变得更快乐吗？你可能会觉得，即使你已经很快乐了，但还不够。也许正是因为那些爱管闲事的好心人都希望你能更快乐，反而让你觉得自己没那么快乐。也许他们在向你兜售你原本不需要的东西。

过于完美的大苹果

有些人认为无限的快乐是一种令人向往的情感胜利，对此，我们希望向你介绍一项有趣但最终失败了的实验。这项实验由一群善意的纽约人发起。他们认为，可以通过答应别人的所有要求——完全接纳生活中的所有事物，以改善自己的生活，并对世界产生更积极的态度。乍一看，这个社会实验有点意思，我们在日常生活中都曾遭遇过回避、拒绝以及消极事件，这项实验仿佛治愈我们的一剂良药。想象一下这样的世界：人们可以放心地让他人搭便车，给乞丐施舍，允许你插队，和他人在卧室里交谈，允许你在工作中尝试新的创意。这一切听上去很不错，不是吗？当然，如果你是那个必须答应别人所有要求的人，就不一定了。

在为期一个月的实验里，这些可爱的纽约人一开始非常积极乐观。他们对人十分慷慨，宽以待人，情绪也十分饱满，朋友和同事在他们的感染下也变得更为快乐。他们在工作中主动承担更多的任务，帮人端茶送水，自愿帮同事接孩子放学，默许陌生人从他们的眼皮底下偷走出租车。但是，随着时间的推移，他们开始感到疲惫不堪。他们透支自己的时间、精力和其他资源，也很难高效地投入工作和生活。到了月底，他们已经彻底精疲力竭，开始妥协。讽刺的是，他们对他人的态度开始变得消极，觉得自己被人利用了。显然，毫无底线的快乐和积极必然会导致问题，尤其是在纽约这种地方。

满分幸福的弊端

我们很多人都有这样的疑问，在填写幸福感量表时取得满分（10分）是件好事吗？有一点点不开心或者抱怨是不是也不要紧呢？请记住，在1~10的范围内，居住在经济发达国家的大多数人的得分介于6~9分；很少有人的得分处于不快乐区间，也很少有人能拿到满分10分——也就是极度的幸福。有些人似乎就喜欢偶尔抱怨一下，强制人们保持持续的快乐会让人感到压抑。有时候，极度快乐的人看似有些天真，我们甚至怀疑，那些超级快乐的人是否在有必要担心的时候仍然不会担心。这些担忧是有道理的：我们希望在一些著名的小说或引人入胜的电影中看到冲突，而不仅仅是人们过着愉快又无聊的生活。想象一下，如果《罪与罚》中没有谋杀和犯罪的情节，或者《大白鲨》中没有鲨鱼来袭的情节，会是多么无聊。如果《灰姑娘》的主人公是一个生活在富有、完整且充满爱的家庭中的年轻女孩，那么这个故事就会失去力量。我们经常被人们克服逆境的故事吸引，而对那些一帆风顺的故事没什么兴趣。

一些评论家怀疑，我们是否更应把精力放在为他人谋福利上，而不是自己的个人享受上。如果真是如此，那么追求完美的满足感是否会打击我们提升自己生活质量的积极性呢？尽管幸福的益处显而易见，但幸福也会带来一些恼人的问题。即使我们认同，幸福是值得追求的，但有没有可能我们已经足够幸福了？事实上，幸福真的有一个最佳水平吗？

世界上有许多人认为美国人那种永远快乐的想法很傻。他们总是面带微笑，总是把“太好了”“太棒了”挂在嘴边，总是看到事物光明的一面，这让很多人感到反感。对于许多人而言，持续的快乐即使不完全是愚蠢，也是一种虚伪和浅薄的表现。我们将责任、努力工作、批判性思维和义务置于何地？难道我们不用去面对困扰整个世界的难题了吗？本书作者之一埃德曾在苏格兰的一次圆桌会议上与重要人物交流，许多人对快乐是否有益表示了怀疑。他们说，许多苏格兰人天生就沉默寡言，他们就喜欢这样，他们也不需要美国人来教导自己应该快乐。

个别人由于某种原因表现出了极度的快乐，这些现象让我们开始思考，幸福感是否存在最佳水平，即当快乐达到某个点时，我们会觉得快乐“够了”。以双相情感障碍（躁狂抑郁症）患者为例，当他们处于“情绪高涨期”时，其内心的愉悦感会极度膨胀。这种狂热的状态不仅对健康、工作效率、社交能力毫无益处，反而还常常会给生活带来伤害。下面我们就来看看彼得的事例。

彼得就读于本书作者任教的一所大学。他获得了一份残疾学生奖学金——只不过他的残疾不是身体缺陷，而是精神缺陷。彼得是个很聪明的学生，学的是数学专业，只要他坚持服用能够帮助他控制情绪的锂盐，他就能像一个正常的大学生一样完成学业。但他觉得吃药“让自己感到消沉”，即干扰了自己的创造力和高昂的情绪，所以他自作主张停了药。很快，他的精力猛增。他告诉自己的教授，当天早晨他已经开始了三本书的写作，每一本都让他兴趣盎然。他大脑的好点子实在太多，根本无法详细记录。

彼得对课上的话题很有热情，所以他总是按时去上课，但由于自己过度兴奋，所以无法做笔记。有一天，200 名学生正在上课，他突然从第一排站起来，转过身，对着全班同学喊道：“我爱你们所有人。”他跑去参加高级研讨会，坐在地板上，对那些复杂的统计分析表显得无比痴迷，尽管那些表格远远超出了他的理解水平。他的成绩从 B 一路跌落到 F，不久就被大学开除了。

但彼得的故事并没有就此结束。被学校开除后，他依然会出现在课堂上，或是在校园里闲逛。有一次，一位教授看到彼得光着脚站在雪地里拦车，于是就让他上了车。尽管彼得的父母住在 1000 多英里之外，但那位教授还是把他送回了父母家。彼得说他并不觉得冷，而且他很想体验一下赤脚在雪地里前行是什么感觉。彼得告诉教授，他正在写一本诗集，并且已经找到了一份干苦力活的工作。不幸的是，他的老板要求他必须穿着鞋子来上班，所以他不确定自己是否适合这份工作。他的老板还要求他按时上班，而彼得经常会因为其他事情过于兴奋，以至于无法按时投入到工作中去。尽管如此，他仍然对曾经的教授说自己的生活很美好，因为每一秒都有令他兴奋的事物。

尽管彼得的所作所为看上去引人发笑，因为这些行为不太符合社会常理，但发生在彼得身上的故事是一场悲剧。彼得始终保持着充沛的精力和激情，但他却无法很好地工作。他比其他大学同学更聪明，也更有创造力，但他在停药之后就失去了集中注意力的能力，开始表现出怪异的行为，使他人无法亲近。狂热和快乐显然不是一码事，但彼得的故事说明了过度激昂的情感会带来负面影响。

反社会者或精神病患者的事例也反映了无法体验消极情绪的危险。我们此处说的不是汉尼拔·莱克特那样的邪恶天才，而是那些更为普通的人，他们由于某种原因，常常感受不到担忧、焦虑、内疚和羞耻等负面情绪。反社会者可以既无所畏惧又毫无负罪感，因此，他们的谎言很少被拆穿。正常人因为能体会到内疚、焦虑之类的负面情绪，所以不愿意说谎，如果我们撒了谎，这些情绪的表露也会常常使我们露馅。反社会者一门心思追求快乐感，因此很容易认为自己伤害他人和不道德的行为是合理的。最糟糕的情况下，他们甚至可以毫无愧疚、恬不知耻地犯下令人发指的罪行。从反社会者身上，我们看到愧疚感之类的负面情绪与道德敏感性是相关的，而无法体会负面情绪也会给人带来危害，就像狂躁症一样。因此，无论是极端狂躁，还是完全体会不到负面情绪，都会给我们的正常生活带来严重影响。

有关情绪的科学研究也得出了类似的结论。以“白蚁实验”为例。20 世纪 20 年代，刘易斯·特曼选拔出了一大批天才儿童，由于特曼毕生都在研究这些孩子，所以这些小天才后来被称为“特曼人”。许多年后，研究人员找到了这些“特曼人”，想知道他们的生活如何，此时，与“特曼人”年龄相仿的很多人已不在人世了。令研究人员惊讶的是，最快乐的“特曼人”比那些不快乐的老学究寿命更短。

当我们查看“特曼人”的数据时，我们很清楚地发现，这些极具天赋的人都很快乐，因此研究人员并没有按照此类研究的常规操作那样，将不快乐与快乐的个体进行比较，而是将非常快乐的个体和极度快乐的个体进行了比较。研究发现，非常快乐的人的寿命要长于极度快乐的人。这或许是因为那些最快乐的“特曼人”不太关注自己的身体症状，导致自己健康状况较差，也许是因为他们更喜欢冒险，比如飙车或酗酒。不管原因是什么，对“特曼人”的研究结果印证了极度快乐的缺陷。

另一项研究也揭示了类似的结论，这项研究由瑞士心理学家诺伯特·塞默组织开展，研究结果显示，对工作不满有时也是有益的。塞默选取了一些对工作感到不满的人，对其进行了一段时间的跟踪调查，并评估了他们的各项数据，比如受雇年限。塞默发现，对工作感到不满的员工，其辞职另谋高就的概率更高，这并不令人意外。有趣的是，他还发现，这些对工作不满意的员工当中，很多人就任新的工作岗位后变得更加快乐，这表明他们并不是生性脾气暴躁、无论在哪里工作都会不快乐的人。显然，许多参与塞默研究的受试者只是不适合原来的工作，或者他们原先的工作环境本身就不太好，一旦他们找到了新的工作，他们的工作满意度就会提高。换句话说，如果他们是因为对第一份工作感到不满而找到了一份更合适自己的新工作，那么这种不满情绪也并非坏事。

塞默的研究向我们揭示了，不满情绪以及常与之相伴而生的焦虑、沮丧等情绪是一种有用信号，可以帮助我们判断事物进展不顺，并适当激励我们做出积极的改变。在一些研究中，与处于快乐情绪状态的受试者相比，处于悲伤情绪状态的受试者在完成道德推理、逻辑思维等一系列任务时表现更佳，这表明在某些情况下，消极情绪有时可以提升人的表现。虽然心情愉快的人可能在许多任务中的表现优于其他人，但在某些情况下，他们会表现得粗心大意，其一直依赖的习惯也会失去效果。消极情绪会激励一个人更加努力地工作，进而改变现状，也会让人更加小心谨慎。在某些情况下，这些反应恰恰是我们所需要的。因此，偶尔的悲伤或不满可以让我们更好地生活，只要不是长期处于悲伤或不满状态即可。

别忘了，先贤福楼拜曾有言，愚蠢是快乐的必要条件。但过度快乐和丝毫不会悲伤可能并不是什么好事。那么，这是否意味着福楼拜所说的是正确的呢？当然不是。福楼拜犯了一个错误，他认为快乐是蠢人的差事，而实际上快乐的益处颇多。但主观幸福感的相关研究表明，幸福感是存在最佳水平的——我们应当感受到一定的、不过量的积极情绪。所以，我们并不认同那些鼓励人们追求无限快乐的观点，因为快乐虽然是有益的，但并不是所有形式的快乐都于人有益，也不是在所有情况下都于人有益。

那么有多少幸福感才算足够呢？研究表明，最佳幸福水平取决于我们所谈论的幸福感的各个方面、我们所拥有的资源，以及我们想要获得的结果和感兴趣的活动类型。例如，我们是否关注一个人感受到快乐的频率，或是更关注其感受到快乐的强度，两者是有区别的。在确定幸福的最佳水平时，我们关注的指标也很重要，例如，我们选择关注一个人的工作成就，还是关注其社交生活。最后，幸福的最佳水平还依赖一个人为实现目标而拥有的其他资源。

极度快乐之人的生活状况

在前文中，我们阐述了幸福感将会给生活带来哪些显而易见的益处。例如，我们在一项又一项研究中发现，那些最快乐的人最擅长交朋友。在许多国家的追踪研究中（在一段时间内对同一群体进行反复测量），那些“非常快乐”的人更有可能维护长期的人际关系，也更愿意参与志愿者活动。快乐的人更容易对他人建立喜爱和信任感，也更招人喜欢。

为了明确社交关系中的最佳幸福水平，我们对 200 多名大学生进行了深入研究。那些极度快乐的学生在社交方面明显比其他任意一组学生都表现得更出色，他们自信程度最高、精力最充沛、最有信心、社交能力最强。他们约会更加频繁，朋友也更多，甚至连非常快乐的那一组受试者都不能与之匹敌。与不快乐的那一组受试者相比，他们在社交关系和精力方面的优势极其突出。因此，在社交场上，人们越快乐越好。不快乐的人最缺乏精力和自信，拥有的亲密好友也最少。

对于幸福感的实际益处，有关健康的研究案例也是有趣的例证。正如前文所述，幸福常常意味着更健康的行为和更强健的生理机能。但同时也不要忘记，健康与幸福之间可能存在某些不良关联。研究人员在查阅了数十项健康与幸福的相关研究后发现，在重病晚期患者或致命疾病患者中，与快乐程度略低的人相比，那些最快乐的人死亡率更高，这可能是因为他们不太重视自己的病情。此外，研究人员还发现，高昂的积极情绪（如得意扬扬）可能会使血压和心率升高。有关健康的研究结果也印证了幸福可能存在最佳水平，如果主观幸福感太低，那么幸福对于健康的潜在益处则可能无法激活，而过高的主观幸福感也可能会给人带来危害。鉴于此，我们不禁要问：在生活的其他方面，是否也不应该追求极端的幸福，而是应该追求情感的平衡呢？

神奇的 8 分

以成就为例。成就意味着为长远的重要目标而努力，比如在学习上取得好成绩，或者在工作上获得高收入。就我们对于幸福益处的理解而言，人们越快乐，就越有追求这些成就的动力和坚持下去的毅力，也更容易实现这些梦想。事实上，与不快乐的人相比，快乐的人的确会更努力地追求这些目标。但是，如果我们把快乐的人放在一起进行比较，人与人之间又会有怎样的差异呢？快乐程度极高的人会比快乐程度较高的人更成功吗？出人意料的是，答案是否定的，如果让人们在调查问卷中用 1~10 分来评估自己的幸福水平，得分在 8 分左右的人往往会取得最突出的成就。为什么世界上得 8 分的人会比其得 9 分或者 10 分的朋友和邻居表现得更出色呢？这或许是因为，得 8 分的人不仅从快乐中收获了创造力和精力，同时，他们的内心也保留了一丝丝忧虑，能够鞭策自己进步。

让我们进一步分析一下这种“8 分现象”。在对一些大学生的数据进行分析时，发现了一个出乎我们意料的有趣现象。1976 年，研究人员针对数千名学生组织了一项大规模的调查研究，研究对象分别来自精英大学、小型文学院、大型州立大学和传统黑人大学，这项调查研究中有一道题问的是他们的快乐程度。20 年后，当这些学生大约成长到 37 岁时，研究人员再次与他们取得了联系，并询问了他们的收入。20 年前某一天填写的一项数据可以用来预测数年后的收入状况，这听上去令人难以置信，但事实确实如此。快乐的人比不快乐的人收入更高，但非常快乐而非极度快乐的人收入最高。

大石茂宏曾进行过一项样本量巨大的研究，他分析了来自世界各地 10 万多名受访者的满意度得分，得出了类似的结论。如果以 1~10 分来评估自己的快乐水平，那些得分高的人——得分为 7 分、8 分和 9 分的人——比得分为 10 分的人以及不快乐的人收入更高，受教育程度也更高。

一个人怎样才能获得更多的快乐？或者如果人们拥有过多的快乐，如何才能踩下情感刹车呢？而且，说到这一点，我们怎么才能确定自己拥有的快乐是过少、过多，还是刚刚好？其实，这完全取决于一个人关注快乐的哪些方面，我们将在下文中对这一点加以阐释。因为快乐是复杂、多面的，大多数人在判断某种快乐是否值得追求时，很容易得出片面、笼统的结论。但是，在谈论最佳快乐水平这个极其重要的问题时，我们有必要更加深入、全面地理解主观幸福感及其在人们的生活中扮演的角色。

你所说的快乐是什么？

快乐有很多种，既包括乐观、愉悦这样的情感，也包括平静、和谐这样的感受。这就是为什么研究人员会以更广泛的视角来看待主观幸福感。我们不仅希望了解构成快乐的特定情绪，而且希望了解这些情绪是如何共同发挥作用的。例如，我们希望了解积极情绪和消极情绪相互平衡的方式，以及各种情绪的强烈程度。虽然快乐益处颇多，但某些形式的快乐可能并无太多益处，而某些形式的负面情绪可能比其他形式的负面情绪更有益。

以极度强烈的积极情绪为例。虽然极度高涨的情绪让人感觉良好，但这种快乐水平往往不是最佳快乐水平。例如，一些研究表明，那些易于感受到强烈积极情绪的人，也更容易体会到强烈消极情绪。他们的情绪易激动，他们在一切进展顺利时，会感受到极度愉悦，但相应地，当他们处于逆境时，会极度愤怒或抑郁。当然，我们每个人在结婚或收到巨额年终奖时，都会体验到偶尔的情绪高潮，但这种兴奋感很难持续。有些人喜欢追求情绪高潮，将兴奋、愉悦情绪视为幸福的代名词，殊不知他们正在将自己置于危险的境地。他们的愿望终将落空，因为保持强烈的快乐是几乎不可能的，即便可能性不为零，也很难做到。

我们的生理机能和心理机能决定了我们不能持续保持欣快感，也无法适应持续的欣快感。追求持续情绪高潮的人通常是无法达成这一目标的，因为他们的生理机能会阻碍强烈情绪的持续存在。为了追求持续强烈的积极情绪，一些人染上了毒品，如甲基苯丙胺和可卡因。此外，追求欣快感的人还可能会面临一些健康风险。正如慢性压力会引发一系列生理反应，进而损害健康一样，长期保持强烈的积极情绪也会损害健康。

我们建议大家把快乐视为一种大多数时候都能感受到的温和愉快情绪，偶尔伴有强烈的积极情绪。如果你在大多数日子的大部分时间里都感到精力充沛、乐观向上，对自己的生活大致感到满意，只是偶尔抱怨，那么在我们看来，你就是快乐的。由于每个人性情不同，有些人会感受到更强烈的情绪，而另一些人则会感受到不那么强烈的情绪，但我们应该追求频繁的积极情绪，而不应追求持续的情绪高潮。

保持忧虑，保持快乐

即使诸事顺利，我们的内心草原上也可能潜伏着一条消极情绪的毒蛇。伊娃·波梅兰茨曾对目标和情绪进行了研究，结果表明，人的心理权衡与其对成就和成功的追求有一定的潜在联系。

在我们的印象中，为实现目标而努力有益于提升幸福感，而幸福感反过来又能激励我们去奋斗。然而，波梅兰茨的研究表明，事情并非如此。波梅兰茨在研究中注意到，一个人为实现个人重要目标而付出的努力越多，就越担心能否实现这些目标。

回想一下对你来说很重要的一些目标。也许你想在家自主创业，或者为父母的结婚纪念日写一篇有意义的祝词，或者在很紧迫的时间内赶一趟飞机。无论是在哪种情况下，你都可能会感受到一定程度的压力，担心自己能否表现良好或实现目标。你为了成功而投入的心血越多，感受到的压力就越大，当然，你的忧虑程度也与你的性格有关。这是一定程度上的负面情绪可以激励我们表现更佳的另一种情况。如果你认为无论自己做什么，一切都会得到最好的结果，那你可能就不会做好充足的准备。

人们之所以能经营好家庭企业，是因为他们会为小事费心；之所以能在陈述祝酒词时给人留下深刻的印象，是因为他们花了时间去准备；之所以能赶得上飞机，是因为他们跑到了登机口，而不是慢慢走到登机口。这一切的好处在于，人们为自己的目标投入越多，在实现目标的过程中承受的压力越大，当目标达成时，他们体验到的快乐就越多。这可能就是“积极压力”这种东西存在的意义，即同时感受到压力与积极情绪。事实上，我们已经发现，在压力和快乐情绪都相对较高的国家，人们的生活满意度也往往较高。

这项研究向我们展示了一种耐人寻味的窘境。如果快乐带来的愉悦感可以起到激励作用，为什么人们还愿意忍受追求挑战性目标过程中的压力？为什么我们不妥协，去选择更简单、引发更少焦虑的愿望呢？答案就在于，对于大多数人来说，快乐并不是其唯一的目标。为了让自己的祝酒词打动人心、风趣幽默，并为大家所认可，无论在准备过程中是否会感到焦虑，我们都会觉得是值得的。一项研究表明，那些为实现重要目标而努力的孩子，会在实现这些目标时收获更多的喜悦，但他们也会在努力的过程中感受到更多的忧虑。心理学家玛雅·塔米尔也对此现象进行了研究，她发现，无论是良好的情感体验还是糟糕的情感体验，只要能最终带来成功，人们通常都很愿意去尝试。也就是说，大多数人在追求其他有价值的目标时，通常都愿意承受一定程度上的忧虑感和愧疚感。此外，当我们同时体验到积极情感和消极情感，而不仅仅是积极情感时，我们的创造力可能会更高。一项关于工作环境的研究表明，积极情感往往能激发人的创造力。但是，在支持性的工作环境中，那些同时体验到积极情感和一定程度的消极情感的员工最具创造力。

我们知道，压力可以让我们保持警惕，帮助我们在高峰时段安全地行驶在拥堵的路上。我们知道，一定程度上的焦虑可以激励我们做出一场精彩的工作汇报。这种激励我们接受挑战的轻度压力被称为“积极压力”。因此，追求快乐远不止执着于令人感觉良好的情绪。相反，大多数人只是想在适当的时间和地点追求恰到好处的快乐。然而，并不是所有的负面情绪都会带来相同的影响。澳大利亚和加拿大的研究人员均发现，相较于忧虑，抑郁会在更大程度上降低生活满意度。由不可控事件（如孩子患绝症）带来的压力，大多数也是毫无益处的。

小结

积极心理学家总是试图让人们更快乐，而有些人已经对此感到厌倦。当一名患癌的女士听到身边那些过于乐观的朋友说“患癌是一个绝佳的学习机会”这样的观点时，会大声驳斥。就像是当你正在开派对时，你家的下水道堵了，马桶里的水流到了浴缸里，而有人告诉你这只是又一次成长经历一样。面对不幸时，有好的应对方法，也有糟糕的应对方法，但有些人很反感把每一次不幸都标榜为快乐的机会。有些事是好事，有些事本就是坏事，否认这一点会让快乐变成愚蠢。

心理学家鲜少讨论最佳快乐水平，或者人们是否可能快乐过了头。在大多数情况下，心理学专业人士始终专注于帮助那些饱受抑郁、慢性焦虑或易怒折磨的可怜人。不过，心理学家的确曾在一些场合反对过分强调单纯的快乐。

积极心理学运动的发起人马丁·塞利格曼是个明显的例外。塞利格曼认为，快乐不仅仅是过着愉快的生活，充满令人兴奋的交谈、美味的食物和令人舒缓的按摩。他鼓励人们着眼于快乐的其他层面，比如寻求一种有意义和充实的生活，这样的生活未必能让人在短时间内时刻感觉良好，但最终会给人带来持续的满足感。他认为，为了追寻生活的满意度和意义感，我们有时必须牺牲一些愉快感，甚至需要体会一些消极情感。然而，这种取舍是值得的，因为在这个过程中，偶尔的负面情绪可以换来长期的满足感、充实感和意义感。尽管生活满意度高被视为一件好事，但追求长期的狂喜并不可取。

心理学家罗伯特·施瓦茨认为，积极思维和消极思维之间存在一种最佳平衡，为了让我们的生活更高效，一些消极思维是必要的。情绪就像一个燃油表，在生活这条路上，它会给予我们重要的反馈，提醒我们进展是否顺利——究竟是平稳地行驶数英里，还是突然失去动力。但是，对于那些努力追求单纯的积极情感，或者鼓励你变得更快乐的人而言，情绪燃油表就像是卡在了满油状态一样。任何一个开过燃油表发生故障的车的人都知道，在这种情况下是无法获得至关重要的反馈的。油箱不空固然是件好事，但如果燃油表可以精准地显示还剩多少汽油，也是件好事。

有关理想快乐水平，《蒙娜丽莎》也给了我们一些暗示。最近，科学家们用电脑分析了这位著名女士面部表情所传递的情绪，得出的结论是，其 83% 的情绪是快乐，而剩下的 17% 则是混杂的消极情绪（如恐惧和愤怒）。有趣的是，我们发现那些快乐但不是时时刻刻都快乐的人，在生活的许多方面都表现得很突出。也许列奥纳多·达·芬奇自有他的道理，这幅名画之所以誉满天下，可能正是因为他笔下的蒙娜丽莎传递出了成功的情绪。设想一下，如果蒙娜丽莎皱着眉头，看起来心烦意乱，她的吸引力可能就会荡然无存。但是，如果蒙娜丽莎脸上带着超级开心的笑容，那么她看上去就会像是一名啦啦队长一样——有趣，但可能非常浅薄。一个快乐的蒙娜丽莎可能很适合出现在海滩上，但其快乐的形象看上去不够明智，不足以成为一个国家的统治者。积极的情绪是有益的，但一定程度上的消极情绪可以帮助我们成为更完善的个体。因此，我们的忠告是：要向蒙娜丽莎学习。我们并不是说要在 17% 的时间里保留消极情绪——这在大多数情况下可能有点过头了——而是允许自己在大体保持积极情绪的同时，时不时感受到消极情绪。

不要让其他人，包括本书的作者来定义你的积极程度。与灵性一样，快乐从某种程度上来说也是一种个人追求，是由个体基于自己的价值观念来定义的。如果有人告诉你要活在当下，要努力去追求激动人心的生活，或者告诉你应该更快乐，你应该对此保持警惕。你需要使你的心理财富最大化，这意味着偶尔会感受到消极情绪。你应该定义自己的最佳快乐水平，要记住，经常处于平和的快乐状态是有益的，而偶尔的消极情绪也是有益的。然后，去追求你认为重要的目标和价值观，并享受这个过程。

第 12 章

快乐生活

本书的一个核心主题是，幸福不仅令人感觉很好，也会帮助人们取得成功。我们在快乐的时候，生活会井井有条，而长期不快乐的人在面对生活中的重要任务时往往会失败。当我们处于积极情绪状态时，往往能更好地与他人互动，更有创造力，精力也更加充沛。我们此处所说的并不是表现得无比愉悦或兴高采烈，我们指的是处于积极状态，至少是处于一种平和的积极状态。快乐不仅对你有益，对你周围的人也有益。

- 工作时保持快乐和投入的人，往往工作表现更好。
- 快乐的人往往会有更多、更亲密的朋友。
- 快乐的人普遍更健康，寿命更长。
- 快乐的人社交能力更强，更容易信任和帮助他人。
- 快乐的人看待事物更平和，也更愿意与人协作。

因此，本书想要传达的信息是，快乐因益处颇多而值得追求，我们也非常希望你能牢记这一点。快乐不仅能让你感觉良好，而且能够提升你在社会关系、灵性、工作和健康等方面取得成功的可能性。简而言之，快乐是你需要培养的一种重要的、有用的生命资源。快乐会大大增加你的整体心理财富。好消息是，快乐可以由你来掌控。当然，有部分因素会对幸福感产生影响，而你对这些因素的控制力微乎其微，比如你的基因和你所处的社会。然而，有很多事物是你可以直接控制的，比如你的态度、选择和行为，这些因素都对你的快乐有实质性的影响。例如，精神情感（如感恩心和同情心）是可以通过练习来强化的，你可以主动控制此类情感。虽然你可能无法让自己单纯地保持快乐，但你可以通过练习来提升幸福感。当然，在人生低谷时期，我们需要其他人的帮助——可能是我们的家人和朋友，也许只是一名治疗师或教练。快乐未必只是一个人的努力，他人也可以帮助我们，我们也可以对他人施以援手。

心理财富就像一种复合维生素：它带给我们的益处是多方面的。心理财富不是魔法，也不能治愈我们所有的问题，但却可以滋补我们的心灵。正如复合维生素可以改善健康状况、预防疾病一样，心理财富也可以帮助人们在生活的方方面面取得成功。心理财富无法把你想要的一切都自动摆到你面前，但在追求你所珍视的生活的道路上，心理财富是你可以把握的最佳机会。如果没有心理财富，你生活中的其他方面也不会有太多意义。人们在抚养孩子时，其目标便是帮助孩子掌握获取心理财富的能力。大多数人会尝试给孩子灌输一种价值感，提倡一种精神生活方式，帮助孩子培养积极的心态，并强调社会关系的重要性。在学校、青少年电视节目和儿童文学中，处处都能看到有关心理财富各个方面重要性的明确信息。当我们规划自己的生活时，心理财富也应该被摆在最重要的位置上。

快乐于你有益，但你未必需要追求更多的快乐，就像你未必需要补充更多的维生素一样。你的快乐程度是否已经足够？更多的快乐能让你表现得更好，还是与此前相当？有人写书宣扬你应更快乐，并不意味着我们很多人还不够快乐。当你思考更多的快乐是否能为自己带来更多益处时，你应该思考不同类型的主观幸福感，这是很重要的。例如，你或许想要提升生活满意度，但你觉得自己的积极情感已经足够。或者你可能想要提升工作满意度，但你对自己的婚姻已经十分满意。因此，要想提升幸福感，你需要仔细考虑自己想要增加哪些类型的幸福感。

通往幸福社会：国家幸福账户

大多数有关幸福的项目、书籍和研讨会都把焦点集中在个人幸福感上。他们承诺能帮助个体获得更多幸福感，并给出了相关的操作步骤。但是，如果幸福感有颇多益处，我们难道不应该多多讨论大众的幸福吗？难道我们不应该就提高整个社会的幸福感进行一次集体对话吗？正如禁烟运动不仅仅是为了帮助个体戒烟，也是为了改善社区环境、保持环境健康一样，我们也可以将有关积极情感的讨论上升到整个社会层面。我们不仅需要国民经济账户，也需要国民幸福账户，因为社会总是会关注可衡量的事物。当事物处于可衡量的状态时，社会将采取措施来改善那些过低的数字。例如，如果我们可以衡量人们的贫困水平，那么我们的国家往往就会关注这一指标。如果我们可以测量出社会上离婚人士的数量，我们就可以讨论是否应关注这一问题。当我们公布学龄儿童不同科目的成绩时，如果数据令人失望，立刻就会引起政客们的注意。

我们可以从国民幸福账户中监测到什么呢？如果国民幸福账户真的存在，我们可以监测许多与政策相关的目标群体。例如，我们可以追踪调查孩子们的快乐程度较此前有何种变化，以及哪些孩子可能需要帮助。我们可以监测自己的孩子是否承受了更大的压力或变得更加抑郁，也可以监测到那些茁壮成长的孩子有着何种群体特征。人们对当代儿童的生活质量都抱有一定的看法，但如果缺少了国民数据，就很难得出有用的、肯定性的结论。我们还可以追踪哪些员工的工作投入度较高，哪些员工讨厌自己的工作以及背后的原因。另一个问题是，是否存在一些需要引起社会关注的苦难（如某些种族群体）。是否某些群体（如因照看老人而疲惫不堪的人）恰恰应该成为政策讨论的焦点，而有些群体则可以通过提供有组织的服务（如养老中心）来从中获利呢？在现代社会中，某些日常活动（如通勤）是否会加大人们的压力，并降低人们的生活满意度？

在工业化国家中，大多数人的幸福水平得分都处于中位水平线以上；然而，压力大、职业倦怠也是现代社会中许多人的特征。很多人无法全心全意地投入工作，或者经常感到无聊、焦虑。因此，尽管大多数人的幸福水平整体上处于中位水平线以上，但对于很多人来说，幸福感仍然有很大的提升空间，至少可以提升到略积极的水平。很多人在工作时的快乐感和投入度还有提升空间；许多孩子也可以更加享受学校生活，而儿童抑郁也是一个重要的社会问题。

建立一个幸福感最大化而不仅仅是经济增速最大化的社会，应当成为世界各国的目标。我们相信，幸福科学已经开始提供一个框架，将有关如何创造更加美好、更加幸福的社会的政策讨论引导至更加广泛的范畴，而不仅仅是把讨论的焦点放在收入和物质增长上。我们不能忽视金钱和经济繁荣，但是，这不能成为评判一个社会是否成功的唯一标准。国民幸福账户可以提供更加广泛的社会进步评估框架，并帮助我们通过金钱以外的因素来衡量我们的进步，如社会信任、工作参与度、孩子的快乐程度，以及具有回报性的休闲活动。

幸福的秘方

正如我们在本书的开头所述，在所有的童话故事里，灰姑娘最终都会过上幸福的生活。我们怎么能确定灰姑娘，以及你，会“从此幸福地生活下去”呢？许多有关幸福的图书会告诉你一些追求幸福的秘诀，或者直接给你一张获得快乐的神奇清单。有些人甚至提出，单单以一种积极的方式来思考你的所求，愿望就会自然成真。但是，我们已经在前文中有所了解，带来幸福感和心理财富的因素有很多，要想过上最充实的生活，单一的因素是远远不够的。世界上并不存在某一秘诀，能让你或者灰姑娘永远幸福地生活下去；没有任何一位白马王子能够保证让你永远幸福。相反，幸福是各种不同的元素调制而成的，是一个持续的过程。以下是我们列出的调制幸福这道美味佳肴的基本成分。

有方向：重要目标和价值观

人类在许多方面区别于其他动物，也许最重要的区别便是保持正直的品性以及找到生活目标的能力。我们身为人类，的确需要一种意义感才能存活于世。如果生活毫无意义，我们就会倍感沮丧，萎靡不振。我们并不仅仅是凭本能行事。我们需要建立起自己所珍视的价值观，并且找到值得为之付出努力的目标。如果我们的目标扎根于自己的价值观，而这一目标又远远超脱于我们自身短暂的快乐，那么，我们在追求自己所珍视的目标的过程中，就能获得满足感。最近，我们开设了一门课程，在课上，我们给学生布置了两项活动任务。第一项任务是享乐。我们要求学生们走出教室，找点乐子（必须是合法的），比如跳舞，享受一顿大餐，诸如此类。接下来，我们要求他们去尝试一段有意义的、能够从中找到使命感的体验，比如当志愿者，清理垃圾，给侄女辅导家庭作业，或者任何其他可能听上去充满意义却不一定很有趣的活动。一周后，学生们回到了课堂，向我们汇报了他们的经历。他们无一例外都认为这些享乐活动很有趣。无论是试驾一辆新车，还是品尝一份美味的甜点，当时的感觉都非常良好。然而，这种积极情感很快就消失殆尽。绝大多数学生都说，如果必须从这两种活动当中选择一种推荐给朋友，他们会选择有意义的活动。尽管有意义的活动并不总是有趣，但却往往能让人在日后感觉良好，因为其与植根于内心的个人价值观产生了共鸣。评估自己的价值观，确保自己的生活与这些价值观相一致，是心理财富的重要组成部分。

牢固的支持性关系

简单而言，正如第 4 章所描述的那样，他人对于我们的幸福感至关重要。我们可以从人际关系中找到意义、宽慰和愉悦感。有些人喜欢被很多亲朋好友陪伴，而有些人只需要少数的亲密关系即可。但我们每个人都需要被爱，也需要爱别人。建立亲密关系的关键在于积极比率（也被称为戈特曼比率），即积极互动的频率要远远大于消极互动。所以请记住，要在大多数时候与他人保持积极互动。但也别忘了，偶尔的批评和指正也是被允许的，只要你们在彼此赞扬、支持、欣赏的基础上，整体上保持积极关系即可。如果没有人关心我们，我们也不关心他人，那这个世界将是一个冷血无情的世界。作为成年人，我们需要与他人建立联系，并且为他们做一些力所能及之事来体验心理财富。

充足的物质条件

尽管我们花费了大量的篇幅来强调积极态度和精神成长，但事实是，我们生活在一个物质世界里。我们无法逃脱肉体的束缚，因此物质财富会在一定程度上影响我们的幸福感。我们的肉体有许多生理需求，当这些需求得不到满足时，我们的幸福感就会受到损害。为了达到最佳幸福水平，我们需要健康的体魄、满足我们基本需求的充足资源（如食物），以及足够的金钱来体验生活乐趣。我们已在第 6 章中阐明，富有不是幸福的必要条件，但是充足的物质条件可以带领我们脱离贫困，显然有益于幸福。虽然富人的幸福程度普遍更高，我们也很难骗自己认为他们不快乐，但我们必须警惕物质主义，即更重视金钱和物质，而相对忽视人、关爱和我们的社会。我们也必须小心，物质欲望不会无止境地上升，否则无论我们变得多么富有，我们始终会感到贫穷。健康和充足的物质条件可以解放我们的精力，进而有助于我们获得幸福感，但却不能保证我们一定能获得幸福感。如果对财富的追求干扰了我们对人际关系和心理财富其他方面的追求，我们的幸福感就会受到影响，我们身边人的幸福感也会受到影响。

培养精神情感

积极情感让我们感觉良好，而在大多数时候保持积极感受是过上幸福生活的关键因素。我们渴望为自己的所作所为感到自豪，渴望得到他人的关爱；我们渴望享受自己的工作和休闲时光，也渴望得到好友的陪伴。然而，将我们与他人联系起来的精神情感极其重要，因为精神情感可以提升他人的幸福感，我们已经在第 7 章中对此有所讨论。此外，这些情感是可以培养的。我们可以培养自己对他人的感激之情以及对他们的关爱。对于那些不如我们这般幸运的人，我们可以建立起同情心，而不是滋生出一种优越感。我们可以对世间万物之美和秩序怀有一种敬畏之情。这种将我们与他人、与超越我们自身的伟大事物联系起来的情感，是带领我们抵达幸福的捷径，因为我们对此类情感有着掌控力——我们可以通过自己的思考来生成这些情感。精神情感对于心理财富而言必不可少，因为精神情感能够帮助我们超越自身的世界观，并将我们与超越我们自身的伟大事物联系起来。还有一点很重要，精神情感往往会给我们身边的人带来快乐。

与生俱来的性情

如同身高和抑郁情绪一样，快乐也与遗传有关。正如第 8 章所述，如果一个人带有快乐的基因倾向，其往往更容易收获快乐。有些人很幸运，他们生来就带着“快乐基因”。也就是说，他们通常性格外向，也不会过度忧虑。对于他们而言，快乐虽然是一件自然而然的事，但他们仍然需要付出努力才能获得快乐——基因并非快乐的保障，基因只能帮助我们获得幸福。即使是带有快乐基因的人，也必须通过努力才能将其快乐潜力释放出来，正如一个天生智商高的人并不一定知识渊博，除非这个人肯努力学习；或者一个有艺术天赋的孩子，只有勤练技艺，才能在艺术上有所成就。如果一个人生来就是不快乐的性格，那么他必然需要付出更多的努力才能收获快乐，有时甚至需要别人的帮助来应对压力或抑郁。请记住，基因只是快乐的一部分诱因，但不是全部因素。例如，基因表达可以被我们的生活环境改变。正如竞技能力能够使我们在运动比赛中摘金夺银一样，性情虽然有助于人们收获快乐，但我们需要培养思维习惯和行为习惯才能挖掘其潜力。我们的幸福设定值是可以改变的。

智慧的预测和明智的选择

古老的智慧无可替代。有些人似乎总会拼命把自己的生活搞得一团糟，这样的人我们或多或少都见过。这些人或许很聪明、善良、外表好看、家境殷实，但他们在约会、储蓄、消费或职业选择等方面几乎无法做出明智的选择。你可能见过在不合适的工作岗位上苦苦挣扎的人，也可能见过总是陷入不健康恋爱关系的人。相反，有些人似乎总能做出明智的决定，这类人我们或多或少也都见过。他们有着强烈的身份认同感和清晰的私人界限，知道如何才能维护长期的幸福感。我们不一定要有先见之明才能保持快乐，也不需要充分理解未来会发生什么。我们需要的是理解一些预测幸福感的基本原理（如第 10 章所阐述的内容），然后牢记长期目标，做出重要的选择。

我们犯下的许多错误都是由我们的思维方式导致的。在这个信息泛滥的世界，我们的大脑很难消化如此丰富的信息，所以，我们会下意识地选择捷径。正因如此，人们总是会犯一些可预见的错误，最终与幸福背道而驰。例如，聚焦错觉会使得人们将注意力集中在某一选项的明显特征上，从而忽略其他重要的特征。以看房为例，你可能瞬间会被宽敞的院落或者可爱的阁楼吸引，同时却忽略了电气布线的质量或附近街道夜晚的噪声。另一个可以预见的问题源于我们总是基于自己的想象而不是自己的亲身体验做出决策。大多数人都能轻松地在脑海中勾勒出自己在热带海滩上晒太阳的情形，但他们同时也会忘记，飞往度假目的地的航行旅程并不怎么愉快。同样，你在确定职业选择之前一定要先行体验一番，无论这份职业是医生、律师、农民，还是教师，你可以去当志愿者、打暑期工，也可以和特定职业的从业者进行交流。最后，我们需要牢记当下所从事的活动有多重要，牢记自己的目标以及对待幸福的态度，并理解这一点：没有哪种生活环境必然能带来持久的幸福。对未来做出智慧的预测可以让我们每个人都做出更明智的选择，进而使我们的心理财富最大化。

牢记 AIM 法则

你是否曾有过在阳光明媚的日子里去远方旅行的经历？如果你戴太阳镜的时间太长，当你最后摘下太阳镜时，或许会觉得天空的颜色和想象中大不相同。我们大脑的运转方式与之类似，也会为我们周围的世界加上一层滤镜。在第 10 章中，我们阐明了你看待世界的态度以及相应的心理习惯会如何对你的快乐水平产生重大影响。有些人会习惯性地盯着可能出错的地方，满脑子只想着失败，或者总是一个劲儿地抱怨。这种对世界的负面解读必然会让自己不快乐。另一方面，快乐的人会把注意力集中在可能性、机会和成功上，也往往会以积极的视角来理解当下的大多数事物。他们在展望未来时总是积极乐观，回顾过去时则往往会细细品味那些情感高潮时刻。积极理解是最令人心潮澎湃的心理财富之一，因为积极理解是你有能力去改变的。不过，有些人已经习惯了消极思维，仅仅阅读这本书并不足以让他们改头换面——要想变成一个积极思考者，他们需要投入更多积极的活动。他们需要设计、编排和练习新的思考方式以及回应他人的方式，并养成习惯。就像节食或者改掉坏毛病一样，人们在适应积极思考的过程中，也会面临积重难返的困境。傲慢会遮蔽感恩心，我们需要花上几个月的时间来努力练习，以打破自己长期以来一直秉持的消极思维。不过，凭借不懈的努力和积极向上的精神，你可以一步步走向快乐，变成一个更受亲朋好友欢迎的人。

我们不会虚情假意地说，遵循 AIM 法则、建立积极的心态对于每个人而言都易如反掌。在一些人的成长环境中，怨天尤人是家常便饭，人们常常通过批评别人来凸显自己的智慧。有些人花费了数十年时间，练就了一身从他人身上挑刺和抱怨他人的本领。所以，请牢记 AIM 模型的三个步骤。注意——关注他人身上的真善美，关注正确的事物。理解——当然，人非圣贤，孰能无过。大多数人都在竭尽全力为美好的生活而奋斗，即便有些人犯过严重的错误，他们也往往值得你同情。回忆——腾出时间来品味过去的美好时光。当然，我们总会遇到糟糕的时刻，但现在不正是把它们抛在身后，继续创造当下的快乐生活的时候吗？幸福感在一定程度上是由你自己的精神控制的，而控制的方式正是注意、理解和记忆。

幸福是过程，而非终点

记者经常问我们，我们有没有试着将研究成果应用到自己的生活当中。答案是肯定的。我们曾将许多研究成果成功融入自己的生活，其中有一项研究成果益处尤其明显，即明白幸福是一种过程，而不仅仅是良好的生活环境。正如大多数人一样，我们开始思考，如果我们把生活安排得井井有条，比如让自己拥有丰厚的收入、成功的事业、体贴的伴侣，诸如此类，那么我们的幸福感就能得到基础保障。此时，我们就像灰姑娘一样，获得了这些外在的物质条件。然后，问题就变成了：那现在该怎样？一个答案是让自己的生活更加井井有条——努力追求更多的外在条件。但我们后来意识到，这些外在条件只能在短期内带来快乐，更重要的是要享受创造幸福的活动本身以及为追求幸福而努力的过程。如果一个人渴望赢得某个奖项，那他最好能学会享受为之而努力的过程，因为获得该奖项本身只能产生一种短暂的快乐。相比之下，为实现目标而投身于各种各样的活动并努力奋斗，则是我们一生的课题。

思考一下本书的作者吧，想想我们父子俩是如何度过漫长的写作过程的。我们可能会认为写这本书简直是一种负担——不得不进行大量的研究，查阅大量的材料，奋笔疾书，然后再一遍遍修改，无休无止地反复修正自己的语法和拼写。但我们会预见到，我们的著作可能会取得非常大的成功，或许这本书可以改变一个人的生活，或许能给人带来启示，或许还能为我们带来更多的职业机遇，因此我们认为，为了这本书而付出努力是值得的。当然，我们想象当中的这些成功或许都只存在于想象之中，但问题在于，我们是否愿意为了那一丝成功的可能性而忍受写作过程中的诸多不快。我们此处想表达的观点是，幸福感需要一种与上文所述截然相反的心态——我们必须享受这本书的写作和润色过程。这样一来，无论这本书能否赢得读者的欢迎，我们都将收获一段非常愉快的时光。当然，如果这本书能在市场上引起强烈反响就更好了，但对于我们自己的幸福感而言，更重要的是，我们享受一起工作的过程，并从构思这本能够帮助到他人的书的内容中收获快乐。事实上，我们可以坦然地说，这正是我们在写这本书的过程中体会到的。我们在写作过程中并没有发生过争论，反而就本书的内容进行过很多次令我们兴趣盎然的讨论，并且在写这本书的过程中学到了新的东西。为了给本书收集素材，我们与很多人进行了交谈，也亲身尝试了很多不同的想法，我们也很享受这一过程。由于幸福是一种过程，而非某个终点，这本书于我们而言依然取得了巨大的成功——只要能卖出去一本，就算是额外的奖励。当然，在追求目标的道路上，我们必须忍受偶尔的不悦和艰辛，但我们认为，这种不悦和艰辛只应是例外而不应是常态。如果你在追求大多数目标时总是感到不悦，你最好换个目标，或者改变自己的态度。

无论你是声名卓著的电影明星，还是美国总统，是《福布斯》排行榜上的亿万富翁，还是诺贝尔奖得主，你都可以感受到快乐，也可以感受到不快乐。无论你拥有自己想要的一切，还是过着简单的生活，你都可以感受到快乐，也可以感受到不快乐，关键原因在于体验的过程。我们曾询问过一些著名奖项的得主（如诺贝尔奖），赢得奖项是否为他们的生活带来了快乐——有人说这种快乐持续了一天，有人说持续了一个月，甚至还有人说持续了一年，但生活不会止步不前，他们必须投身于新的活动，让自己找到新的快乐源泉。

人们在构想幸福生活时，往往只描绘出理想的生活环境，比如金钱、健康和友谊，当然，这些条件有助于提升我们的幸福感。

但我们希望，你已经从之前的内容中明白，构建幸福感所需要的不只是理想的生活环境，你还需要树立积极的心态，为有意义的目标和价值观奋斗。也许最重要的是，你需要明白，幸福是一种过程，而非某个终点；幸福在于旅行的方式，而非目的地本身，这也是我们反复强调的。要想获得幸福，你需要以积极的态度面对生活和世界，同时不停地投身于各种新的活动。意义感和价值感、支持性的社会关系，以及能带来回报的工作共同构成了幸福生活的基本框架。在这一框架之内，我们需要积极的态度、精神情感（如爱和感恩），以及充足的物质条件，才能享受幸福的过程。

改变幸福设定值

许多令我们感到快乐的事物只能给我们带来短暂的快乐，因为我们很快会习惯这种愉悦感。用心理学术语来说就是我们具有适应性。在工作中加薪或晋升，见证女儿觅得佳偶，赢得殊荣，这些都可以极大地提升我们的快乐程度，但通常不会改变我们长期的幸福水平。这些事物可能会让我们高兴一两个月，然后我们就会回到原来的幸福水平。所以，我们应该尝试提升自己的幸福基准，从而长期提升我们的幸福感。我们的幸福基准会被一些极其美好或极其糟糕的事物改变——找到一个完美的婚姻伴侣可以提升幸福感，或者丧偶会降低幸福感。但是，即便是这样的大喜大悲，我们也会随着时间的推移而慢慢适应。

正如前文所述，如何踏上幸福之旅、如何与外界互动（你在AIM模型中展示出的积极程度）是提高幸福设定值的关键要素。要想改变幸福设定值，你还需要了解幸福的类型，以及改变它们的可能方式。幸福感包括生活满意度、意义感和目标感、积极情感，以及兴趣。幸福感还包括精神情感，如爱心和感恩心。然而，幸福感并非持续的兴奋或狂喜，也并非毫无负面情绪（如忧虑和悲伤）；偶尔的负面情绪是正常的，也是有益的。一味地追求强烈的情感高潮，规避所有的负面情绪，甚至可能于我们有害。一直保持欣喜若狂的状态可能并非你所愿，因为这样一来，你便无法对新的积极事物和活动做出反应。这就是为什么我们必须要等到过世后才能上天堂，而无法在现世上天堂；有些人通过吸毒的方式试图在现实生活中感受天堂的快乐，但这样做的后果只是创造了一个人间地狱，他们再也无法像健康的成年人一样回应生活中的美好。提升幸福设定值意味着大多数时间都能感受到积极情感，但并不意味着一直保持欣快感。

小结

我们为这本书设定了一个宏伟的目标，即为你和你的下一代描绘出理想的生活方式。我们没有描述幸福生活的具体细节，也没有描述通往幸福的不同路径。我们所描绘的是心理财富的组成部分，这对于美好生活来说至关重要。为了过上质量最高的生活，你必须让自己的生活充满意义、价值、目标和强大的社会联系：在这样的生活中，大多数时候你能感受到积极情感，包括精神情感，偶尔会感受到消极情感，但这也是有益的；这种生活的基础，正是为实现自我价值而奋斗，并投身相关的活动中去。

人们的自我价值并不只关乎其自身的幸福，因此，我们有时必须牺牲自己短期的快乐以实现其他有价值的目标。例如，就算我们不喜欢待在医院里的感觉，但我们仍会前往医院看望朋友，因为我们很重视彼此之间的友谊，也想为他们加油打气，让他们振作起来。我们会投身于自己觉得有必要或者正确的事物中，以使得自己的行为合乎道德规范，即便这些事物不招我们喜欢。所以，我们需要牢记幸福的不同类型，并记住享受与生活满意度之间的区别。许多有价值的活动或许会令人不悦，但也能长期提升我们的生活满意度，因为这些活动能整体改善我们的生活。即使这些事物当下并不能给我们带来多少快乐，但由于它们改善了我们的生活环境，或者强化了我们与他人的关系，所以会在未来给我们带来更强烈的愉悦感。无论如何，我们会常常做一些正确的事情，而不考虑这件事是否会提升自己的幸福感，这反而会增加我们的心理财富。

如果金钱不能增加我们的心理财富，那么金钱便毫无益处，对于金钱的追求有时甚至会分散我们对其他重要价值的关注，进而减少心理财富。为了提升自己，我们需要相信自己的能力，相信自己有能力做出生活中的重大决策，并帮助他人。我们需要寻求意义感和使命感，以带领自己超越享乐主义给予我们的唾手可得的快乐。最后，我们的心理财富不仅包括我们的幸福感和生活满意度，还包括我们成长进步的幅度。正如历史长河中那些先哲所说的一样，当我们内心丰盈时，我们就过上了“美好的生活”。我们不应把收入作为生活的主要目标，而是应当构思自己的生活，包括以提升心理财富为目标，思考如何追求金钱财富。

作为本书的作者，我们怀揣一个极其崇高的目标，即同时改变你（也就是正在读这本书的每一个人）以及你所生活的社会。我们希望能帮助你成为一个快乐的人，这对你、你的亲朋好友，以及你身处的整个社会都有益。在我们对于未来的构想中，人与人之间相互支持，工作充满乐趣和吸引力，每个人都觉得自己有能力应付手头的问题，人们为实现自己的长期价值而奋斗，并在此过程中收获快乐，也很少感受到压力。这本书展示了一种我们自认为是革命性的思想——快乐的社会更有可能国泰民安，快乐的人也更有可能取得成功。归根结底，生活中最重要的目标是获得心理财富。现在，该由你来决定了。

第 13 章

测量心理财富：你的内心丰盈水平

测试 1：测量你的生活满意度

针对以下五项表述，请使用以下指标来表示你的同意程度，将你认为最合适的数字写在每项表述前面的横线上。请确保你的答案真实可靠。

7 非常同意

6 同意

5 较同意

4 中立

3 较不同意

2 不同意

1　非常不同意

_______ 大多数情况下，我的生活接近理想状态。

_______ 我的生活条件非常不错。

_______ 我很满意自己的生活。

_______ 到目前为止，我已经获得了我认为生活中重要的事物。

_______ 如果我可以再活一次，我几乎不会做任何改变。

现在，请计算以上五项的总得分：______

说明

31~35	非常满意
26~30	满意
21~25	较满意
20	中立（介于满意和不满意之间）
15~19	较不满意
10~14	不满意
5~9	非常不满意

非常满意

你认为自己的生活一切顺利，生活环境非常理想。大多数得分处于这个区间的人都会认为，自己生活的大多数方面都表现得较为积极——工作、休闲、人际关系和健康等。他们并不觉得自己的生活完美无缺，但他们会觉得自己的生活充满价值。

满意

你的生活是有价值的，但你希望针对某些方面进行改善。得分处于这个区间的人都很快乐，也很满意自己的生活。

较满意

你觉得自己的生活大体上还算顺利，尽管你希望针对某些方面进行改善。你生活中的某些方面有待改善，或者说，你生活中的多数方面都较为顺利，但还没有达到你的理想状态。

中立

你的生活中有顺心，也有不如意。美好之处与你渴望改善之处差不多。生活中没有太多苦难，但也并不如你所愿的那样有意义。

较不满意

如果你的生活满意度得分是由于近期发生了特定的负面事件而跌落至该区间，那么便无须担心。不过，如果你的生活满意度得分长期处于这一相对较低的区间，你可能需要思考背后的原因，并想一想可以采取哪些措施提升自己的满意度。在你的生活中，也许有些事情是无法立刻改变的。在这种情况下，何不尝试改变自己的期望值呢？或许，有一些外在条件是你可以改变的。如果你的生活正在走上坡路，并且你对未来充满信心，那么就不必过于担心。

不满意

生活满意度得分处于这一较低的区间需要引起你的注意，你应该思考该如何改善这种情况。或许，你可以去寻求牧师或心理健康专家的帮助。也许你只是刚刚经历了一段暂时的低谷，或者没能完成既定的诸多目标，在这种情况下，你可能无须因得分而担忧。然而，如果不是这样，得分处于这一区间范围意味着你生活的某些方面亟待改善。

非常不满意

也许最近发生了一系列极其负面的事件，对你的生活满意度造成了打击。然而，如果你的生活满意度已经在这一较低的区间内持续了一段时间，那么你需要改变生活中的某些方面，或许你还需要其他人（包括专业人士）的帮助以改善自己的状况。很多事物或许是完全错误的，是时候尽一切努力来扭转自己的生活了。

生活满足感的诱因

对大多数人来说，生活满意度取决于生活的各个主要方面是否进展顺利，如人际关系、健康、工作、收入、精神状态，以及休闲活动。如果一个人在其中某一方面表现不佳，其整体的生活满意度就会受到影响。生活满意度较高的人通常拥有关系亲密且相互支持的家人与朋友，亲密的浪漫伴侣（尽管这不是绝对的），有意义的工作或退休活动，愉快的休闲时光和健康的体魄。他们认为生活充满意义，会给自己树立重要的目标和价值观。生活满意度较高的人通常不会沾染不良嗜好，如赌博、吸毒或酗酒。

生活满意度调查量表的前三项主要关注的是一个人当前的生活状态，后两项则强调此前的生活状态如何。有些人在生活满意度量表的前三项测试中得分较高，但后两项得分较低。这意味着他们当前的生活较为顺心，但是对以往的生活不太满意。其他人可能在前三项测试中得分较低，但在后两项得分较高。这表明，受访者认为自己以往的生活比现在更美好。因此，前三项和后两项之间的得分差异可以揭示，人们认为自己的生活状况是在改善还是在恶化。

测试 2：测量你的情绪幸福感

请回忆一下过去四周你做了什么、经历了什么。然后请使用以下量表来评估你对每一种情感的感受深度。针对以下每一项情感体验，从 1 到 5 中选择你认为合适的数字，填在每一项前面的横线上。

1　非常罕见或从未发生

2　很少

3　有时

4　经常

5　经常或始终

_____ 积极（1）

_____ 消极（2）

_____ 好（3）

_____ 坏（4）

_____ 愉快（5）

_____ 满足（6）

_____ 感兴趣（7）

_____ 有压力（8）

_____ 不愉快（9）

_____ 快乐（10）

_____ 悲伤（11）

_____ 愤怒（12）

_____ 害怕（13）

_____ 爱（14）

_____ 抑郁（15）

_____ 欣喜（16）

A 愉快的感觉：请将第 1、3、5、6、7、10、14 和 16 项（共 8 项）的分数进行加总，然后将总分填在此处：__________

B 不愉快的感觉：请将第 2、4、8、9、11、12、13 和 15 项（共 8 项）的分数进行加总，然后将总分填在此处：__________

愉悦感

8~13	极弱的愉悦感
14~18	非常弱
19~23	弱
24~27	中立
28~30	强
31~35	非常强
36~40	极强的愉悦感

不愉悦感

8~11	极弱的不愉悦感
12~16	非常弱
17~20	弱
21~25	中立
26~28	强
29~31	非常强
32~40	极强的不愉悦感

你的快乐平衡

除了对你的愉悦感和不愉悦感进行评估，我们还可以对两者之间的关系进行评估，即“快乐平衡”，也就是你所体会到的愉悦感与不愉悦感的频率之差。

请用你的愉悦感得分减去不愉悦感得分，然后把答案填在此处。

平衡得分

24~32	非常快乐
16~23	快乐
5~15	较快乐
4~–3	中性（介于快乐与不快乐之间）
–4~–12	较不快乐
–13~–23	非常不快乐
–24~–32	极其不快乐

个人情感细项

除了总分和平衡分，你还可以审视每一项情感细项。

理论上，你在大多数时候的感受都应该是正面的，比如“感觉良好”或“积极感受”，除非你的生活中刚刚发生了一些负面事件。如果你在大部分时间里都体会不到积极、良好或愉快的感受，只在极少数情况下才能体会到这些感觉，你应该想想背后的原因。

极少数的消极情感才是正常的。如果你时不时感到焦虑，但频率不算太高，你可能并不会觉得有什么大不了。但是某些情绪（如“沮丧”和“愤怒”）只有偶尔或极少出现，才是于我们有益的。

你自己是否会明显感受到某些特定情绪？也就是说，如果你大多数时候都兴趣盎然、积极向上，那么你很少体会到某种积极情感是一个很好的迹象。你在审视自己的负面情绪时，是否发现哪种情绪频率较高？如果你经常感到恐惧、愤怒、悲伤、抑郁或有压力，你可以采取哪些措施来减少这些负面情绪，从而提升自己的快乐感，并让自己更高效地面对生活呢?

情绪健康的诱因

我们的愉悦感和不愉悦感在某种程度上扎根于我们与生俱来的性格。有些人之所以感受不到太多的积极情感，只不过是因为他们本身就是“低调”的人而已。只要你不会因积极情绪过多或过少而受到影响，就无须担心。但请记住，我们的情感生活会受到某些思维方式和生活方式的影响，如果我们努力去培养这些思维方式和生活方式，就有可能提升自己的幸福感。如果不悦感等于或强于愉悦感，那么你就应该反思自己的愉悦感水平是否过低。如果一个人的愉悦感较弱，而不悦感较强，这才是最值得警惕的。然而，如果一个人的愉悦感得分处于中间水平，但不悦感得分极低，这意味着他或许只不过是一个感性的人，其幸福水平可能仍然较高。如果一个人的愉悦感得分和不悦感得分都很高，则意味着其两方面的情感都很丰富，但最好调整自己的情感状态，使愉悦感强于不悦感。

测试 3：心理富裕量表

针对以下 12 项描述，请选择同意或不同意。请从以下选项中选择你认为合适的数字，填在每一项前面的横线上，以表示你对该项的认同程度。

7 非常同意

6 同意

5 基本同意

4 介于同意与不同意之间

3 基本不同意

2 不同意

1 非常不同意

______ 我的生活有目标且富有意义。

______ 我的人际关系良好且有益。

______ 我对自己的日常活动很投入且充满兴趣。

______ 我乐于为他人带来快乐和幸福感。

______ 我能够胜任对我来说非常重要的任务。

______ 我本性善良，过着舒适的生活。

______ 我的物质条件（收入、住房等）已经足以满足我的需求。

______ 我通常能够对他人产生信任，并且有归属感。

______ 我对自己的宗教或精神生活感到满足。

______ 我对未来充满乐观。

______ 我没有不良嗜好，比如酗酒、吸毒或赌博。

______ 我能获得他人的尊重。

将心理富裕量表中的12项分数进行加总，把总分填在此处：

____

总分范围在12分到84分之间：

80~84	心理极其富裕
74~79	心理非常富裕
68~73	心理很富裕
60~67	心理富裕
48~59	心理略匮乏
32~47	心理匮乏
12~31	心理极其匮乏

心理富裕量表可以帮助我们评估除积极情绪和生活满意度的心理财富，以衡量你在生活中其他重要方面的表现。这一量表不仅可以衡量你对自己生活的良好感受，还可以衡量心理财富的关键组成部分（如紧密的人际关系、自尊、能力、工作投入和精神）是否表现正常，以及你的生活是否有目标且富含意义。心理富裕量表呈现了你对于生活各个方面的感受，而这些感受与愉悦感和单纯的快乐情绪感受是不同的，这一点得到了卡罗尔·里夫、科里·凯斯、艾德·德西和理查德·瑞安等心理学家的认同。心理富裕超越了个人对于自我幸福的追求，将范畴扩大到了一个人对于整个社会以及他人幸福感的奉献。有时候，你可能情绪低落，但你的心理富裕程度仍然较高，还有些时候，你可能度过了一段快乐时光，但实际上你的心理并不是真正的富裕。当然，心理财

富的各个要素一应俱全是最好的。

你的幸福感侧写

针对表 13–1 的每一行，请从 4 个选项中选出与你得分相符的那一项，在上面打“×”。

虽然心理财富需要具备上述四个要素，但往往是那些只在其中两三项上取得较高分数的人才能体会到一定程度的心理财富。如果一个人的积极情感得分很低，或消极情感得分很高，即便其心理富裕水平较高，其生活中也会缺乏意义。事实上，当你感到沮丧时，你的心理富裕程度或生活满意度也很难高到哪里去。追求快乐无须以欣喜若狂为目标，而是应当争取不漏掉每一种类型的幸福感，这才是明显更合理的目标。

你的整体实际财富情况

你可能没法成为《福布斯》亿万富豪榜上的一员，但就心理财富而言，你能否成为亿万富翁呢？请参照以下标准来看看你的得分情况。

所有指标均为极高	亿万富翁——名列心理财富 400 强
所有指标均为很高或极高	富人

表 13-1　你的幸福感侧写

心理财富组成要素	极其不快乐	很低	低	平均	高	很高	极高
生活满意度	（5~9）	（10~14）	（15~19）	（20）	（21~25）	（26~30）	（31~35）
积极情感	（8~13）	（14~18）	（19~23）	（24~27）	（28~30）	（31~35）	（36~40）
消极情感	（32~40）	（29~32）	（26~28）	（21~25）	（17~20）	（12~16）	（8~11）
精神富裕程度	（12~31）	（32~47）	（48~59）	（60~67）	（68~73）	（74~79）	（80~84）

介于高至很高之间	中上阶层
平均或介于高与低之间	中产阶级
平均或低	劳动阶层
低或很低	穷人
介于低至极其不快乐之间	赤贫

如果你拥有充裕的心理财富，恭喜你，你正在过着美好的生活。如果你很贫穷，或者你认为自己的心理财富低于预期，那么现在就开始增加你的心理财富吧。希望本书能助你一臂之力，帮助你踏上内心丰盈的道路。

结语

幸福科学

在理解幸福时，为什么我们要仰仗科学，而不是从励志书籍中吸取智慧，或是听从伟大的哲学家或者我们的母亲的教诲呢？

观点及其秉承者

最近，一名自称是吸血鬼的男子宣布将在白色城堡连锁快餐店进行抗议活动。据推测，抗议活动将在晚上举行。是什么原因引发了这场不同寻常的抗议活动呢？这名男子告诉当地新闻记者，菜单上的一道新菜式令他愤怒不已：大蒜汉堡。显然，这家餐厅忽略了这道新菜会引起辛辛那提这群喜欢在夜间出没的嗜血人群的强烈不满。据抗议者说，大蒜汉堡“激怒了亡灵”。尽管这个真实的故事听起来很荒诞，但却强调了这样一个事实，即在现代世界中，人们往往会对几乎任意一个话题提出异议。在我们身处的这样一个完整、复杂、不断变化的世界里，无论这个话题是快餐还是幸福感，几乎都无法逃脱争议。

自人类得以记载共同记忆以来，幸福一直是我们关注的话题。亚里士多德（也许是有史以来最伟大的哲学家）曾写过一本有关幸福的著作，在书中，他将幸福感视为种种道德行为及积极的生活环境所带来的理想状态。相反，享乐主义者相信，幸福是在追求快乐的过程中由带给人满足感的激情引发的。与享乐主义者相对立的古希腊斯多葛学派则认为，最好通过自我控制和学习来避免不快乐。在基督教的教义中，耶稣在著名的登山宝训中谈到了幸福，他提到，品性良好之人会得到上天的眷顾。

欧洲历史上，哲学大师辈出，比如奥古斯丁和康德，他们都提出了自己对幸福的看法。在现代社会，很多受人尊崇的思想家已经将注意力转向了幸福。一些谈论幸福的著作畅销全球，证明幸福这种情感已引起主流社会的兴趣和思索。尽管这些标志性文化人物在获取幸福感的最佳方式上存在分歧，但他们一致认为幸福是值得追求的。迪纳家族对此也持认同态度。

科学为审视幸福提供了一种新的方法。过去，这种梦寐以求的情感只是哲学家、宗教学者和思想家（他们总是喜欢把自己陷在扶手椅中）的研究范围。多年来，人们习惯于用常识、逻辑、民间智慧和个人经验来理解幸福问题，最终却得出了一堆相互矛盾的结论。有些人认为金钱会带来痛苦（但数据显示这不是真的），还有些人（比如福楼拜）则对幸福感不屑一顾，认为幸福不过是蠢人的专属情感（同样，数据显示了完全不同的结果）。虽然几个世纪以来，有价值的见解层出不穷，但科学为追求幸福感创造了新的理解方式。看到你的挚友婚姻不顺便认为离婚会带来痛苦是一码事，而根据数千对离婚夫妇样本来评估离婚的影响则是另一码事。

通过使用科学的方法，我们已经能够揭穿许多与幸福有关的神话。例如，我们知道，人们在老年时期的幸福水平和二三十岁时大体相当。我们知道金钱可以提升幸福感，但提升的幅度相当有限。我们知道，在许多国家，宗教人士的幸福水平普遍高于无宗教信仰人士，但并非在所有社会里都是如此。我们知道，较长的通勤时间会降低人们的幸福感，即使他们换一份更好、薪水更高的工作，也是如此。正如人类曾借助科学认识到地球不是平的，后来又研究出了疫苗、电力和飓风预警系统一样，科学现在正在帮助我们强化对主观世界的理解和控制。科学探究并不能取代宗教信仰或哲学洞察，但因果关系和归纳总结为我们理解那些古老的智慧提供了一些新的有效维度。

要以科学的方式理解幸福，严谨的测量是首要的。然后，我们需要广泛的、具有代表性的大量样本，以确保我们的结论不仅仅是基于熟人或令我们印象深刻的人得出的。同时，我们不能仅仅依靠调查这种手段来理解幸福，我们需要通过长期的实验和研究来真正地理解怎样才能获得幸福感，而幸福感又会给我们带来什么。科学并没有什么神秘之处，只不过是使用严谨的方法来获得最有效的可用信息而已。几十年来，我们一直在努力创建幸福科学，你会发现，我们已经探知到一些重要信息。

幸福科学是一门崭新的学科，还有很多未知等待着我们去探索。对于本书的读者，我们在此要提出重要的一点：我们所描述的是基于群体平均水平的研究发现，并不一定适用于每个个体。例如，尽管我们发现婚姻会提升人们的幸福感，但这只是普遍现象，有些人仍然会因为婚姻而变得不快乐。幸福科学当前所处研究阶段还不足以告诉我们，普遍性的研究成果适用于哪些特定人群。因此，当你读到“富人、宗教人士和善于社交的人往往更快乐”时，请记住这只是基于平均水平得出的结论，可能适用于你，也可能不适用于你。因此，尽管幸福这门科学正在迅速发展，但将这些发现应用于个人生活在很大程度上仍然是一门艺术。

在这一领域，早期研究的一些发现（如彩票中奖者的幸福感并不比其他人高）已经被此后的一些研究推翻（两项研究发现彩票中奖者幸福水平更高）。我们自己的观点也会随着时间的推移而改变。科学的一个特点是，在得到更准确的研究结果之前，答案都只是暂时的，我们的一些结论很可能会被推翻，我们已经意识到了这一点。但与此同时，我们认为，本书所述的研究发现代表了当前对幸福感最深刻的理解。我们乐观地认为，在 20 世纪，科学改变了我们的物质世界；在 21 世纪，科学也将彻底改变我们对于幸福的理解。

完全幸福的组成部分

花点时间思考一下你自己生活中的幸福感。想想最近一次或者很久之前你感到快乐的时候。也许那天你收到了人生中第一份工作邀请。也许这是漫长冬日过后天气转暖的第一天。或许是上周末，你带着女儿逛公园，坐在长椅上小憩。毫无疑问，各种各样的场景和事件都能给你带来幸福感，甚至能令你感受到幸福的体验本身也会随着时间的推移而变化。那份工作邀约可能会让你心潮澎湃，冬日暖阳或许会令你耳目一新，而那个平静的周末或许会让你感到心满意足。每一种情形都反映了幸福感的不同侧面。

思考幸福的定义是一件棘手的事，我们很早就意识到人们对幸福有各种各样的独特想法，他们可以无休无止地争论到底哪一种才是幸福的真正定义。我们思考这个问题的方式是，把幸福视为“主观幸福感”。也就是说，我们认为幸福是一种主观状态，由个人自己进行定义。在幸福的状态下，我们相信我们的生活和时事都很顺利。幸福感包含我们感受到的各种积极愉悦情绪——从快乐，到爱，再到感恩，多种多样。因此，当我们研究幸福时，我们关注的是人们各种各样愉悦的心境和情绪。我们关注人们内心的和谐与平静、热情与快乐、骄傲与满足，请不要认为其中的任意一种情感“不属于幸福感”。我们透过更加宽泛的视角来看待幸福，因此得以足够灵活地理解幸福体验中的个体差异，以及每个人对幸福的定义。

那么，消极或不愉快的情绪是如何贴合我们对于幸福的定义的呢？让我们现实一些吧。幸福感所包含的情绪不会持久永恒，也不会强烈到永不褪色。即使是最乐观的人，也会经历磨难、情绪消沉。事实上，如果有人称自己无论何时都非常快乐，我们大多数人都不会相信。消极情绪（如内疚和担忧）有时于我们有益。这些情感会帮助我们更高效地生活。想象一下这样一个社会：我们在表现不佳时不会感到内疚，在未能实现目标时也不会感到失望，这将会是多么可怕。事实上，不悦感为我们提供了有关我们生活质量的有用的反馈，并驱动我们做出改变。因此，我们在频繁体会到积极感受的同时，也会稍稍感受到消极情绪，这一切都没有逃脱幸福的范畴。然而，这种平衡应该极大地倾向于愉快的情绪。

幸福不仅仅是一种情感；幸福是一种广泛的心理状态，而情感只是其中的一部分。幸福感中也包含“认知”或思维。人们倾向于将自身抽离出来，评估自己的生活——判断自身的表现如何——我们称这种类型的幸福为“生活满足”。生活满足是幸福的组成部分，包括人们对自己在生活中的表现以及那些对他们而言很重要的方面的评估。在衡量生活满意度时，我们认为评估幸福的确切标准取决于个人。例如，一个年收入 4 万美元的人可能会因这个收入水平而欣喜若狂，而另一个收入水平相同的人则会感到恐慌。每个人都有衡量自己生活质量的自主性，进而为迎来独特经历和价值观做好准备。

除了对生活整体感到满意，一个人对生活中重要领域的满意度也是幸福感不可或缺的一部分。一个人不仅应该对生活感到满意，也应该对重要的生活领域保持积极态度，如健康、工作、人际关系和休闲等。此外，一个人应该自我感觉良好，同时认可自己的能力并感受到他人的尊重。这些对于生活中重要方面的积极评价被称为“内心丰盈”，因为它们表明了一个人在重要的人生领域都表现出色。

保持良好感受，但需要有正当理由

如果你有机会获得永恒的幸福，但前提是你需要放弃实际的工作、人际关系，甚至是痛苦，你会接受吗？你会做出何种选择？你是否会因为笃定的快乐而牺牲生活的起起落落，放弃你的工作、朋友和家人？这些问题是由已故哲学家罗伯特·诺齐克在一次思想实验中提出的。他提出了一种“体验机器”的构想，即将人的大脑连接到计算机上。想象一下，体验机器会为你注入多巴胺、鸦片和血清素以激活你的思维和感觉器官，让你感受到永恒的喜悦，同时，电脑会将一系列图像投射到你的大脑，让你相信自己正在亲身经历一切——赢得褒奖，参加孩子的唱诗班音乐会，与你的配偶做爱。但这里有一个隐藏条件：由于你的大脑与电脑相连，你将无法工作，无法与人建立关系，也无法再体会生活中的波折（如违章停车罚单或电脑死机）。你将获得百分之百的快乐。

我们曾在自己所教授的课堂上向成千上万的学生提出过这个问题。据我们观察，大约 95% 的学生选择了工作、社会关系和痛苦，而不是生理上的愉悦。剩下 5% 的人选择了通往快乐的捷径。也许他们的工作和家庭并不能给他们带来快乐。也许他们并没有完全意识到自己将会放弃什么。虽然我们不能确定，当人们真正面对体验机器时会做出何种选择，但我们的发现支持了诺齐克的基本主张：通常人们都想要得到快乐，但需要有正当的理由。大多数人都希望在生活中持有明确的价值观。他们在追求重要的个人成就以获得深刻的满足感时，都愿意接受一定程度的焦虑和失望，甚至愿意接受一定程度的磨难和努力，使自己的成功更有价值。

积极心理学的创始人马丁·塞利格曼曾指出愉悦的幸福感和基于生活意义与目标的幸福感之间的区别。对于有消极倾向的人来说，这可谓是个好消息，因为即使体会不到多少愉悦感，也是可以培育投入感和意义感的。相反，即使一个人能够体验到较多愉悦的幸福感，也可能难以感受到在这个世界上生活的满足感。玩电脑游戏、吃冰激凌、唱流行歌曲可能都会给人带来愉悦感，但这些活动往往与更深层次的生活满意度没有联系。幸福感重在平衡。太多无目的的快乐可能会带来灾难。享乐主义缺乏对意义感的追求，因而会令大多数人感到空虚。然而，如果目的性太强而没有体会到良好的感受，也会给人带来遗憾。完整的幸福既包含愉悦感，也包含意义感。

圆满的幸福

一个主观幸福感较强的人，必然会在大部分时间感受到愉悦感和关爱（积极情绪），偶尔感到内疚、担心、愤怒和悲伤（消极情绪），对自己生活中的重要方面感到满意（生活满意度）。如果用公式来表达，即为：

主观幸福感＝积极情感－消极情感＋生活满意度＋心理富裕程度

通过观察愉悦情绪和不愉悦情绪，以及广泛和特定领域的满足感，我们给幸福下了一个适用于大多数人的定义。我们允许每个人对幸福的定义保留一定的差异，例如，有些人强调满足感，而另一些人则更关注快乐。然而，人们对幸福感的定义大同小异。想想看：无论你偏好何种幸福定义，人类的基本生物学特性是一致的，这决定了某些情绪——快乐、满足、好奇心、爱和希望——会令人感到愉快。我们尚未发现在哪种文化中，人们将严重的抑郁或始终怀揣仇恨视为理想的情感状态。最后，幸福——无论这个词出现在何种情形之下——都指的是一系列愉快的感觉，以及一个人对自己生活状况的良好评价。

不同的幸福类型之间有时会有冲突和权衡。事实上，人们有时会牺牲一种幸福而换取另一种幸福。人们常常会拒绝参与当下一些令人愉悦的活动，以便腾出精力继续努力实现未来能带来更大心理回报的目标。例如，你可能会爽约一次烛光晚餐，转而去为当地的扫盲项目筹集资金。随着年龄的增长，我们在幸福的各个方面也会有不同的取舍。当我们上了年岁，我们往往不会再追求强烈的情感体验。我们 20 多岁时燃烧的激情会沉入 70 岁时温暖的余烬。但这并不意味着老年人不快乐——年老时大概率仍然会很快乐。事实上，研究表明，老年人在生活满意度方面往往高于年轻人，即便年轻人的愉快情绪往往更强烈。

科学地测量幸福

埃德在研究幸福时，早期的工作主要集中在对幸福感的测量上。他发明了一种全新的生活满意度评估量表，但他最重要的目标是验证能否有效衡量幸福的程度。他发现，幸福可以用许多不同的方式来衡量，而不仅仅是通过调查研究。

一些研究人员通过对研究对象的生物反应进行统计来衡量幸福感。威斯康星大学神经学家理查德·戴维森通过大脑成像测量了快乐的人的大脑活动。他识别出了与幸福相关联的大脑区域（如前额皮质），推动这一学科领域取得了巨大的进步。简单来说，戴维森发现快乐之人的左脑前部，也就是左边眉毛后方的区域更加活跃，而抑郁之人的右边眉毛后方的大脑区域更加活跃。

戴维森最著名的一项调查围绕着佛教僧侣与大学生的情绪展开。戴维森使用了功能磁共振成像设备来扫描其研究对象，并要求他们在特定时间段内自主产生怜悯心。这些有着多年冥想经验的僧侣，其大脑活动成像立刻飙升，而那些不幸的大学生几乎无法令机器读取到电信号。显然，如果我们勤加练习，就可以产生积极的情绪感受。

另一位生物心理学家——芝加哥大学研究员约翰·卡乔波则使用电极测量了与各种情绪相关的面部肌肉的微小运动。他向研究对象展示了引发愉悦、中性和不愉悦情绪的幻灯片。这些图片上，有的画着冰激凌蛋筒，有的画着蛇，有的画着一把椅子，还有的画着可怕的畸形躯体。卡乔波测量了人们对这些照片的反应强度，发现快乐的人和悲伤的人之间存在有趣的差异。例如，性情开朗之人对于中性刺激（如一把椅子）的反应是积极的。这向我们揭示了有关快乐之人的一些非常有趣的发现，以及他们看待整个世界的方式。更具体来说，这些研究结果告诉我们，在没有任何可感知到的威胁的情况下，快乐的人更倾向于以一种积极的方式看待正常的环境，卡乔波认为这种倾向与人类的生存进化有关。

另一种测量幸福感的生物学方法是检测在血液和大脑中循环的激素。例如，循环于大脑某些特定区域的多巴胺和血清素的水平与幸福相关的感受存在关联。你或许知道，当前的抗抑郁药物是通过影响天然激素的水平（如在大脑中活动的血清素）来发挥作用的。当然，血液中循环的激素就更容易评估了，因为只需要用针刺取血，而无须使用针型探头穿过大脑。梅根·冈纳是世界上研究皮质醇的权威专家之一，皮质醇是一种在血液中循环的激素，它可以驱使我们的身体为行动做好准备，但这种激素也与压力有关。她通过生物手段测量了人们一天当中皮质醇含量的波动，以追踪我们在日常生活中的应激反应。

但生物测量并不是衡量幸福的唯一方法。尽管使用生物学方法衡量幸福能得到更精密的结果，但是单刀直入地询问人们的幸福水平仍然是我们衡量幸福的最常见方式。人们大多都很擅长监控自己的情绪，并且通常都很清楚自己的幸福体验有多强烈。稍微将你自己代入以下情境：如果我们问你，你现在有多开心，你大概率能够判断出自己是情绪高涨还是低落。你不仅可以区分这两种极端情绪，而且你很可能也知道自己现在是较为快乐还是非常快乐。如果我们问你大体上是否满意自己的工作，你可能会告诉我们自己对哪些具体方面感到满意，再对某些方面发发牢骚。事实上，关于幸福的自我报告与生物学测量之间存在关联，这表明询问人们的幸福水平是衡量幸福体验的有效途径。

但是，如果人们羞于描述自己的幸福感，或者有意隐藏自己的不满呢？如果人们只是当下心情愉悦，却认为自己在生活的方方面面都很快乐呢？在测量幸福感时，我们已经认识到这些问题以及其他一些问题，因此采用了自我报告以外的其他措施克服了这些问题。例如，我们试图采纳受试者的家人和朋友的意见，他们很了解受试者，也愿意描述受试者的情感状况。试着想想那些与你亲近的人，比如你的配偶或你最好的朋友，几乎可以肯定的是，你知道他们什么时候积极乐观，什么时候情绪低落。在日复一日的情绪背后，你总是能看到他们真实的一面。我们会采纳这些“知情者报告”来与受试者的幸福感得分进行比对，看看两者是否一致。

除了知情者报告，我们还会让受试者回忆最近发生的美好或糟糕事件，并对其记忆进行测量。快乐的人往往能迅速回忆起许多积极事件，比如孩子在学校玩耍、遛狗、工作中富有成效的头脑风暴会议或者他们在聚会上的妙语连珠。抑郁的人由于习惯性地关注生活中消极的一面，所以可以很容易地回忆起近期遇到的问题、烦恼、失败和挫折。因此，当我们要求受试者在短时间内（比如60秒）尽可能举出积极或消极事件时，就可以看出他们是否有幸福倾向。丹尼尔·卡尼曼及其同事塔利亚·米伦–沙茨曾将日常思想归为积极思想和消极思想两类，并将其编制成了一份清单，用作另一种评估幸福的方法。

但我们的研究方法并不局限于生物学测量、自我报告、知情者报告、思想清单和记忆测量法。通常，我们还会使用经验抽样法（ESM），在该方法中，我们会为受试者提供一台定期发出随机提醒的掌上电脑，并要求他们全天候填写情绪报告，无论当时他们处于何种情形。受试者可在任意时间使用掌上电脑汇报自己的情绪状况，无论是早上还是下午，无论他们是独自一人还是有好友相伴，无论是正在工作还是周末。通过这种方式，我们可以随时对他们的情绪进行抽样调查，体验他们在现实生活中的情绪波动。虽然人们的短期情绪往往会由于突发状况略有波动，但一个人的长期情绪大体上是一致的。一个快乐的人也会有情绪起伏，但从长期来看，其快乐情绪水平往往要高于一个不快乐的人。因此，ESM 是评估幸福感的最佳方法之一。

不过，ESM 也有一些缺点，特别是对我们的研究人员来说。这些年，我们损失了数个昂贵的掌上电脑。这些掌上电脑有时被遗失在火车上，有时被掉进厕所，有时被汽车轧得七零八落。但 ESM 提供的信息是无价的。最后，我们可以尝试测量人们微笑或皱眉的幅度（如分析一段采访录像）来作为衡量快乐的标准。综上所述，所有这些测量方法都可以相当准确地描绘出一个人的总体幸福程度。事实证明，心理学家对于幸福感的测量与经济学家衡量收入水平类似——较准确，但并不完美。如果结合使用这几种测量幸福的方法，我们便能获得较为精确的幸福感测量数据。

致 谢

我们要感谢很多人，在完善本书的过程中，他们给予了我们很多建议和鼓励。感谢我们的妻子卡罗尔·迪纳和凯亚·比斯瓦斯-迪纳，她们总是不厌其烦地与我们讨论写作构思，在阅读了无数的草稿后始终给予我们富有洞见的反馈。感谢布莱克威尔出版公司的克里斯·卡登，她为我们提供了有力的帮助，特别是不断地鼓励我们。感谢帮助我们查找相关研究文献的助手们——丽贝卡·西格蒙·埃尔南德斯、黛博拉·德克斯特、爱丽丝·穆恩和林赛·马克尔，他们花费了数百个小时才让本书得以出版。

感谢学者迈克尔·弗里施、理查德·卢卡斯、亚历克斯·迈克洛斯、戴维·迈尔斯和克里斯·彼得森，他们不仅完整阅读了整本稿件，还提出了很多建议，帮助我们完善本书的方方面面，这本不属于他们的职责范围。同时，感谢阅读了部分章节并予以反馈的审稿人，这令我们受益良多：大石茂弘、莎拉·普雷斯曼、约翰·赫利韦尔、鲁特·维恩霍文、哈里·赖斯、杰拉尔德·克罗尔、雷蒙德·帕洛齐安、罗伯特·埃蒙斯、乔治·瓦兰特、朱·金–普里托、蒂莫西·威尔逊、巴里·施瓦茨、安德鲁·克拉克、乌尔里希·斯马克、托马斯·莱特、提摩西·贾吉、吉姆·克利夫顿、艾米·雷泽谢涅夫斯基、珍妮·蔡、奚恺元、威廉·佩沃特、谢尔顿·科恩、克里斯蒂·斯科隆、朴兰淑。

延伸阅读

Argyle, M. 2001. *The psychology of happiness*. 2nd edn. New York: Routledge.

Bryant, F. B., and J. Veroff. 2007. *Savoring: A new model of positive experience*. Mahwah, NJ: Lawrence Erlbaum.

Buckingham, M., and C. Coffman. 1999. *First, break all the rules: What the world's greatest managers do differently*. London: Simon and Schuster.

Csikszentmihalyi, M. 1990. *Flow: The psychology of optimal experience*. New York: Harper Perennial.

Csikszentmihalyi, M., et al. 1975. *Beyond boredom and anxiety*. The Jossey-Bass Behavioral Science Series. San Francisco: Jossey-Bass.

Csikszentmihalyi, M., and I. S. Csikszentmihalyi, eds. 2006. *A life worth living: Contributions to positive psychology*. New York: Oxford University Press.

DePaulo, B. 2006. *Singled out: How singles are stereotyped, stigmatized, and ignored, and still live happily ever after*. New York: St. Martin's Press.

Dutton, J. E. 2003. *Energize your workplace: How to create and sustain high-quality connections at work*. San Francisco: Jossey-Bass.

Emmons, R. A., and M. E. McCullough, eds. 2004. *The psychology of gratitude*.

New York: Oxford University Press.

Fromm, E. 1956. *The art of loving*. New York: Harper and Row.

Furnam, A., and M. Argyle. 1998. *The psychology of money*. New York: Routledge.

Gilbert, D. T. 2006. *Stumbling on happiness*. New York: Knopf. Kahneman, D. 2008. *Thinking about thinking*. New York: Doubleday.

Lama, D., and H. C. Cutler. 1998. *The art of happiness: A handbook for living*. New York: Riverhead Books.

Layard, R. 2005. *Happiness: Lessons from a new science*. New York: Penguin. Lykken, D. T. 1999. *Happiness: What studies on twins show us about nature, nurture, and the happiness set point*. New York: Golden Books.

Lyubomirsky, S. 2008. *The how of happiness: A scientific approach to getting the life you want.* New York: Penguin.

Lyubomirsky, S., L. King, and E. Diener. 2005. The benefits of frequent positive affect: Does happiness lead to success? *Psychological Bulletin* 131:803–5.

McMahon, D. 2006. *Happiness: A history*. New York: Atlantic Monthly Press.

Myers, D. 1993. The *pursuit of happiness: Discovering the pathway to fulfillment, well-being, and enduring personal joy*. New York: Harper Collins.

Nettle, D. 2005. *Happiness: The science behind your smile.* New York: Oxford University Press.

Nozick, R. 1989. *The examined life: Philosophical meditations*. New York: Simon and Schuster.

Putnam, R. 1995. *Bowling alone: The collapse and revival of American community*. New York: Simon and Schuster.

Sapolsky, R. 1998. *Why zebras don't get ulcers: An updated guide to stress, stressrelated disease and coping.* 2nd edn. New York: Henry Holt.

Schwartz, B. 2004. *The paradox of choice: Why more is less*. New York: Ecco.

Seligman, M. E. P. 2002. *Authentic happiness: Using the new positive psychology to realize your potential for lasting fulfillment*. New York: Free Press.

Vaillant, G. E. 2003. *Aging well: Surprising guideposts to a happier life from the landmark Harvard study of adult development.* New York: Little, Brown.

Wagner, R., and J. K. Harter. 2006. *12: The elements of great managing*. New York: Gallup Press.

参考文献

一

Abbe, A., C. Tkach, and S. Lyubomirsky. 2003. The art of living by dispositionally happy people. *Journal of Happiness Studies* 4:385–404.

Adler, N. E., T. Boyce, M. A. Chesney, S. Cohen, S. Folkman, R. L. Kahn, and S. L. Syme. 1994. Socioeconomic status and health: The challenge of the gradient. *American Psychologist* 49:15–24.

Ai, A. L., C. Peterson, T. N. Tice, S. F. Bolling, and H. G. Koenig. 2004. Faith-based and secular pathways to hope and optimism subconstructs in middle-aged and older cardiac patients. *Journal of Health Psychology* 9:435– 50.

Amabile, T. M., S. G. Barsade, J. S. Mueller, and B. M. Staw. 2005. Affect and creativity at work. *Administrative Science Quarterly* 50:367–403.

Anderson, C. J., and L. C. Vogel. 2003. Domain-specific satisfaction in adults with pediatric-onset spinal cord injuries. *Spinal Cord* 41:684–91.

Ardelt, M. 2003. Effects of religion and purpose in life on elders' subjective well-being and attitudes toward death. *Journal of Religious Gerontology* 14:55– 77.

Baron, J. 2000. *Thinking and deciding.* 3rd edn. New York: Cambridge University Press.

Bartolini, S., E. Bilancini, and M. Pugno. 2007. *Did the decline in social capital decrease American happiness? A relational explanation of the Happiness Paradox.* University of Siena Department of Economics Series, no. 513. Retrieved September 7, 2007, from.

Bazerman, M. H., D. A. Moore, A. E. Tenbrunsel, K. A. Wade-Benzoni, and S. Blount. 1999. Explaining how preferences change across joint versus separate evaluation. *Journal of Economic Behavior and Organization* 39:41–58.

Bergman, L. R., and D. Daukantaite. 2006. The importance of social circumstances for Swedish women's subjective well-being. *International Journal of Social Welfare* 15:27–36.

Berscheid, E. 2003. The human's greatest strength: Other humans. In *A psychology of human strengths: Fundamental questions and future directions for a positive psychology*, edited by L. G. Aspinwall and U. M. Staudinger. Washington, DC: American Psychological Association.

Biswas-Diener, R. 2008. Material wealth and subjective well-being. In *The science of subjective well-being*, edited by M. Eid and R. J. Larsen. New York: Guilford Press.

Biswas-Diener, R., and E. Diener. 2001. Making the best of a bad situation: Satisfaction in the slums of Calcutta. *Social Indicators Research* 55:329–52.

Biswas-Diener, R., and E. Diener. 2006. The subjective well-being of the homeless, and lessons for happiness. *Social Indicators Research* 76:185–205.

Biswas-Diener, R., J. Vittersø, and E. Diener. 2005. Most people are pretty happy, but there is cultural variation: The Inughuit, the Amish, and the Maasai. *Journal of Happiness Studies* 6:205–26.

Blanchflower, D. G., and A. J. Oswald. 2006. Hypertension and happiness across nations. Unpublished manuscript.

Bonanno, G. A., C. B. Wortman, D. R. Lehman, R. G. Tweed, M. Haring, J. Sonnega, et al. 2002. Resilience to loss and chronic grief: A prospective study from pre-loss to 18 months post-loss. *Journal of Personality and*

Social Psychology 83:1150–64.

Bonanno, G. A., C. B. Wortman, and R. M. Nesse. 2004. Prospective patterns of resilience and maladjustment during widowhood. *Psychology and Aging* 19:260–71.

Brickman, P., and D. T. Campbell. 1971. Hedonic relativism and planning the good society. In *Adaptation level theory: A symposium*, edited by M. H. Appley. New York: Academic Press.

Brickman, P., D. Coates, and R. Janoff-Bulman. 1978. Lottery winners and accident victims: Is happiness relative? *Journal of Personality and Social Psychology* 36:917–27.

Brown, S. L., R. M. Nesse, A. D. Vinokur, and D. M. Smith. 2003. Providing social support may be more beneficial than receiving it: Results from a prospective study of mortality. *Psychological Science* 14:320–7.

Bryant, F. B., and J. Veroff. 2007. *Savoring: A new model of positive experience.* Mahwah, NJ: Lawrence Erlbaum.

Cacioppo, J. T., L. C. Hawkley, A. Kalil, M. E. Hughes, L. Waite, and R. A. Thisted. 2008. Happiness and the invisible threads of social connection: The Chicago health, aging, and social relations study. In *The science of subjective well-being*, edited by M. Eid and R. J. Larsen. New York: Guilford Press.

Campbell, W. K., E. A. Krusemark, K. A. Dyckman, A. B. Brunell, J. E. McDowell, J. M. Twenge, and B. A. Clementz. 2006. A magneto-encephalographic investigation of neural correlates for social exclusion and self-control. *Social Neuroscience* 1:124–34.

Canli, T., M. Qiu, K. Omura, E. Congdon, B. W. Hass, Z. Amin, M. J. Herrmann, T. Constable, and K. P. Lesch. 2006. Neural correlates of epigenesist. *Proceedings of the National Academy of Sciences* (US) 103:16033–8.

Carson, T. P., and H. E. Adams. 1980. Activity valence as a function of mood change. *Journal of Abnormal Psychology* 89:368–77.

Caspi, A., K. Sugden, T. E. Moffitt, A. Taylor, I. W. Craig, H. Harrington, J.

McClay, J. Mill, J. Martin, A. Braithwaite, and R. Poulton. 2003. Influence of life stress on depression: Moderation by a polymorphism in the 5-HTT gene. *Science* 301:386–9.

Cheney, G. E., T. E. Zorn, S. Planalp, and D. J. Lair. In press. Meaningful work and personal/social well-being: Organizational communication engages the meanings of work. In *Communication Yearbook* 32, edited by C. S. Beck. Mahwah, NJ: Lawrence Erlbaum.

Cherkas, L. F., A. Aviv, A. M. Valdes, J. L. Hunkin, J. P. Gardner, G. L. Surdulescu, M. Kimura, and T. D. Spector. 2006. The effects of social status on biological aging as measured by white-blood-cell telomere length. *Aging Cell* 5:361–5.

Cohen, S. 2004. Social relationships and health. *American Psychologist* 59: 676– 84.

Cohen, S., W. J. Doyle, and A. Baum. 2006. Socioeconomic status is associated with stress hormones. *Psychosomatic Medicine* 68:414–20.

Cohen, S., W. J. Doyle, R. B. Turner, C. M. Alper, and D. P. Skoner. 2003. Emotional style and susceptibility to the common cold. *Psychosomatic Medicine* 65:652–7.

Cox, W. M. 1999. *Myths of rich and poor: Why we're better off than we think.* New York: Basic Books/Perseus Books Group.

Cropanzano, R., K. James, and M. A. Konovsky. 1993. Dispositional affectivity as a predictor of work attitudes and job performance. *Journal of Organizational Behavior* 14:595– 606.

Cropanzano, R., and T. A. Wright. 1999. A five-year study of change in the relationship between well-being and job performance. *Consulting Psychology Journal: Research and Practice* 51:252– 65.

Csikszentmihalyi, M., and I. S. Csikszentmihalyi, eds. 2006. *A life worth living: Contributions to positive psychology*. New York: Oxford University Press.

Cunningham, M. R. 1988. Does happiness mean friendliness? Induced mood and heterosexual self-disclosure. *Personality and Social Psychology*

Bulletin 14:283–97.

Cunningham, M. R. 1988. What do you do when you're happy or blue? Mood, expectancies, and behavioral interest. *Motivation and Emotion* 12:309– 31.

Cunningham, M. R. 1997. Social allergens and the reactions that they produce: Escalation of annoyance and disgust in love and work. In *Aversive interpersonal behaviors*, edited by R. M. Kowalski. New York: Plenum Press.

Danner, D. D., D. A. Snowden, and W. Friesen. 2001. Positive emotions in early life and longevity: Findings from the Nun Study. *Journal of Personality and Social Psychology* 80:804–13.

Davenport, R. J. 2005. Optimistic for longevity. *The Science of Aging Knowledge Environment* 17:33.

Davidson, R. J. 2005. Emotion regulation, happiness, and the neuroplasticity of the brain. *Advances in Mind-Body Medicine* 21:25–58.

Dawkins, R. 2006. *The God delusion*. Boston: Houghton Mifflin.

Deci, E. L., and R. M. Ryan, eds. 2002. *Handbook of self-determination research*. Rochester, NY: University of Rochester Press.

Diener, E. 1984. Subjective well-being. *Psychological Bulletin* 95:542–75.

Diener, E. 2000. Subjective well-being: The science of happiness, and a pro-posal for a national index. *American Psychologist* 55:34–43.

Diener, E. 2008. Myths in the science of happiness, and directions for future research. In *The science of subjective well-being*, edited by M. Eid and R. J. Larsen. New York: Guilford Press.

Diener, E., and R. Biswas-Diener. 2002. Will money increase subjective well-being? A literature review and guide to needed research. *Social Indicators Research* 57:119–69.

Diener, E., and D. Clifton. 2002. Life satisfaction and religiosity in broad probability samples. *Psychological Inquiry* 13:206–9.

Diener, E., C. R. Colvin, W. G. Pavot, and A. Allman. 1991. The psychic costs of intense positive affect. *Journal of Personality and Social Psychology*

61:492– 503.

Diener, E., and C. Diener. 1996. Most people are happy. *Psychological Science* 7:181–5.

Diener, E., and M. Diener. 1995. Cross-cultural correlates of life satisfaction and self-esteem. *Journal of Personality and Social Psychology* 68:653–63.

Diener, E., M. Diener, and C. Diener. 1995. Factors predicting the subjective well-being of nations. *Journal of Personality and Social Psychology* 69:851– 64.

Diener, E., and R. A. Emmons. 1985. The independence of positive and negative affect. *Journal of Personality and Social Psychology* 47:1105–17.

Diener, E., R. A. Emmons, R. J. Larsen, and S. Griffin. 1985. The satisfaction with life scale. *Journal of Personality Assessment* 49:71–5.

Diener, E., and F. Fujita. 1995. Resources, personal strivings, and subjective well-being: A nomothetic and idiographic approach. *Journal of Personality and Social Psychology* 68:926–35.

Diener, E., and F. Fujita. 2005. Hedonism revisited: Happy days versus a satisfying life. Unpublished manuscript, University of Illinois at Urbana-Champaign.

Diener, E., C. L. Gohm, E. Suh, and S. Oishi. 2000. Similarity of the relations between marital status and subjective well-being across cultures. *Journal of Cross-Cultural Psychology* 31:419–36.

Diener, E., J. Horwitz, and R. A. Emmons. 1985. Happiness of the very wealthy. *Social Indicators Research* 16:263–74.

Diener, E., R. J. Larsen, S. Levine, and R. A. Emmons. 1985. Intensity and frequency: Dimensions underlying positive and negative affect. *Journal of Personality and Social Psychology* 48:1253–65.

Diener, E., and R. Lucas. 1999. Personality, and subjective well-being. In *Well-being: The foundations of hedonic psychology*, edited by D. Kahneman, E. Diener, and N. Schwarz. New York: Sage.

Diener, E., R. Lucas, and C. N. Scollon. 2006. Beyond the hedonic treadmill:

Revising the adaptation theory of well-being. *American Psychologist* 61:305–14.

Diener, E., C. Nickerson, R. E. Lucas, and E. Sandvik. 2002. Dispositional affect and job outcomes. *Social Indicators Research* 59:229–59.

Diener, E., and S. Oishi. 2000. Money and happiness: Income and subjective well-being across nations. In *Culture and subjective wellbeing*, edited by E. Diener and E. M. Suh. Cambridge, MA: MIT Press.

Diener, E., and S. Oishi. 2004. Are Scandinavians happier than Asians? Issues in comparing nations on subjective well-being. In *Asian economic and political issues*, vol. 10, edited by F. Columbus. Hauppauge, NY: Nova Science.

Diener, E., and S. Oishi. 2005. Target article: The nonobvious social psychology of happiness. *Psychological Inquiry* 16:162–7.

Diener, E., S. Oishi, and R. E. Lucas. 2003. Personality, culture, and subjective well-being: Emotional and cognitive evaluations of life. *Annual Review of Psychology* 54:403–25.

Diener, E., E. Sandvik, and W. Pavot. 1991. Happiness is the frequency, not the intensity, of positive versus negative affect. In *Subjective well-being: An interdisciplinary perspective*, edited by F. Strack, M. Argyle, and N. Schwarz. New York: Pergamon.

Diener, E., E. Sandvik, W. Pavot, and F. Fujita. 1992. Extraversion and subjective well-being in a US national probability sample. *Journal of Research in Personality* 26:205–15.

Diener, E., J. Sapyta, and E. Suh. 1998. Subjective well-being is essential to well-being. *Psychological Inquiry* 9:33–7.

Diener, E., and M. E. P. Seligman. 2002. Very happy people. *Psychological Science* 13:81–4.

Diener, E., and M. E. P. Seligman. 2004. Beyond money: Toward an economy of well-being. *Psychological Science in the Public Interest* 5:1–31.

Diener, E., and E. Suh. 1999. National differences in subjective well-being. In

Well-being: The foundations of hedonic psychology, edited by D. Kahneman, E. Diener, and N. Schwarz. New York: Sage.

Diener, E., E. Suh, and S. Oishi. 1997. Recent findings on subjective well- being. *Indian Journal of Clinical Psychology* 24:25–41.

Diener, E., and E. M. Suh, eds. 2000. *Culture and subjective well-being*. Cambridge, MA: MIT Press.

Diener, E., E. M. Suh, R. E. Lucas, and H. L. Smith. 1999. Subjective well-being: Three decades of progress. *Psychological Bulletin* 125:276–302. Diener, E., and W. Tov. In press. Culture and subjective well-being. In *Handbook of cultural psychology*, edited by S. Kitayama and D. Cohen. New York: Guilford Press.

Diener, E., and W. Tov. In press. Happiness and peace. *Journal of Social Issues*.

Diener, M. L., and M. B. D. McGavran. 2008. What makes people happy? A developmental approach to the literature on family relationships and well being (by the daughters of a man who thought to ask). In *The science of subjective well-being*, edited by M. Eid and R. J. Larsen. New York: Guilford Press.

Dijkers, M. P. 1999. Correlates of life satisfaction among persons with spinal cord injury. *Archives of Physical Medicine and Rehabilitation* 80:867–76.

Dunn, E. W., M. A. Brackett, C. Ashton-James, E. Schneiderman, and P. Salovey. 2007. On emotionally intelligent time travel: Individual differences in affective forecasting ability. *Personality and Social Psychology Bulletin* 33:85–93.

Easterbrook, G. 2003. *The progress paradox: How life gets better while people feel worse*. New York: Random House.

Easterlin, R. A. 1996. *Growth triumphant: The twenty-first century in historical perspective.* Ann Arbor: University of Michigan Press.

Elliot, A. J., and T. M. Thrash. 2002. Approach-avoidance motivation in personality: Approach and avoidance temperaments and goals. *Journal of*

Personality and Social Psychology 82:804–18.

Emmons, R. A. 2008. Gratitude, subjective well-being, and the brain. In *The science of subjective well-being*, edited by M. Eid and R. J. Larsen. New York: Guilford Press.

Emmons, R. A., and E. Diener. 1985. Personality correlates of subjective well-being. *Personality and Social Psychology Bulletin* 11:89–97.

Emmons, R. A., and M. E. McCullough. 2003. Counting blessings versus burdens: An experimental investigation of gratitude and subjective well-being in daily life. *Journal of Personality and Social Psychology* 84:377–89.

Epel, E. S. 2004. Accelerated telomere shortening in response to life stress. *Proceedings of the National Academy of Sciences* (US) 101:17312–15.

Exline, J. J. 2002. Stumbling blocks on the religious road: Fractured relationships, nagging vices, and the inner struggle to believe. *Psychological Inquiry* 13:182–9.

Ferriss, A. L. 2004. Religion and the quality of life. *Journal of Happiness Studies* 3:199–215.

Folkman, S., and J. T. Moskowitz. 2000. Stress, positive emotion, and coping. *Current Directions in Psychological Science* 9:115–18.

Frank, R. H. 1999. *Luxury fever: Why money fails to satisfy in an era of excess.* New York: Free Press.

Frank, R. H. 2005. Does money buy happiness? In *The science of well-being*, edited by F. A. Huppert, N. Baylis, and B. Keverne. New York: Oxford University Press.

Frasure-Smith, N., and F. Lesperance. 2005. Depression and coronary heart disease: Complex synergism of mind, body, and environment. *Current Directions in Psychological Science* 14:39–43.

Frederick, S., and G. Loewenstein. 1999. Hedonic adaptation. In *Well-being: The foundations of hedonic psychology*, edited by D. Kahneman, E. Diener, and N. Schwarz. New York: Sage.

Fredrickson, B. L. 1998. What good are positive emotions? *Review of General Psychology* 2:300–19.

Fredrickson, B. L. 2004. Gratitude, like other positive emotions, broadens and builds. In *The psychology of gratitude*, edited by R. A. Emmons and M. E. McCullough. New York: Oxford University Press.

Fredrickson, B. L. 2008. Promoting positive affect. In *The science of subjective well-being*, edited by M. Eid and R. J. Larsen. New York: Guilford Press.

Fredrickson, B. L., and C. Branigan. 2005. Positive emotions broaden the scope of attention and thought-action repertoires. *Cognition & Emotion* 19:313–32.

Fredrickson, B. L., and T. Joiner. 2002. Positive emotions trigger upward spirals toward emotional well-being. *Psychological Science* 13:172–5.

Fredrickson, B. L., and M. F. Losada. 2005. Positive affect and the complex dynamics of human flourishing. *American Psychologist* 60:678–86.

Fredrickson, B. L., R. A. Mancuso, C. Branigan, and M. M. Tugade. 2000. The undoing effect of positive emotions. *Motivation and Emotion* 24:237–58.

Fredrickson, B. L., M. M. Tugade, C. E. Waugh, and G. R. Larkin. 2003. What good are positive emotions in crisis? A prospective study of resilience and emotions following the terrorist attacks on the United States on September 11th, 2001. *Journal of Personality and Social Psychology* 84:365–76.

Friedman, E. T., R. M. Schwartz, and D. A. F. Haaga. 2002. Are the very happy too happy? *Journal of Happiness Studies* 3:355–72.

Friedman, P. H. In press. *The forgiveness solution: 10 steps to releasing depression, anxiety, guilt, and anger, and increasing peace, love, joy, and well-being in your life.* Oakland, CA: New Harbinger Publishers.

Frisch, M. B. 2006. *Quality of life therapy: Applying a life satisfaction approach to positive psychology and cognitive therapy*. Hoboken, NJ: John Wiley and Sons.

Frisch, M. B. 2008. Quality of life coaching and therapy and (QOLC/T): A new system of positive psychology and subjective well-being interventions. In

The science of subjective well-being, edited by M. Eid and R. J. Larsen. New York: Guilford Press.

Fujita, F. 2008. The frequency of social comparison and its relation to subjective well-being: The frequency of social comparison scale. In *The science of subjective well-being*, edited by M. Eid and R. J. Larsen. New York: Guilford Press.

Fujita, F., and E. Diener. 2005. Life satisfaction set-point: Stability and change. *Journal of Personality and Social Psychology* 88:158–64.

Gable, S. L., H. T. Reis, and A. J. Elliot. 2000. Behavioral activation and inhibition in everyday life. *Journal of Personality and Social Psychology* 78:1135–49.

Gardner, J., and A. J. Oswald. 2007. Money and mental wellbeing: A longitudinal study of medium-sized lottery wins. *Journal of Health Economics* 26:49–60.

George, J. M., and J. Zhou. 2007. Dual tuning in a supportive context: Joint contributions of positive mood, negative mood, and supervisory behaviors to employee creativity. *Academy of Management Journal* 50:605–22.

Germans, M. K., and A. M. Kring. 2000. Hedonic deficit in anhedonia: Support for the role of approach motivation. *Personality and Individual Differences* 28:659–72.

Gerstorf, D., J. Smith, and P. B. Baltes. 2006. A systematic-wholistic approach to differential aging: Longitudinal findings from the Berlin aging study. *Psychology and Aging* 21:645–63.

Gilbert, D. T. 2006. *Stumbling on happiness*. New York: Knopf.

Gilbert, D. T., E. C. Pinel, T. D. Wilson, S. J. Blumberg, and T. P. Wheatley. 1998. Immune neglect: A source of durability bias in affective forecasting. *Journal of Personality and Social Psychology* 75:617–38.

Gottman, J. M. 1994. *What predicts divorce? The relationship between marital processes and marital outcomes*. Hillsdale, NJ: Lawrence Erlbaum.

Grant, N., J. Wardle, and A. Steptoe. 2007. The relationship between life satisfaction and health behavior: A cross-cultural analysis of young adults. Keynote address presented at the Second World Congress of Stress, Budapest.

Grant, N., J. Wardle, and A. Steptoe. In press. The relationship between life satisfaction and health behavior: A cross-cultural analysis of young adults. *International Journal of Behavioral Medicine.*

Gunnar, M. R., and B. Donzella. 2002. Social regulation of the cortisol levels in early human development. *Psychoneuroendocrinology* 27:199–220.

Harker, L. A., and D. Keltner. 2001. Expressions of positive emotion in women's college yearbook pictures and their relationship to personality and life outcomes across adulthood. *Journal of Personality and Social Psychology* 80:112–24.

Harris, S. 2006. *Letter to a Christian nation.* New York: Knopf.

Harter, J. K., Schmidt, F. L., and Hayes, T. L. 2002. Business-unit level relation ship between employee satisfaction, employee engagement, and business outcomes: A meta-analysis. *Journal of Applied Psychology* 87:268–79.

Hastorf, A. H., and H. Cantril. 1954. They saw a game: A case study. *Journal of Abnormal and Social Psychology* 49:129–34.

Haybron, D. M. 2008. Philosophy and the science of subjective well-being. In *The science of subjective well-being*, edited by M. Eid and R. J. Larsen. New York: Guilford Press.

Headey, B., J. Kelley, and A. Wearing. 1993. Dimensions of mental health: Life satisfaction, positive affect, anxiety, and depression. *Social Indicators Research* 29:63–82.

Helgeson, V. S., and S. E. Taylor. 1993. Social comparisons and adjustment among cardiac patients. *Journal of Applied Social Psychology* 23:1171–95.

Helliwell, J. F. 2006. Well-being, social capital and public policy: What's new? *Economic Journal* 116:C34–C45.

Herbert, T. B., and S. Cohen. 1993. Depression and immunity: A metaanalytic review. *Psychological Bulletin* 113:472–86.

Hewitt, P. L., and G. L. Flett. 1991. Perfectionism in the self and social contexts: Conceptualization, assessment, and association with psychopathology. *Journal of Personality and Social Psychology* 60:456–70.

Hill, S. E., and D. M. Buss. 2008. Evolution and subjective well-being. In *The science of subjective well-being*, edited by M. Eid and R. J. Larsen. New York: Guilford Press.

Hope, optimism, and other business assets: Why "psychological capital" is so valuable to your company. 2007. *Gallup Management Journal* (January 11, 2007). Retrieved January 11, 2007, from www.gmj.gallup.com/content/ print/25708/Hope-Optimism-and-Other-Business-Assets.aspx.

Hsee, C. K., S. Blount, G. F. Loewenstein, and M. H. Bazerman. 1999. Preference reversals between joint and separate evaluations of options: A review and theoretical analysis. *Psychological Bulletin* 125:576–90.

Huebner, E. S., and C. Diener. 2008. Research on life satisfaction of children and youth: Implications for the delivery of school-related services. In *The science of subjective well-being*, edited by M. Eid and R. J. Larsen. New York: Guilford Press.

Isen, A. M. 1999. On the relationship between affect and creative problem solving. In *Affect, creative experience, and psychological adjustment*, edited by S. Russ. Philadelphia: Taylor and Francis.

Isen, A. M. 1999. Positive affect. In *The handbook of cognition and emotion*, edited by T. Dalgleish and M. Power. Chichester: Wiley.

Iyengar, S. S., and M. R. Lepper. 1999. Rethinking the value of choice: A cultural perspective on intrinsic motivation. *Journal of Personality and Social Psychology* 76:349–66.

Iyengar, S. S., and M. R. Lepper. 2000. When choice is demotivating. *Journal of Personality and Social Psychology* 79:995–1006.

Iyengar, S. S., R. E. Wells, and B. Schwartz. 2006. Doing better but feeling worse: Looking for the "best" job undermines satisfaction. *Psychological Science* 17:143–50.

Jacobs, N., I. Myin-Germeys, C. Derom, P. Delespaul, J. van Os, and N. A. Nicolson. 2007. A momentary assessment study of the relationship between affective and adrenocortical stress responses in daily life. *Biological Psychology* 74:60–6.

James, W. 1902. *The varieties of religious experience: A study in human nature*. New York: Longmans, Green.

Johnson, W., and R. F. Krueger. 2006. How money buys happiness: Genetic and environmental processes linking finances and life satisfaction. *Journal of Personality and Social Psychology* 90:680–91.

Jonas, E., J. Schimel, J. Greenberg, and T. Pyszcynski. 2002. The Scrooge effect: Evidence that mortality salience increases prosocial attitudes and behavior. *Personality and Social Psychology Bulletin* 28:1342–53.

Judge, T. A., and R. Klinger. 2008. Job satisfaction: Subjective well-being at work. In *The science of subjective well-being*, edited by M. Eid and R. J. Larsen. New York: Guilford Press.

Judge, T. A., and R. Larsen. 2001. Dispositional affect and job satisfaction: A review and theoretical extension. *Organizational Behavior and Human Decision Processes* 86:67–98.

Judge, T. A., C. J. Thoresen, J. E. Bono, and G. K. Patton. 2001. The job satisfaction-job performance relationship: A qualitative and quantitative review. *Psychological Bulletin* 127:367–407.

Kahneman, D. 1999. Objective happiness. In *Well-being: The foundations of hedonic psychology*, edited by D. Kahneman, E. Diener, and N. Schwarz. New York: Sage.

Kahneman, D., E. Diener, and N. Schwarz. 1999. Does living in California make people happy? A focusing illusion in judgments of life satisfaction.

Psychological Science 9:340–6.

Kahneman, D., E. Diener, and N. Schwarz. 1999. Well-being: The foundations of hedonic psychology. In *Well-being: The foundations of hedonic psychology*, edited by D. Kahneman, E. Diener, and N. Schwarz. New York: Sage.

Kahneman, D., B. L. Fredrickson, C. A. Schreiber, and D. A. Redelmeier. 1993. When more pain is preferred to less: Adding a better end. *Psychological Science* 4:401–5.

Kahneman, D., and A. Tversky. 1979. Prospect theory: An analysis of decisions under risk. *Econometrika* 47:263–91.

Kahneman, D., and A. Tversky. 1984. Choices, values, and frames. *American Psychologist* 39:341–50.

Kahneman, D., P. P. Wakker, and R. Sarin. 1997. Back to Bentham? Explorations of experienced utility (In memory of Amos Tversky, 1937–1996). *Quarterly Journal of Economics* 112:375– 405.

Kasser, T. 2002. *The high price of materialism*. Cambridge, MA: MIT Press.

Kasser, T. 2006. Materialism and its alternatives. In *A life worth living: Contributions to positive psychology*, edited by M. Csikszentmihalyi and I. S. Csikszentmihalyi. New York: Oxford University Press.

Keyes, C. L. M. 2006. Mental health in adolescence: Is America's youth flourishing? *American Journal of Orthopsychiatry* 76:395–402.

Keyes, C. L. M. 2007. Promoting and protecting mental health as flourishing: A complementary strategy for improving national mental health. *American Psychologist* 62:95–108.

Kiecolt-Glaser, J. K., L. McGuire, T. F. Robles, and R. Glaser. 2002. Emotions, morbidity, and mortality: New perspectives from psychoneuroimmunology. *Annual Review of Psychology* 53:83–107.

Kim, J., and E. Hatfield. 2004. Love types and subjective well-being: A cross-cultural study. *Social Behavior and Personality* 32:173–82.

King, L. A. 2008. Interventions for enhancing SWB: Can we make people happier and should we? In *The science of subjective well-being*, edited by M. Eid and R. J. Larsen. New York: Guilford Press.

King, L. A., and C. M. Burton. 2003. The hazards of goal pursuit. In *Virtue, vice, and personality: The complexity of behavior*, edited by E. C. Chang and L. J. Sanna. Washington, DC: American Psychological Association.

King, L. A., J. E. Eells, and C. M. Burton. 2004. The good life, broadly and narrowly considered. In *Positive psychology in practice*, edited by P. A. Linley and S. Joseph. Hoboken, NJ: John Wiley and Sons.

King, L. A., and J. A. Hicks. 2007. Whatever happened to "what might have been"?: Regrets, happiness, and maturity. *American Psychologist* October.

King, L. A., J. A. Hicks, J. L. Krull, and A. K. Del Gaiso. 2006. Positive affect and the experience of meaning in life. *Journal of Personality and Social Psychology* 90:179–96.

Kitayama, S., B. Mesquita, and M. Karasawa. 2006. Cultural affordances and emotional experience: Socially engaging and disengaging emotions in Japan and the United States. *Journal of Personality and Social Psychology* 91: 890–903.

Kohler, H. P., J. R. Behrman, and A. Skytthe. 2005. Partner + Children = Happiness? The effects of partnerships and fertility on well-being. *Population and Development Review* 31:407–45.

Krause, N. 2004. Common facets of religion, unique facets of religion, and life satisfaction among older African Americans. *Journals of Gerontology*, ser. b: Psychological Sciences and Social Sciences, 59B(2):S109–S117.

Krause, N. 2006. Church-based social support and mortality, *Journals of Gerontology*, ser. b: Psychological Sciences and Social Sciences, 61B:S140–S146.

Kuppens, P., A. Realo, and E. Diener. In press. The role of emotions in life satisfaction judgments across cultures. *Journal of Personality and Social*

Psychology.

Larsen, R. J., and E. Diener. 1985. A multitrait-multimethod examination of affect structure: Hedonic level and emotional intensity. *Personality and Individual Differences* 6:631–6.

Larsen, R. J., and Z. Prizmic. 2004. Affect regulation. In *Handbook of self-regulation: Research, theory, and applications*, edited by R. F. Baumeister and K. D. Vohs. New York: Guilford Press.

Larsen, R. J., and Z. Prizmic. 2008. Regulation of emotional well-being: Overcoming the hedonic treadmill. In *The science of subjective well-being*, edited by M. Eid and R. J. Larsen. New York: Guilford Press.

Layard, R. 2005. *Happiness: Lessons from a new science*. New York: Penguin.

Lepper, H. S. 1998. Use of other-reports to validate subjective well-being measures. *Social Indicators Research*, 44:367–79.

Levin, J. S. 1996. How religion influences morbidity and health: Reflections on natural history, salutogenesis and host resistance. *Social Science and Medicine* 43:849–64.

Loewenstein, G., and D. Schkade. 1999. Wouldn't it be nice? Predicting future feelings. In *Well-being: The foundations of hedonic psychology*, edited by D. Kahneman, E. Diener, and N. Schwarz. New York: Sage.

Lucas, R. E. 2005. Time does not heal all wounds: A longitudinal study of reaction and adaptation to divorce. *Psychological Science* 16:945–50.

Lucas, R. E. 2008. Personality and subjective well-being. In *The science of subjective well-being*, edited by M. Eid and R. J. Larsen. New York: Guilford Press.

Lucas, R. E. In press. Adaptation and the set-point model of subjective well-being: Does happiness change after major life events? *Current Directions in Psychological Science*.

Lucas, R. E. In press. Long-term disability is associated with lasting changes in subjective well being: Evidence from two nationally representative longitudinal studies. *Journal of Personality and Social Psychology*.

Lucas, R. E., and B. M. Baird. 2004. Extraversion and emotional reactivity. *Journal of Personality and Social Psychology* 86:473–85.

Lucas, R. E., and A. E. Clark. 2006. Do people really adapt to marriage? *Journal of Happiness Studies* 7:405–26.

Lucas, R. E., A. E. Clark, Y. Georgellis, and E. Diener. 2003. Reexamining adaptation and the set point model of happiness: Reactions to changes in marital status. *Journal of Personality and Social Psychology* 84:527–39.

Lucas, R. E., A. E. Clark, Y. Georgellis, and E. Diener. 2004. Unemployment alters the set-point for life satisfaction. *Psychological Science* 15:8–13.

Lucas, R. E., and E. Diener. 2001. Understanding extraverts' enjoyment of social situations: The importance of pleasantness. *Journal of Personality and Social Psychology* 81:343–56.

Lucas, R. E., and E. Diener. 2003. The happy worker: Hypotheses about the role of positive affect in worker productivity. In *Personality and work: Reconsidering the role of personality in organizations*, edited by M. R. Barrick and A. M. Ryan. The Organizations Frontiers Series. San Francisco: Jossey-Bass.

Lucas, R. E., E. Diener, A. Grob, E. M. Suh, and L. Shao. 2000. Cross-cultural evidence for the fundamental features of extraversion. *Journal of Personality and Social Psychology* 79:452–68.

Lucas, R. E., E. Diener, and E. Suh. 1996. Discriminant validity of well-being measures. *Journal of Personality and Social Psychology* 71:616–28.

Lucas, R. E., and P. S. Dyrenforth. 2006. Does the existence of social relationships matter for subjective well-being? In *Self and relationships: Connecting intrapersonal and interpersonal processes*, edited by K. D. Vohs and E. J. Finkel. New York: Guilford Press.

Lucas, R. E., and F. Fujita. 2000. Factors influencing the relation between extraversion and pleasant affect. *Journal of Personality and Social Psychology*

79:1039–56.

Lucas, R. E., and U. Schimmack. Forthcoming. Income and life satisfaction in the GSOEP. Manuscript in preparation.

Luthans, F. 2002. The need for and meaning of positive organizational behavior. *Journal of Organizational Behavior* 23:695–706.

Lykken, D. 1999. *Happiness: What studies on twins show us about nature, nurture, and the happiness set point*. New York: Golden Books.

Lykken, D., and A. Tellegen. 1996. Happiness is a stochastic phenomenon. *Psychological Science* 7:186–9.

Lyubomirsky, S. 1997. Hedonic consequences of social comparison: A contrast of happy and unhappy people. *Journal of Personality and Social Psychology* 73: 1141–57.

Lyubomirsky, S. 2001. Why are some people happier than others? The role of cognitive and motivational processes in well-being. *American Psychologist* 56:239–49.

Lyubomirsky, S. 2008. *The how of happiness: A scientific approach to getting the life you want*. New York: Penguin.

Lyubomirsky, S., L. King, and E. Diener. 2005. The benefits of frequent positive affect: Does happiness lead to success? *Psychological Bulletin* 131:803– 55.

Lyubomirsky, S., and L. Ross. 1999. Changes in attractiveness of elected, rejected, and precluded alternatives: A comparison of happy and unhappy individuals. *Journal of Personality and Social Psychology* 76:988–1007.

Lyubomirsky, S., and K. L. Tucker. 1998. Implications of individual differences in subjective happiness for perceiving, interpreting, and thinking about life events. *Motivation and Emotion* 22:155–86.

Lyubomirsky, S., K. L. Tucker, and F. Kasri. 2001. Responses to hedonically conflicting social comparisons: Comparing happy and unhappy people. *European Journal of Social Psychology* 31:511–35.

McIntosh, D. N., R. C. Silver, and C. B. Wortman. 1993. Religion's role in adjustment to a negative life event: Coping with the loss of a child. *Journal of Personality and Social Psychology* 65:812–21.

McMahon, D. M. 2008. The pursuit of happiness in history. In *The science of subjective well-being*, edited by M. Eid and R. J. Larsen. New York: Guilford Press.

Magnus, K., E. Diener, F. Fujita, and W. Pavot. 1993. Extraversion and neuroticism as predictors of objective life events: A longitudinal analysis. *Journal of Personality and Social Psychology* 65:1046–53.

Maltby, J. and L. Day. 2003. Religious orientation, religious coping and appraisals of stress: Assessing primary appraisal factors in the relationship between religiosity and psychological well-being. *Personality and Individual Differences* 34:1209–24.

Maselko, J., L. Kubansky, I. Kawachi, J. Staudenmayer, and L. Berkman. 2006. Religious service attendance and decline in pulmonary function in a high-functioning elderly cohort. *Annals of Behavioral Medicine* 32: 245–53.

Matthews, K. A. 2005. Psychological perspectives on the development of coronary heart disease. *American Psychologist* 60:783–96.

Matthews, K. A., K. Raikkonen, K. Sutton-Tyrrell, and L. H. Kuller. 2004. Optimistic attitudes protect against progression of carotid atherosclerosis in healthy middle-aged women. *Psychosomatic Medicine* 65:640–4.

Michalos, A. C. 1985. Multiple discrepancies theory (MDT). *Social Indicators Research* 16:347–413.

Michalos, A. C. Forthcoming. The good life: Eighth century to fourth century BCE.

Michalos, A. C. Forthcoming. In *Handbook of Social Indicators and Quality of Life Research*, edited by K. Land.

Michalos, A. C., and B. D. Zumbo. 2002. Healthy days, health satisfaction and satisfaction with the overall quality of life. *Social Indicators Research* 59:321–38.

Middleton, R. A., and E. K. Byrd. 1996. Psychosocial factors and hospital readmission status of older persons with cardiovascular disease. *Journal of Applied Rehabilitation Counseling* 27:3–10.

Moreira-Almeida, A., F. L. Neto, and H. G. Koenig. 2006. Religiousness and mental health: A review. *Revista Brasileira de Psiquitra* 28:242–50.

Myers, D. G. 2008. Religion and human flourishing. In *The science of subjective well-being*, edited by M. Eid and R. J. Larsen. New York: Guilford Press.

Myers, D. G., and E. Diener. 1995. Who is happy? *Psychological Science* 6:10–19.

Nicholson, V., and S. Smith. 1977. *Spend, spend, spend.* London: Jonathan Cape.

Nickerson, C., N. Schwarz, E. Diener, and D. Kahneman. 2003. Zeroing in on the dark side of the American Dream: A closer look at the negative consequences of the goal for financial success. *Psychological Science* 14:531–6.

Nozick, R. 1974. *Anarchy, state, and utopia*. New York: Basic Books.

Nozick, R. 1989. *The examined life: Philosophical meditations*. New York: Simon and Schuster.

Oishi, S., E. Diener, and R. E. Lucas. In press. Optimal level of well-being: Can people be too happy? *Perspectives on Psychological Science*.

Oishi, S., E. Diener, R. E. Lucas, and E. Suh. 1999. Cross-cultural variations in predictors of life satisfaction: Perspectives from needs and values. *Personality and Social Psychology Bulletin* 25:980–90.

Oishi, S., and M. Koo. In press. Two new questions about happiness: "Is happiness good?" and "Is happier better?" In *Handbook of subjective well-being*, edited by R. J. Larsen and M. Eid. New York: Oxford University Press.

Oishi, S., and K. O. Seol. Forthcoming. Was he happy? Cultural differences in images of Jesus.

Oishi, S., U. Schimmack, and S. J. Colcombe. 2003. The contextual and systematic nature of life satisfaction judgments. *Journal of Experimental Social Psychology* 39:232–47.

Oishi, S., U. Schimmack, and E. Diener. 2001. Pleasures and subjective well-being. *European Journal of Personality* 15:153– 67.

Oishi, S., and H. W. Sullivan. 2006. The predictive value of daily vs. retrospective well-being judgments in relationship stability. *Journal of Experimental Social Psychology* 42:460–70.

Ostir, G. V., I. M. Berges, K. S. Markides, and K. J. Ottenbacher. 2006. Hypertension in older adults and the role of positive emotions. *Psychosomatic Medicine* 68:727–33.

Ostir, G. V., K. S. Markides, S. A. Black, and J. S. Goodwin. 2000. Emotional well-being predicts subsequent functional independence and survival. *Journal of the American Geriatrics Society* 48:473–8.

Paloutzian, R. F. 2006. Psychology, the human sciences, and religion. In *The Oxford handbook of religion and science*, edited by P. Clayton and Z. Simpson. Oxford: Oxford University Press.

Pargament, K. I. 2002. The bitter and the sweet: An evaluation of the costs and benefits of religiousness. *Psychological Inquiry* 13:168–81.

Pargament, K. I., and C. L. Park. 1997. In times of stress: The religion-coping connection. In *The psychology of religion: Theoretical approaches*, edited by B. Spilka and D. N. McIntosh. Boulder, CO: Westview Press.

Pavot, W. 2008. The assessment of subjective well-being: Successes and shortfalls. In *The science of subjective well-being*, edited by M. Eid and R. J. Larsen. New York: Guilford Press.

Pavot, W., and E. Diener. 1993. The affective and cognitive context of self-reported measures of subjective well-being. *Social Indicators Research* 28:1–20.

Pavot, W., and E. Diener. 1993. Review of the satisfaction with life scale. *Psychological Assessment* 5:164–72.

Pavot, W., and E. Diener. In press. New review of SWLS. *Journal of Positive Psychology*.

Pavot, W., E. Diener, C. R. Colvin, and E. Sandvik. 1991. Further validation of the satisfaction with life scale: Evidence for the cross-method convergence of well-being measures. *Journal of Personality Assessment* 57:149– 61.

Pavot, W., E. Diener, and F. Fujita. 1990. Extraversion and happiness. *Personality and Individual Differences* 11:1299–306.

Peterson, C., and M. E. P. Seligman. 2004. Hope: Optimism, future-mindedness, future orientation. In *Character strengths and virtues: A handbook and classification*, edited by C. Peterson and M. E. P. Seligman. Washington, DC: American Psychological Association and Oxford University Press.

Peterson, C., and R. S. Vaidya. 2003. Optimism as virtue and vice. In *Virtue, vice, and personality: The complexity of behavior*, edited by E. C. Chang and L. J. Sanna. Washington, DC: American Psychological Association.

Pomerantz, E. M., J. L. Saxon, and S. Oishi. 2000. The psychological trade-offs of goal investment. *Journal of Personality and Social Psychology* 79:617–30.

Pressman, S. D., and S. Cohen. 2005. Does positive affect influence health? *Psychological Bulletin* 131:925–71.

Proffitt, D. 2006. Embodied perception and the economy of action. *Perspectives on Psychological Science* 1:110–22.

Putnam, R. D. 2000. *Bowling alone: The collapse and revival of American community*. New York: Simon and Schuster.

Rath, T. 2006. *Vital friends: The people you can't afford to live without*. New York: Gallup Press.

Redelmeier, D. A., and D. Kahneman. 1996. Patients' memories of painful medical treatments: Real-time and retrospective evaluations of two minimally invasive procedures. *Pain* 66:3–8.

Redelmeier, D. A., J. Katz, and D. Kahneman. 2003. Memories of colonoscopy: A randomized trial. *Pain* 104:187–94.

Riener, C., J. K. Stefanucci, D. R. Proffitt, and G. Clore. 2003. Mood and the perception of spatial layout. Poster presented at the 44th Annual Meeting of the Psychonomic Society, Vancouver, Canada.

Robinson, M. D. 2007. Gassing, braking, and self-regulating: Error self-regulation, well-being, and goal-related processes. *Journal of Experimental Social Psychology* 43:1–16.

Robinson, M. D., and R. J. Compton. 2008. The happy mind in action: The cognitive basis of subjective well-being. In *The science of subjective well-being*, edited by M. Eid and R. J. Larsen. New York: Guilford Press.

Roese, N. J. 1997. Counterfactual thinking. *Psychological Bulletin* 121:133–48.

Roese, N. J. 2005. *If only*. New York: Random House.

Rusting, C., and R. J. Larsen. 1995. Moods as sources of stimulation: Relationships between personality and desired mood states. *Personality and Individual Differences* 18:321–9.

Ryff, C. D. 1989. Happiness is everything, or is it? Explorations on the meaning of psychological well-being. *Journal of Personality and Social Psychology* 57:1069–81.

Ryff, C. D., G. D. Love, H. L. Urry, D. Muller, M. A. Rosenkranz, E. M. Friedman, R. J. Davidson, and B. Singer. 2006. Psychological well-being and ill-being: Do they have distinct or mirrored biological correlates? *Psychotherapy and Psychosomatics* 75:85–95.

Ryff, C. D., and B. H. Singer. 2006. Best news yet on the six-factor model of well-being. *Social Science Research* 35:1103–19.

Samuelson, R. J. 1995. *The good life and its discontents: The American dream in the age of entitlement, 1945–1995*. New York: Times Books/Random House.

Sandvik, E., E. Diener, and L. Seidlitz. 1993. Subjective well-being: The convergence and stability of self-report and non-self-report measures. *Journal of Personality* 61:317–42.

Schimmack, U. 2008. The structure of subjective well-being. In *The science of subjective well-being*, edited by M. Eid and R. J. Larsen. New York: Guilford Press.

Schimmack, U., E. Diener, and S. Oishi. 2002. Life-satisfaction is a momentary judgment and a stable personality characteristic: The use of chronically accessible and stable sources. *Journal of Personality* 70:345–84.

Schimmack, U., and R. Lucas. 2007. Marriage matters: Spousal similarity in life satisfaction. *Schmollers Jahrbuch* 127:1–7.

Schimmack, U., and S. Oishi. 2005. The influence of chronically and temporarily accessible information on life satisfaction judgments. *Journal of Personality and Social Psychology* 89:395– 406.

Schimmack, U., P. Radhakrishnan, S. Oishi, V. Dzokoto, and S. Ahadi. 2002. Culture, personality, and subjective well-being: Integrating process models of life-satisfaction. *Journal of Personality and Social Psychology* 82:582–93.

Schkade, D. A., and D. Kahneman. 1998. Does living in California make people happy? A focusing illusion in judgments of life satisfaction. *Psychological Science* 9:340–6.

Schwartz, B. 1994. *The costs of living: How market freedom erodes the best things in life*. New York: Norton.

Schwartz, B. 2000. Self-determination: The tyranny of freedom. *American Psychologist* 55:79–88.

Schwartz, B. 2004. *The paradox of choice: Why more is less*. New York: Harper Collins.

Schwartz, B., and A. Ward. 2004. Doing better but feeling worse: The paradox of choice. In *Positive psychology in practice*, edited by P. A. Linley and S. Joseph. Hoboken, NJ: John Wiley and Sons.

Schwartz, B., A. Ward, S. Lyubomirsky, J. Monterosso, K. White, and D. R. Lehman. 2002. Maximizing versus satisficing: Happiness is a matter of choice. *Journal of Personality and Social Psychology* 83:1178–97.

Schwartz, R. M., and G. L. Garamoni. 1989. Cognitive balance and psychopathology: Evaluation of an information processing model of positive and negative states of mind. *Clinical Psychology Review* 9:271–94.

Schwarz, N., and F. Strack. 1999. Reports of subjective well-being: Judgmental processes and their methodological implications. In *Well-being: The foundations of hedonic psychology*, edited by D. Kahneman, E. Diener, and N. Schwarz. New York: Sage.

Scollon, C. N., and L. A. King. 2004. Is the good life the easy life? *Social Indicators Research* 68:127–62.

Scollon, C. N., Diener, E., Oishi, S., and Biswas-Diener, R. 2004. Emotions across cultures and methods. *Journal of Cross-Cultural Psychology* 35:304–26.

Seligman, M. E. P., K. Reivich, L. Jaycox, and J. Gillham. 1995. *The optimistic child.* Boston: Houghton Mifflin.

Semmer, N. K., F. Tschan, A. Elfering, W. Kälin, and S. Grebner. 2005. Young adults entering the workforce in Switzerland: Working conditions and well-being. In *Contemporary Switzerland: Revisiting the special case*, edited by H. Kriesi, P. Farago, M. Kohli, and M. Zarin-Nejadan. New York: Palgrave Macmillan.

Sheldon, K. M., and S. Lyubomirsky. 2006. How to increase and sustain positive emotion: The effects of expressing gratitude and visualizing best possible selves. *Journal of Positive Psychology* 1:73–82.

Shmotkin, D., and J. Lomranz. 1998. Subjective well-being among Holocaust survivors: An examination of overlooked differentiations. *Journal of Personality and Social Psychology* 75:141–55.

Sieff, E. M., R. M. Dawes, and G. Loewenstein. 1999. Anticipated versus actual responses to HIV test results. *American Journal of Psychology* 112:297– 311.

Silver, J. M. 2005. Happiness is healthy. *Journal Watch Psychiatry* 706:3.

Simons, D. J., and C. F. Chabris. 1999. Gorillas in our midst: Sustained inattentional blindness for dynamic events. *Perception* 28:1059–74.

Simons, D. J., and D. T. Levin. 1997. Change blindness. *Trends in Cognitive Sciences* 1:261–7.

Simons, D. J., and D. T. Levin. 1998. Failure to detect changes to people during a real-world interaction. *Psychonomic Bulletin and Review* 5:644–9.

Sirgy, M. J. 1998. Materialism and quality of life. *Social Indicators Research* 43:227–60.

Smith, S., and P. Razzell. 1975. *The pools winners*. London: Calibon Books.

Smith, T. W. 2007. Job satisfaction in the United States. Unpublished manuscript. National Opinion Research Center (NORC), University of Chicago. Retrieved September 7, 2007, from www.norc.org.

Snyder, C. R., D. R. Sigmon, and D. B. Feldman. 2002. Hope for the sacred and vice versa: Positive goal-directed thinking and religion. *Psychological Inquiry* 13:234–8.

Solberg, E. G. 2007. Examining the role of affect on worker productivity: A task based analysis. PhD dissertation, University of Illinois at Urbana-Champaign.

Solberg, E. G., E. Diener, and M. Robinson. 2004. Why are materialists less satisfied? In *Psychology and consumer culture: The struggle for a good life in a materialistic world*, edited by T. Kasser and A. D. Kanner. Washington, DC: American Psychological Association.

Staw, B. M., and S. G. Barsade. 1993. Affect and managerial performance: A test of the sadder-but-wiser vs. happier-and-smarter hypotheses. *Administrative Science Quarterly* 38:304–31.

Staw, B. M., R. I. Sutton, and L. H. Pelled. 1994. Employee positive emotion and favorable outcomes at the workplace. *Organization Science* 5: 51–71.

Steger, M. F., P. Frazier, S. Oishi, and M. Kaler. 2006. The meaning in life questionnaire: Assessing the presence of and search for meaning in life. *Journal of Counseling Psychology* 53:80–93.

Steptoe, A., and J. Wardle. 2005. Positive affect and biological function in everyday life. *Neurobiology of Aging* 26:S108–S112.

Sternberg, R. J. 1986. A triangular theory of love. *Psychological Review* 93: 119–35.

Sternberg, R. J., and M. L. Barnes, eds. 1988. *The psychology of love*. New

Haven, CT: Yale University Press.

Stone, A. A., J. E. Schwartz, D. Schkade, N. Schwarz, A. Krueger, and D. Kahneman. 2006. A population approach to the study of emotion: Diurnal rhythms of a working day examined with the day reconstruction method. *Emotion* 6:139–49.

Storbeck, J., and G. L. Clore. 2005. With sadness comes accuracy; with happiness, false memory: Mood and the false memory effect. *Psychological Science* 16:785–91.

Strine, T. W., Chapman, D. P., Balluz, L. S., Moriarty, D. G., and A. H. Mokdad. 2008. The associations between life satisfaction and health-related quality of life, chronic illness and health behaviors among US community-dwelling adults. *Journal of Community Health* February.

Stroebe, W., and M. Stroebe. 1996. The role of loneliness and social support in adjustment to loss: A test of attachment versus stress theory. *Journal of Personality and Social Psychology* 70:1241–9.

Suh, E. M., E. Diener, and F. Fujita. 1996. Events and subjective well-being: Only recent events matter. *Journal of Personality and Social Psychology* 70:1091– 102.

Suh, E. M., E. Diener, and J. A. Updegraff. In press. From culture to priming conditions: Self-construal influences life satisfaction judgments. *Personality and Social Psychology Bulletin.*

Svanum, S., and Z. B. Zody. 2001. Psychopathology and college grades. *Journal of Counseling Psychology* 48:72–6.

Tamir, M., and E. Diener. In press. Approach-avoidance goals and well-being: One size does not fit all. In *Handbook of approach and avoidance motivation*, edited by A. J. Elliot. Mahwah, NJ: Lawrence Erlbaum.

Tassinary, L. G., and J. T. Cacioppo. 1992. Unobservable facial actions and emotion. *Psychological Science* 3:28–33.

Tatarkiewicz, W. 1976. *Analysis of happiness*. Warsaw: Polish Scientific Publishers; The Hague: Martinus Nijhoff.

Taylor, S. E., L. C. Klein, B. P. Lewis, T. L. Gruenewald, R. A. R. Gurung, and J. A. Updegraff. 2000. Biobehavioral responses to stress in females: Tend-and-befriend, not fight-or-flight. *Psychological Review* 107:411–29.

Tellegen, A., D. T. Lykken, T. J. Bouchard, K. J. Wilcox, N. L. Segal, and S. Rich. 1988. Personality similarity in twins reared apart and together. *Journal of Personality and Social Psychology* 54:1031–9.

Tkach, C., and S. Lyubomirsky. 2006. How do people pursue happiness? Relating personality, happiness-increasing strategies, and well-being. *Journal of Happiness Studies* 7:183–225.

Tomarken, A. J., R. J. Davidson, R. E. Wheeler, and R. C. Doss. 1992. Individual differences in anterior brain asymmetry and fundamental dimensions of emotion. *Journal of Personality and Social Psychology* 62:676–87.

Tov, W., and E. Diener. 2007. The well-being of nations: Linking together trust, cooperation, and democracy. In *Cooperation: The political psychology of effective human interaction*, edited by B. A. Sullivan, M. Snyder, and J. L. Sullivan. Oxford: Blackwell.

Tsai, J. L., B. Knutson, and H. H. Fung. 2006. Cultural variation in affect valuation. *Journal of Personality and Social Psychology* 90:288–307.

Tsai, J. L., F. F. Miao, and E. Seppala. 2007. Good feelings in Christianity and Buddhism: Religious differences in ideal affect. *Personality and Social Psychology Bulletin* 33:409–21.

Tugade, M. M., B. L. Fredrickson, and L. F. Barrett. 2004. Psychological resilience and positive emotional granularity: Examining the benefits of positive emotions on coping and health. *Journal of Personality* 72:1161– 90.

Twenge, J. M., and L. A. King. 2005. A good life is a personal life: Relationship fulfillment and work fulfillment in judgments of life quality. *Journal of Research in Personality* 39:336–53.

Uchida, Y., V. Norasakkunki, and S. Kitayama. 2004. Cultural constructions of happiness: Theory and empirical evidence. *Journal of Happiness Studies* 5:223–39.

Vaillant, G. E. 2008. *Faith, hope and joy: The neurobiology of the positive emotions*. New York: Morgan Road Books.

Vinokur, D., and D. M. Smith. 2003. Providing social support may be more beneficial than receiving it: Results from a prospective study of mortality. *Psychological Science* 14:320–7.

Vohs, K., N. L. Mead, and M. R. Goode. 2006. The psychological consequences of money. *Science* 314:1154–6.

Wagner, R., and J. K. Harter. 2006. *The elements of great managing*. New York: Gallup Press.

Warr, P. 1999. Well-being and the workplace. In *Well-being: The foundations of hedonic psychology*, edited by D. Kahneman, E. Diener, and N. Schwarz. New York: Sage.

Warr, P. 2007. *Work, happiness, and unhappiness*. Mahwah, NJ: Lawrence Erlbaum.

Wheeler, R. E., R. J. Davidson, and A. J. Tomarken. 1993. Frontal brain asymmetry and emotional reactivity: A biological substrate of affective style. *Psychophysiology* 30:82–9.

Wilson, T. D., J. Meyers, and D. T. Gilbert. 2003. "How happy was I, anyway?" A retrospective impact bias. *Social Cognition* 21:421–46.

Wilson, T. D., T. Wheatley, J. M. Meyers, D. T. Gilbert, and D. Axsom. 2000. Focalism: A source of durability bias in affective forecasting. *Journal of Personality and Social Psychology* 78:821–36.

Wirtz, D., J. Kruger, C. N. Scollon, and E. Diener. 2003. What to do on spring break? The role of predicted, on-line, and remembered experience in future choice. *Psychological Science* 14:520–4.

Witter, R. A., W. A. Stock, M. A. Okun, and M. J. Haring. 1985. Religion and subjective well-being in adulthood: A quantitative synthesis. *Review of*

Religious Research 26:332–42.

Wolf, S. 1959. The pharmacology of placebos. *Pharmacology Review* 11: 689–704.

Wright, T. A., and D. G. Bonett. 2007. Job satisfaction and psychological well-being as non-additive predictors of workplace turnover. *Journal of Management* 33:140–60.

Wright, T. A., and R. Cropanzano. 2000. Psychological well-being and job satisfaction as predictors of job performance. *Journal of Occupational Health Psychology* 5:84–94.

Wright, T. A., and R. Cropanzano. 2004. The role of psychological well-being in job performance: A fresh look at an age-old quest. *Organizational Dynamics* 33:338–51.

Wright, T. A., R. Cropanzano, and D. G. Bonett. 2007. The moderating role of employee positive well being on the relation between job satisfaction and job performance. *Journal of Occupational Health* 12:93–104.

Wright, T. A., R. Cropanzano, P. J. Denny, and G. L. Moline. 2002. When a happy worker is a productive worker: A preliminary examination of three models. *Canadian Journal of Behavioral Science* 34:146–50.

Wright, T. A., and B. M. Staw. 1999. Affect and favorable work outcomes: Two longitudinal tests of the happy-productive worker thesis. *Journal of Organizational Behavior* 20:1–23.

Wrzesniewski, A. 2003. Finding positive meaning in work: In *Positive organizational scholarship: Foundations of a new discipline*, edited by K. S. Cameron, J. E. Dutton, and R. E. Quinn. San Francisco: Barrett-Koehler.

Wrzesniewski, A., C. R. McCauley, P. Rozin, and B. Schwartz. 1997. Jobs, careers, and callings: People's relations to their work. *Journal of Research in Personality* 31:21–33.

Xu, J. 2006. Subjective well-being as predictor of mortality, heart disease, and obesity: Prospective evidence from the Alameda County Study (California). PhD dissertation, University of Texas School of Public Health. *Dissertation*

Abstracts International 66:3671.

Yip, W., S. V. Subramanian, A. D. Mitchell, D. T. S. Lee, J. Wang, and I. Kawachi. 2007. Does social capital enhance health and well-being? Evidence from rural China. *Social Science and Medicine* 64:35– 49.

Zelenski, J. M., and R. J. Larsen. 2002. Predicting the future: How affectrelated personality traits influence likelihood judgments of future events. *Personality and Social Psychology Bulletin* 28:1000–10.

Zinnbauer, B. J., K. I. Pargament, B. Cole, M. S. Rye, E. M. Butter, T. G. Belavich, et al. 1997. Religion and spirituality: Unfuzzying the fuzzy. *Journal for the Scientific Study of Religion* 36:549– 64.